禽病治疗技术

成建国　黄中利　编著

金盾出版社

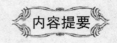

内容提要

本书由山东省农业科学院专家编写，全书共分八章，内容包括：禽的解剖生理特征，禽的生物安全体系建设，禽病的种类，我国禽病流行的主要特点，禽病的防疫，禽病的诊断技术，以及禽病毒性传染病、细菌性传染病、寄生虫性疾病、营养代谢性疾病、中毒性疾病、其他疾病的预防与治疗等。全书内容先进，文字通俗易懂，方法实用，可满足广大基层畜牧兽医工作者、基层防疫检疫人员、养殖业者、畜产品销售人员的迫切需求，亦可供农业院校相关专业师生阅读参考。

图书在版编目(CIP)数据

禽病治疗技术/成建国，黄中利编著．—北京：金盾出版社，2017.5

ISBN 978-7-5186-1025-9

Ⅰ.①禽…　Ⅱ.①成…②黄…　Ⅲ.①禽病—治疗　Ⅳ.①S858.3

中国版本图书馆 CIP 数据核字(2016)第 253436 号

金盾出版社出版、总发行

北京太平路 5 号(地铁万寿路站往南)

邮政编码：100036　电话：68214039　83219215

传真：68276683　网址：www.jdcbs.cn

封面印刷：北京印刷一厂

正文印刷：双峰印刷装订有限公司

装订：双峰印刷装订有限公司

各地新华书店经销

开本：850×1168 1/32　印张：9.75　字数：237 千字

2017 年 5 月第 1 版第 1 次印刷

印数：1～5 000 册　定价：28.00 元

目 录

第一章 禽的饲养卫生技术

第一节 禽的解剖生理特征

家禽属于鸟纲动物,在血液、循环、呼吸、消化、体温、泌尿、神经、内分泌、淋巴和生殖等方面有独特的解剖生理特点,与哺乳动物相比存在着较大的差异。了解家禽解剖生理特征,对正确饲养家禽、辨识疾病、分析致病原因,以及提出合理的治疗方案和有效预防措施都有重要的作用。

一、消化系统特征

家禽的消化器官包括喙、口腔、咽、食道、嗉囊(鸭和鹅称为食道膨大部)、腺胃、肌胃、小肠、盲肠、大肠、直肠、泄殖腔及肝、胰等。

(一)喙 亦叫嘴,是禽类特有的采食器官。鸡喙短而硬,由一层致密的角质皮肤构成,呈前尖后宽的锥体形,便于采食粒状饲料。鸭、鹅的喙比较软,被覆一层蜡膜,较长,呈扁平形,前端钝圆,上、下嘴壳两侧边缘分布着许多横褶,横褶中有大量神经末梢,便于在水中寻找饲料,采食时过滤水,并且压碎饲料。

(二)口腔和咽 口腔和咽分界不明显。习惯上把口腔硬腭黏膜上最后一列乳头和舌基部黏膜的一排乳头作为口腔与咽的分界。口腔顶壁为硬腭,鸡的硬腭中央有一纵向通到咽部的裂缝,叫作腭裂,呈狭长形,前与鼻孔相通,鸡硬腭黏膜上有5列乳头。鸭和鹅的硬腭上散布许多大而钝圆的乳头,硬腭黏膜下有很多腺体,呈纵横交错排列。腺体分泌黏液,湿润口腔,有利于吞下食物。

舌占据口腔底壁的大部分,表面被覆黏膜。咽直接与口腔相连,顶壁为腭裂延伸,腭裂上有左、右咽鼓管开口,咽鼓管向上连到中耳。顶壁上有咽扁桃体及咽腺,咽腺分泌黏液。咽底部有一纵裂的小口,叫喉口,向后通喉。咽黏膜上有尖端朝向食道的乳头。在嘴闭合时,喉口几乎完全与鼻后孔相连。

(三)舌 禽舌分为舌尖、舌体及舌根,舌根附着在舌骨上。鸡舌短小,前尖后宽,呈三角锥体状,舌体较硬,舌背上分布着尖端向后的丝状乳头。鸭、鹅舌较长,舌尖呈半圆形,舌体柔软而灵活,舌背中央有一条纵沟,舌侧缘分布着丝状乳头。黏膜下有横纹肌及黏液腺。舌根和硬腭有味蕾,起味觉作用。

(四)食道和嗉囊 食道腔宽大,管壁具有宽紧伸缩性。最初,食道位于气管的背侧,随即走向体中线的右侧,继续向后进入胸腔,终止于腺胃。鸡的食道在进入胸腔前向后突出一膨大的圆形囊,叫做嗉囊。鸭、鹅无嗉囊,但食道后段非常膨大,称为食道膨大部,呈纺锤形,成年时容积可达 300 毫升以上。

食物被吞食后即进入嗉囊或食道膨大部。嗉囊主要起贮存、湿润和软化食物的作用。鸽用其嗉乳饲喂雏鸽,嗉乳是由嗉囊中的增殖扁平上皮细胞产生,其组成与哺乳动物的乳汁相似,含丰富的脂肪和蛋白质,但与哺乳动物乳汁也存在着不同,那就是家禽的嗉乳缺乏碳水化合物。由于嗉囊或食道膨大部栖居着大量的微生物,进入嗉囊或食道膨大部的食物在这些微生物的作用下,发生糖发酵反应,并产生大量的有机酸和少量的挥发性脂肪酸,其中除少部分被嗉囊壁吸收之外,剩余大部分则在消化道后段被吸收。

(五)胃 禽胃分为腺胃和肌胃。腺胃又称前胃,较小,呈管状,长 3～4 厘米,位于禽体正中面的稍左侧,两肝叶之间,管壁较厚。黏膜上有皱褶及环状乳头,乳头为腺体开口处,黏膜内有浅、深两层腺体。浅层腺体分泌黏液,深层腺体分泌盐酸及胃蛋白酶,以消化饲料中的蛋白质。

肌胃呈扁圆形,位于肝后方,部分被肝两叶覆盖,分成两面及两缘,两缘由非常丰富的平滑肌环行排列而成。两面称腱镜,由腱排列而成。肌胃黏膜表面被覆一层有很多皱褶的角蛋白质膜,呈金黄色(鸡称为鸡内金),它是由肌胃黏膜管状腺的分泌物和脱落的上皮细胞凝固而成的。

肌胃能磨碎饲料,周期性收缩,每分钟 2～3 次。饥饿时收缩次数少,内压降低;采食后收缩次数增加,内压升高。饲料越粗糙,收缩的次数越多。据测定,肌胃的内压在收缩时鸡为 18.62 千帕、鸭为 23.94 千帕、鹅为 27.27 千帕。肌胃内如有足够的砂粒,可以增加肌胃的动力和研磨作用,从而提高饲料的可消化性。

嗉囊收缩使食物由嗉囊进入腺胃。家禽的腺胃黏膜缺乏主细胞,胃液(胃蛋白酶原和盐酸)由其壁细胞分泌。腺胃体积小,食物在腺胃停留的时间较短,胃液的消化作用主要是在肌胃内进行。混有胃液的食物在肌胃除了充分发挥胃液的消化作用外,肌胃较坚实的角质膜、肌胃内所含一定数量的砂粒及其有节律性地收缩使颗粒较大的食物得到磨碎,有助于食物消化。

(六)肠、肝和胰　禽类的肠管分为小肠和大肠,肠管的长度,在鸡是体长的 5～6 倍,鸭、鹅则为 4～5 倍。肠管借肠系膜悬挂在脊柱的下面,血管及神经等沿肠系膜分布在肠壁上。

1. 肠　小肠依次分为十二指肠、空肠和回肠。十二指肠前接肌胃,后接空肠,弯曲成圆底的口袋状,将胰腺夹在肠襻中间,其末端黏膜上有一乳头状突出物,是胆管和 2～3 条胰管的共同开口处。小肠的其余部分位于腹腔内两个腹气囊之间,呈互相紧密相靠的卷曲状,由短而坚韧的肠系膜悬挂在脊柱下,后部较直,后接大肠。空肠和回肠没有明显分界。在空肠开始后占空肠全长

3/5 的位置上经常发现胚胎卵黄囊的遗迹,在鸡长大后即消失。大肠很短,其粗细与小肠差不多,位于脊柱下方,依次分为盲肠和直肠。大肠以环状皱褶与小肠分隔。盲肠为两条肠管,开口于回肠与结肠交界处的两侧,鸡盲肠长约 16 厘米,鸭、鹅分别为 20 厘米和 24 厘米左右。开始端很小,但管壁较厚。盲端伸向前方的肝脏,并逐渐增大,于盲端处又有所缩小,管壁较薄,内有墨绿色或黄褐色胶状粪便,受刺激或神经兴奋时,盲肠会突然收缩,把胶状粪便排出体外,常称为麦芽糖状屎,尤以鸡最为多见。大肠的其余部分叫作直肠,它是一段很短的肠管,没有明显的结肠,以一环状皱褶与泄殖腔分隔。

肠道的消化液除了不含分解纤维素的酶外,其他大体上与哺乳动物相同,但家禽的肠道长度与体长比值比哺乳动物的小,食物从胃进入肠后,在肠内停留时间较短,一般不超过一昼夜,食物中许多成分还未经充分消化吸收就随粪便排出体外。添加在饲料或饮水中的药物也同样如此,较多的药物尚未被吸收进入血液循环就被排出体外,药效维持时间短。因此,在生产中为了维持较长时间的药效,常常需要长时间或经常性添加药物才能达到目的。

家禽营养物质的吸收与哺乳动物是一致的,也是主要在小肠内吸收,通过顺浓度梯度进行被动吸收和通过逆浓度梯度进行主动吸收来实现。但是由于家禽肠道淋巴系统不发达,因此家禽的脂肪吸收与哺乳动物不同,家禽脂肪与其他营养成分一样,都由血液途径而被吸收,而哺乳动物的脂肪则由淋巴途径来完成。

大部分的水都是在肠道中被吸收,剩余水则与未消化吸收的食物形成半流体状的粪便送入泄殖腔,与尿液相混合排出体外。

2. 肝 禽类的肝脏较大,位于右侧腹腔,一般呈暗褐色,但母鸡肝呈淡黄色。鸡肝重约 50 克,鸭、鹅肝各重约 60 克和 80 克。肝分为左、右两叶,鸡的右叶比左叶略大,而鸭和鹅则右叶比左叶大 1 倍左右。肝被膜较薄。胆囊位于右叶脏面,胆囊管与右肝管汇合成胆管开口于十二指肠终部,左肝管则直接开口于十二指肠终部。肝分泌胆汁帮助消化,参与蛋白质、脂肪、糖的分解、合成和转化,储存各种营养和各种维生素,还有解毒、防御等功能。

3. 胰　禽类的胰腺是一条呈浅黄色或稍带红色的细长分叶腺体,它能产生消化饲料的胰液和降低血糖的胰岛素。

(七)泄殖腔　泄殖腔以 2 个横皱褶分为 3 段,从内向外依次为粪道、泄殖道和肛道,粪道与直肠相通。输尿管、公禽的输精管或母禽的输卵管开口于泄殖道。肛道位于最后,借肛门开口与体外相通。

二、呼吸系统特征

家禽的呼吸系统包括鼻腔、喉、气管、鸣管、肺和气囊。家禽的气管分支为初级支气管、二级支气管、三级支气管、毛细气管等多级支气管。家禽缺乏肺泡,气体交换主要在家禽毛细气管管壁上的膨大结构处进行。

(一)气管　家禽的气管较长,鸡的气管由 108～126 个软骨环组成,长 15～17 厘米,北京鸭的气管长 24～27 厘米,鹅的更长。增加长度就增加了气管气流的阻力,又通过增大气管的管径来作为补偿。长而宽的气管的静止空间比身体大小相似的哺乳动物大 4 倍,又通过慢得多的呼吸频率(为类似哺乳动物的 1/3)和大得多的潮气量(约为相似哺乳动物的 4 倍)来作为补偿。这一特点决定了空气与气管黏膜接触面积大,吸入空气流动慢,与黏膜接触时间长,为病原微生物在气管黏膜上附着和引发呼吸道感染提供了有利条件。因此,保持空气清洁在防治禽呼吸道感染和气源性传染病中具有重要的意义。

禽类不但气管的黏膜面积大,而且鼻腔因被覆有黏膜的软骨性鼻甲分割成曲折的腔道,形成很大的黏膜面积,蒸发面积亦大。

气管黏膜和鼻黏膜下层又富含血管,在水和热的交换中发挥重要作用,即气管和鼻腔的冷却、冷凝与回收作用。低温环境中,吸入的冷空气将鼻腔和气管冷却,呼气时,来自肺和气囊的高温、高湿气体到达已冷却的气管和鼻腔时,水蒸气被冷凝,并被回收。在水分被回收的同时,热量也得以回收,从而减少水分和热量散失,这对生活在低温环境中的禽是很重要的。这一功能对一些迁飞的候鸟尤其重要,要在高空低温下长途飞行,长时间不能饮水和采食,主要利用大约占体重一半的体脂氧化提供代谢水(100克脂肪产生代谢水120克)和热量。虽然每次呼吸都要损耗一些水分,但因气管和鼻腔的冷却、冷凝而将大部分水和热量回收。加之羽毛的良好保暖性能,可保证整个旅程中机体的水平衡和能量需要。

当在高温环境中吸入热空气时,对鼻腔和气管的冷却作用弱,鼻腔和气管对呼出气体的冷却、冷凝作用亦弱,水与热量的回收减少。随着环境温度的升高,水分回收率降低,通过呼吸蒸发散失的水分和热量也增加。在环境温度为21℃时,呼出气体中水分回收率为70%,30℃时下降至50%。蛋鸡在气温为2℃时,每日每只鸡呼吸蒸发水124毫升,在35℃时增加至218毫升,每蒸发1毫升水能散失560卡热量,对缓解热应激十分有利。

当吸入空气湿度大时,黏膜水分蒸发少,不利于散失体热。试验结果表明,在气温为34℃、空气相对湿度为40%时,鸡呼吸蒸发散热量占总散热量的80%,如气温不变,空气相对湿度上升至90%,这个比例就下降至39%。因此,高温、高湿环境对禽的危害很大,易使禽类发生热衰竭死亡。

禽气管、鼻腔的冷却、冷凝与回收功能有赖于黏膜健康。空气中氨、硫化氢、尘埃和微生物浓度过大,对黏膜产生异常刺激、感染、炎症等均能影响其正常功能的发挥。因此,保持空气清洁,维护鼻腔和气管正常功能,不但对防御呼吸道感染有重要作用,而且对机体水平衡与热调节具有十分重要的意义。同时,在治疗禽的呼吸道疾病时要注意纠正机体水和电解质平衡失调。

(二)肺 禽类的肺脏位于家禽的背侧,深深的椎肋埋藏着肺的大部分。禽肺扁而小,多呈四边形,不像许多哺乳动物的肺那样分为尖叶、心叶、膈叶、中间叶。从肺重和体重的比值来看,家禽的肺要比哺乳动物的大。

1. 肺内支气管 支气管进入胸腔后分为左、右两支支气管,肺外支气管较短,肺内支气管又称初级支气管,末端直接开口于腹气囊。初级支气管前后发出 4 组粗细不一的次级支气管,部分次级支气管与前部气囊相通。另一部分次级支气管发出许多三级支气管(又称副支气管)遍及全肺,少数副支气管直接开口于初级支气管。副支气管彼此相吻合,头尾相通,构成弯曲的环状支气管环路,并有短的吻合支与附近的次级支气管相通。鸡肺中有 400～500 支副支气管,鸭有 1 800 支,每支最长 3 厘米,最短 1 厘米,平均 2 厘米。副支气管的结构和排列产生了很大的扩散面积,乌鸦的这种扩散面积以肺总容量为 10 毫升计算,估计为 200厘米^2,每分钟将有 11 毫升氧气扩散到这 200 厘米^2 的表面积。

2. 肺房与呼吸毛细管 肺房为不规则的球形腔,直径为 100～200 微米,众多的肺房开口于副支气管管壁,每一肺房底壁有几个漏斗开口,呼吸毛细管是由肺房漏斗产生的通道,它们分支并相吻合,形成微细管网架,这种微细管直径为 7～12 微米,相当于家畜的肺泡。丰富的毛细血管与呼吸毛细管紧密缠绕在一起进行气体交换,完成外呼吸作用。

副支气管与周围的肺房、漏斗和呼吸毛细管共同构成呈六面棱柱状的基本结构单位,即肺小叶。肺小叶间有呼吸毛细管连通。肺房、漏斗和呼吸毛细管共同构成禽肺的气体交换区。

(三)气囊 气囊是禽类特有的器官,在呼吸运动中主要起着空气储备库、调节体温、减轻重量、增加浮力、利于水禽在水面漂浮等作用。共有 9 个(鸡有 8 个),气囊的容积很大,成年鸡气囊的总容积为 123 毫升,鸽为 50～60 毫升,鸭为 279 毫升。其中腹气囊容积最大,鸡为 74 毫升,鸭为 145 毫升,鸽为 30～40 毫升。初级支气管和次级支气管与气囊直接相通,除颈气囊外,其他气囊均有 3～6 个回返支气管(又称间接导管)与肺相连。正是由于家禽这种独特的结构,决定了家禽独特的呼吸生理:每呼吸 1 次,必须在肺内进行 2 次气体交换。家禽吸气时,外界空气进入支气管和侧支气管,其中的一部分气体继续经副支气管、细支气管到达毛细气管气体通道区,与其周围的毛细血管直接进行气体交换;另一部分气体则经二级支气管进入大多数的气囊内。在呼吸周期中,气体运行在肺内的同时,气囊中的部分气体经回返支气管进入肺的细支气管,最后也到达毛细气管气体通道区进行气体交换。

(四)胸腔和腹腔 家禽没有像哺乳动物那样明显而完善的膈,因此胸腔和腹腔在呼吸功能上是连续的。胸腔内不保持负压状态,即使造成气胸,也不会出现像哺乳动物那样的肺萎缩。家禽的呼吸运动主要靠肋骨和胸骨的交互活动完成,主要通过呼吸肌的收缩和舒张交替进行而实现,其中吸气肌主要为肋间外肌和肋胸肌,呼气肌主要为肋间内肌和腹肌。

三、泌尿系统特征

家禽的泌尿系统仅有肾和输尿管,没有膀胱,尿在肾脏中生成后,经输尿管直接输送到泄殖腔,与粪便一起排出。

(一)肾小球 家禽的肾小球结构简单,肾位于脊椎两侧,自第六肋骨的椎骨起至髂骨止。每侧肾都包括 3～4 个肾叶,质脆,呈暗褐色。

家禽肾单位的特点是:肾小球体积小,肾小球毛细血管分支少,入球小动脉和出球小动脉口径大小相近,一些肾单位缺乏髓祥,只分布在皮质区。肾动脉的终末分支形成输入小动脉,进入肾小球内只形成2～3条构造简单的毛细血管,无复杂的分支吻合。肾小球构造简单、有效滤过面积小,有效滤压和滤过率低,对一些经肾脏排泄的药物和物质十分敏感。

鸭、鹅和一些海鸟有特殊的鼻腺,能分泌大量氯化钠,故又称盐腺,其作用是补充肾脏的排盐功能,以维持体内水盐和渗透压的平衡。鸡、鸽等家禽没有鼻腺,氯化钠的排出全靠肾脏泌尿来完成,对氯化钠较鸭、鹅和一些海鸟敏感,较易出现食盐中毒。

(二)尿液 家禽尿液中尿酸含量较高,禽不能通过鸟氨酸循环把氨合成尿酸,只能在肝脏和肾脏合成嘌呤,再转变成尿酸,经肾脏随尿液排出。但尿酸只有形成胶体溶液才有利于正常通过肾脏排泄。当溶液中一些理化性质,特别是钙离子与 pH 发生变化时,尿酸盐胶体溶液稳定性遭到破坏,尿酸盐析出沉积,如饲喂高钙低磷饲料、代谢性碱中毒等,尿液中钙离子浓度和 pH 升高,尿酸盐的溶解度降低,析出沉积,甚至形成尿结石。

禽尿一般为奶油色,较浓稠,呈弱酸性(如鸡尿 pH 为 6.22～6.7)。磺胺类药物的代谢终产物乙酰化磺胺在酸性的尿液中会出现结晶,从而导致肾的损伤,因此在应用磺胺类药物时,应适当添加一些碳酸氢钠,以减少乙酰化磺胺结晶,减轻对肾的损伤。禽尿的组成与哺乳动物尿液的组成之间存在着差异,禽尿中尿酸多于尿素,肌酸多于肌酐酸。

家禽尿液生成的特点是:肾小球的有效滤过压比哺乳动物低,为 7.5～15 毫米汞柱。蛋白质代谢的主要终产物是尿酸,90%的尿酸通过肾小管分泌作用排入小管腔,家禽肾小管的分泌功能比哺乳动物旺盛。由于尿酸盐不易溶解,当饲料中蛋白质过高、维生素 A 缺乏、肾损伤(如鸡肾型传染性支气管炎等)时,大量的尿酸盐将沉积于肾脏,甚至关节及其他内脏器官表面,导致痛风。

（三）泄殖腔 禽无膀胱，有发达的泄殖腔，为排泄粪、尿和生殖的共同通道。禽的直肠短，粪便主要贮存在泄殖腔的背侧，由输尿管送来的水分在泄殖腔内部被重吸收，其余与泄殖腔的粪便一同排出体外。

四、神经系统特征

禽类的脑脊膜与哺乳动物一样，由硬膜、蛛网膜和软膜组成。

（一）脊髓 与哺乳动物的脊髓不同，禽类脊髓的长度几乎与椎管完全一致，因此脊神经向外侧而不必向后方就能到达相应的椎间孔，而且没有马尾。由于家禽的脊髓前行传导路径不发达，故其外周感受性较差。家禽的延髓发育良好，除有维持和调节呼吸运动、心血管运动等重要作用外，它的前庭核还与内耳迷路相联系，因此家禽的延髓在维持正常姿势和调节空间方位平衡方面也有一定作用。

（二）小脑 家禽的小脑有发达的小脑蚓，没有小脑半球。小脑控制躯体运动和平衡的中枢，与脊髓、延髓和大脑有着紧密的联系，切除小脑后，会引起颈和腿部肌肉痉挛，导致行走和飞翔困难。

（三）大脑 家禽的大脑半球皮质结构较薄，但纹状体非常发达，纹状体可分为上纹状体、原纹状体、外纹状体、旧纹状体和新纹状体，其中上纹状体和外纹状体与视觉反射活动有关，新纹状体是听觉的高级中枢所在地。

家禽的自主神经系统与哺乳动物一样，由副交感神经和交感神经组成，而且每种神经都是由节前和节后传出神经纤维构成。两种自主神经的节前神经纤维末梢是相同的，均为胆碱能型，但节后神经纤维末梢则有所不同，交感神经的节后神经纤维为肾上腺型，而副交感神经的节后神经纤维则为胆碱能型。

家禽大多数外周神经纤维属于 A 类神经纤维，直径为 8～13

微米,传导速度平均为 50 米/秒。

五、淋巴系统特征

家禽的淋巴器官主要包括胸腺、腔上囊(法氏囊)、脾脏和淋巴结。

(一)淋巴结 除了水禽有 2 对淋巴结外,其他禽类没有真正的淋巴结,而是以壁淋巴小结的形式存在于所有淋巴管的壁内,或以单独的淋巴小结存在于所有的实质器官(胰、肝、肺、肾等)和它们的导管内,或以集合淋巴小结的形式存在于消化道壁,如盲肠扁桃体。此外,从咽直到泄殖腔的消化管壁内,甚至心、肝、肺、内分泌腺以及周围神经等处都有淋巴组织存在,这些不具包膜的分散淋巴组织称为弥散性淋巴组织,它们在家禽体内广泛分布,可能与弥补淋巴结不足有关。家禽的淋巴管和淋巴组织在功能上与哺乳动物的一样,一方面将血管外的体液送回血液,另一方面对异体抗原做出反应。

固有膜中的淋巴小结,形态呈多边形,以上皮网状细胞和网状纤维作为支架,外围是皮质,中间是髓质。介于皮质和髓质之间有一层未分化的立方上皮细胞。这种淋巴小结能分泌一种叫泛有素的激素,刺激腔上囊中的血源性干细胞分裂、分化为 B 细胞。

次级淋巴器官中的淋巴小结,由皮质和髓质构成,从皮质中小的淋巴细胞分裂增殖,过渡到髓质中大、中淋巴细胞,要经历淋巴母细胞化过程。

(二)脾脏 家禽的脾脏是一个圆形的小体,位于腺胃的右侧,在组织学上与哺乳动物的相似,但在功能上则与哺乳动物不同,家禽的脾脏不是一个重要的血液储存库。

(三)胸腺 家禽的胸腺一般有 14 个叶,为淡红色、扁平、形状不规则的叶状物,分布在食道和气管两侧,每侧有 7 个叶,紧靠颈静脉,排列成一串。胸前口附近的胸腺常与甲状腺紧密相连,而且没有结缔组织隔开。家禽胸腺在性成熟前体积达到最大,性成熟时逐渐缩小,成年禽仅留痕迹。

胸腺的外面被覆着一层较薄的结缔组织被膜,它伸入胸腺内,将实质分隔成许多不完全的小叶,每个小叶由上皮网状细胞和网状纤维构成微细支架。小叶外围为皮质,中间为髓质。皮质中分布着多而排列紧密的小淋巴细胞,色深,细胞分裂能力强;髓质中分布着排列疏松的大、中淋巴细胞及上皮网状细胞,色浅。皮质的淋巴细胞分裂、逐渐增大,转移到髓质,这个过程叫淋巴母细胞化。髓质中血管较丰富,可见到呈同心圆样排列的上皮网状细胞团结构,称为胸腺小体,呈强嗜酸性,能分泌激素,诱导淋巴细胞分裂和分化。髓质中还分布有浆细胞、颗粒白细胞和肌样细胞。

(四)法氏囊 法氏囊位于泄殖腔背壁上,以一短柄向后开口于肛道背侧,呈囊样结构。法氏囊幼年时发达,开始性成熟时逐渐萎缩,最终完全消失。如鸡在 4～5 月龄时发育最大,以后逐渐变小,其萎缩退化过程的迟早和快慢,与家禽的品种、性别和饲养方法有关。

法氏囊从内到外分为 4 层,即黏膜层、黏膜下层、肌层和浆膜层。黏膜层由黏膜上皮和固有膜构成,上皮属假复层柱状或单层柱状上皮,中间夹着少量分泌黏液的杯状细胞;固有膜由结缔组织构成,其中含有大量的淋巴小结。黏膜层随腔上囊的长轴形成许多纵行的皱襞,多达 12～14 条,在这些大的皱襞上,还可以形成 6～7 个小的皱襞。黏膜下层是疏松结缔组织,与固有膜相连,它们参与形成黏膜皱襞,在皱襞中形成小梁。肌层由内层纵行、外层环行的两层平滑肌构成。外膜是一层较薄的浆膜。

法氏囊是家禽所特有的中枢免疫器官,主导体液免疫,为传染性法氏囊病主要侵害的部位,引起家禽体液免疫抑制,导致早期的免疫接种失败和对病原微生物的易感性增强。

另外,家禽没有扁桃体。

六、生殖系统特征

(一)雌性生殖器官　家禽的雌性生殖器官包括卵巢和输卵管,大多数禽类右侧的生殖器官早已退化,只保留左侧生殖器官。

1. 卵巢　左侧卵巢附于腹腔背侧壁和肾的前端。卵巢的大小与年龄及功能状态有关。成年禽卵巢表面有许多发育程度不同、大小不一的卵泡,按发育程度不同,分为初级卵泡、生长卵泡和成熟卵泡(卵黄)。卵巢外形如一串葡萄。除上述三种卵泡外,卵巢里尚有处于萎缩状态的卵泡。母鸡在饲养管理不良时,卵巢中的卵泡可大量发生萎缩。

2. 输卵管　右侧输卵管已退化,左侧的则很发达,其形态随年龄和功能而不同。输卵管可分为以下五部分。

(1)伞部　为输卵管的顶端,在卵巢的附近开口于腹腔。

(2)蛋白分泌部　占输卵管的大部分,有大量腺体,能分泌形成蛋白的物质。

(3)峡部　构造与蛋白分泌部相似。

(4)子宫　为输卵管的扩大部。

(5)阴道　是输卵管的末端,开口于泄殖腔的背侧。

雌禽无明显发情周期和妊娠过程,家禽胚胎发育不在母体内发育,而是在体外孵化。雌禽只有左侧卵巢和输卵管发育成熟,性成熟的雌禽,左侧卵巢产生许多卵泡(鸡1 000～3 000 个),每一个卵泡内有一个卵子,每成熟一个卵泡就排出一个卵子。由于卵泡能依次成熟,所以雌禽在一个产蛋周期中,能连续产蛋,但排卵后不形成黄体。家禽的排卵受神经激素控制,尤其是受腺垂体分泌的黄体生成素与卵泡刺激素共同控制。光线刺激丘脑能影响垂体的内分泌活动,因此光照是影响禽类产蛋周期的最重要的环境因素。抱窝（就巢性）是雌禽的一种行为活动，其表现为愿意孵蛋和育雏，母鸡每抱窝一次，停止产蛋约 15 天。雌禽的抱窝性是由于腺垂体分泌的催乳素量增多造成的，因此注射或埋植雌激素（或雄激素）来拮抗催乳素的产生，能终止母鸡的抱窝性。

（二）**雄性生殖器官**　家禽的雄性生殖器官包括睾丸、输精管和阴茎，但没有前列腺等副性腺。

1. 睾丸　家禽的睾丸有 2 个，位于体腔内，在肺和肾之间的背侧，腹腔脊椎两侧，肾前叶的前下方，被悬挂睾丸的系膜所遮蔽。睾丸如蚕豆状，呈浅黄色，其大小随年龄和季节而不同，到性成熟时睾丸较大。雄禽的附睾小而不明显，不发达，位于睾丸内侧缘突出部，内有附睾管，前接睾丸输出管，后接输精管。

2. 输精管　输精管细而弯曲，呈白色，位于脊柱两侧，肾的腹面，前接附睾，在输尿管外侧后行入泄殖腔。

3. 阴茎　家禽的阴茎由泄殖腔的皱襞形成，不发达，有少数禽类如鹅、鸭有发达弯曲的阴茎。1 日龄雏公鸡，泄殖腔外下方有一椭圆形小凸起，为退化的交尾器，可作为雌雄鉴别的标志。

（三）**蛋的形成**　家禽交配时，雌、雄泄殖腔紧贴，雄禽把精液射进雌禽的泄殖腔中。精子即沿输卵管向前移动，很快到达伞部，精子在伞部能存活 3 周以上，10 天内仍有受精能力。公鸡一次射出的精液量约为 0.8 毫升，每毫升精液约含精子 7 000 万个。公鸡频交时，射精量和精液中精子的数目均会下降。因此，在群鸡饲养时，雌、雄禽应有一定比例，在分群时通常每 10 只母鸡配入 1 只雄鸡。

雌禽在性成熟、卵泡壁破裂后，排出卵细胞。卵细胞进入输卵管伞部，母禽的卵子仅局限在漏斗部受精，鸡在交配或授精后的 2～3 天内受精率最高，在最后一次交配或授精后的 5～6 天内仍有良好的受精率。当卵形成了硬壳蛋时进行交配或授精，受精率一般较低；若形成软壳蛋时交配或授精，则受精率高，因此一般认为,鸡在下午进行交配或授精较合适,有利于提高受精率。受精卵借着输卵管的蠕动向后移,在蛋白分泌部围上蛋白,在峡部形成壳膜,在子宫和阴道部盖上石灰质的蛋壳,形成完全的蛋。蛋从输卵管进入泄殖腔而排出体外。排卵动作是受神经调节的。

七、内分泌系统特征

(一)甲状腺　家禽的甲状腺成对位于锁骨水平气管的两侧,呈椭圆形、暗红色。甲状腺素释放后进入血液,与血浆中的蛋白质(包括球蛋白、前清蛋白、清蛋白)结合,多数家禽甲状腺素与清蛋白的比例最高。

甲状腺素的分泌率因家禽的品种、龄期、性别、季节以及生理状态不同而不同,如鸭分泌率比鸡高、母鸡分泌率比公鸡高;4～12周龄鸡和产蛋期鸡的分泌率在鸡整个生长期中最高;秋、冬季比夏季高。甲状腺主要影响动物的代谢率、羽毛生长及羽毛颜色。

(二)甲状旁腺　家禽甲状旁腺位于颈的两侧,紧接甲状腺的后端。家禽的甲状旁腺只有主细胞,缺乏嗜酸性细胞,甲状旁腺素由其主细胞分泌。

甲状旁腺素的作用是保持钙在体内的平衡,对蛋壳的形成、肌肉的收缩、血液的凝固,以及维持酶系统正常功能和组织的钙化起着重要作用。

(三)腮后腺　家禽的腮后腺位于颈基部的两侧,在甲状旁腺后1～2毫米,其功能相当于哺乳动物的甲状腺C细胞,主要功能是分泌降钙素,但家禽的腮后腺对高血钙的敏感性比哺乳动物的甲状腺C细胞低,故认为家禽的降钙素分泌率远较哺乳动物高。

(四)肾上腺　家禽的肾上腺位于肾的前端和生殖腺的背面。肾上腺皮质和髓质的界限不如哺乳动物那样明显,皮质细胞也不如哺乳动物那样清楚地分成三带。

肾上腺皮质分泌的激素主要是皮质酮和醛固酮,其中皮质酮的分泌包括基础分泌和应激分泌两种,前者是在静息状态下的一般分泌,后者则是在伤害性刺激下的加强分泌。皮质酮的分泌呈明显的昼夜节律,如鸽血浆的皮质酮水平白天低、夜间高。髓质分泌的激素主要是肾上腺素和去甲肾上腺素,两种激素在分泌情况上与哺乳动物不同,哺乳动物出生后,随着年龄增长,逐渐以分泌肾上腺素为主,而家禽则以去甲肾上腺素为主。

(五)胰腺　家禽的胰腺位于十二指肠升袢和降袢之间的系膜内,甲醛固定后呈灰白色,均由背侧胰叶、腹侧胰叶和脾胰叶构成。

1. 鸡的胰叶　鸡的背侧胰叶多呈三棱形,边缘不整。腹侧胰叶扁平,前 1/2 处较宽。与背侧胰叶借胰组织相连,尾端两胰叶不易分离。脾胰叶最小,连于背侧胰叶头端,伸至脾门附近,前端膨大,形似鼓槌状。

2. 鸭和鹅的胰叶　鸭和鹅的背侧胰叶呈不规则的长条状,前 1/3 处较宽,尾端狭窄。腹侧胰叶呈柳叶形,两端尖细,两侧有明显的十二指肠压迹。鸭背侧胰叶长,腹侧胰叶短,多数个体两胰叶彼此分离,少数个体有胰实质或结缔组织相连。鹅则反之,腹侧胰叶长,背侧胰叶短,除少数个体两叶间有结缔组织相连外,其余个体借胰组织相连,鸭和鹅脾胰叶的形态与鸡相似。

3. 胰腺内分泌细胞　胰腺内分泌细胞主要分泌胰岛素、胰高血糖素、生长抑素、胰多肽和胃泌素等。这些激素对调节糖、脂肪和蛋白质代谢,维持正常血糖水平起着十分重要的作用。

家禽的胰岛是分散在胰腺组织中形状不定、大小不等的细胞群,可分为 α、β、δ 3 种,α 细胞分泌胰高血糖素,β 细胞分泌胰岛素,目前认为 δ 细胞分泌生长抑素。家禽的胰岛细胞中 α 细胞数量最多,而哺乳动物则是 β 细胞数量多。切除胰腺后,家禽(除鹅外)不会出现哺乳动物那样的高血糖和永久性糖尿。家禽服用四氧嘧啶,一般对胰岛 β 细胞无损伤作用,而哺乳动物则容易损伤 β 细胞,诱发糖尿病。家禽注射胰岛素虽能产生降血糖作用,但其对胰岛素的敏感性远比哺乳动物低。家禽胰腺中的胰高血糖素含量比哺乳动物高出约 10 倍。

八、循环系统特征

(一)心脏 家禽的心脏分成左、右心房和左、右心室四部分,右心房大于左心房,右心室小于左心室。心脏的活动是受神经控制的,然而家禽心脏在神经控制方面是比较独特的,即心房和心室是同时接受交感神经纤维和副交感神经纤维的双重支配。

(二)延髓 调节家禽心脏的中枢神经主要在延髓,支配心脏活动的神经都是交感神经和副交感神经。家禽在静息状态下,迷走神经和交感神经对心脏的作用几乎相等,具有同等的紧张性,而哺乳动物却只有"迷走紧张"。

(三)心率 家禽的心率因家禽的品种不同而异,鸡的心率要比鸭的快,鸭的心率又比鹅的快。同一品种,性别、龄期以及不同的生活环境其心率有较大差异,母鸡的心率较公鸡快;鸡的心率在 3～4 周龄时最快,之后逐渐减慢,至 17 周龄时处于相对平稳状态;生活在寒冷环境的家禽心率比生活在炎热环境中的家禽要快等。此外,一般情况下家禽的心率与家禽的个体大小成负相关关系,即家禽个体越大,其心率就越慢。但不管如何,家禽的心率始终比哺乳动物的快。

(四)血脑屏障 家禽的血脑屏障在 4 周龄后才得以发育健全,因此有些病原体(如禽脑脊髓炎病毒)和某些药物(如高渗氯化钠)易通过血脑屏障进入脑内,导致家禽疾病发生。

九、血液的生理特点

家禽的血液由血浆和血细胞组成。

(一)血浆　血浆是血液的液体成分,呈淡黄色液体(因含有胆红素)。血浆的绝大部分是水(占总体积的 90%),其中溶解的物质主要是血浆蛋白,还包括葡萄糖、无机盐离子、激素及二氧化碳。血浆的主要功能是运载血细胞,运输维持机体生命活动所需的物质和体内产生的废物等。

1. 血浆蛋白　家禽的血浆蛋白含量较哺乳动物的低,血浆蛋白的含量因家禽品种、龄期、性别、生产性能的不同而有差异。

血浆蛋白的功能包括:维持血浆胶体渗透压;组成血液缓冲体系,参与维持血液酸碱平衡;运输营养和代谢物质,血浆蛋白为亲水胶体,许多难溶于水的物质与其结合变为易溶于水的物质;营养功能,血浆蛋白分解产生的氨基酸,可用于合成组织蛋白质或氧化分解供应能量;参与凝血和免疫作用。血浆的无机盐主要以离子状态存在,正、负离子总量相等,保持电中性。这些离子在维持血浆晶体渗透压、酸碱平衡及神经-肌肉的正常兴奋性等方面起着重要作用。

2. 血浆渗透压　家禽血浆的总渗透压相当于 0.93% 氯化钠溶液的渗透压,与哺乳动物相近,但家禽的血浆胶体渗透压却比大多数哺乳动物要低得多,主要是由于家禽的血浆白蛋白的含量比较低,而白蛋白对胶体渗透压的影响要比球蛋白大。

3. 血浆中的非蛋白含氮物　家禽每 100 毫升血浆中有 20～30 毫克非蛋白含氮物,其成分主要为氨基氮和尿酸氮,尿素氮甚少,几乎没有肌酸。

4. 血糖　家禽血糖与哺乳动物血糖成分虽然都是 D-葡萄糖,但家禽的血糖含量比哺乳动物高。

5. 血钙　家禽血浆中的含钙量一般也与哺乳动物的含钙量

基本一致,但在产蛋期间,血浆的含钙量则比哺乳动物的血钙要高出许多。另外,家禽血浆始终保持高钾低钠状态,比较特别。

6. 血浆中的胆碱酯酶 家禽血浆中的胆碱酯酶储量很少,因此对抗胆碱酯酶的药物(如有机磷)非常敏感,容易中毒。

(二)血细胞 家禽的血细胞由红细胞、白细胞和凝血细胞组成。

1. 红细胞 红细胞为卵圆形,有核,这点与哺乳动物的红细胞有着显著的不同。家禽红细胞的体积比哺乳动物大,但比爬行类动物小。家禽红细胞的数量常因家禽品种、性别、龄期和生理状态不同而有变化,红细胞的数量比哺乳动物少。

2. 白细胞 白细胞分为异嗜性粒细胞、嗜酸性粒细胞、嗜碱性粒细胞、单核细胞和淋巴细胞 5 种。其中家禽的异嗜性粒细胞在功能与形态上类似于哺乳动物的嗜中性粒细胞;异嗜性粒细胞数量常因家禽的龄期、性别不同而不同,同时也因处于不同的生理状态而有所差异。但总的来说,雌禽比雄禽多;在一天里,以午后 2～4 小时最高;家禽处于应激状态下,其异嗜性粒细胞总数会显著增多;B 族维生素缺乏会使异嗜性粒细胞增多。

3. 凝血细胞 家禽参与血液凝固过程的细胞一般称为凝血细胞,呈卵圆形,有一圆形的细胞核,在功能上类似于哺乳动物的血小板,由于家禽缺乏凝血因子IX和XII,因此不能形成内源性凝血酶,家禽的凝血过程主要依靠外源性凝血系统来完成。

十、体温的生理特点

家禽的体温比家畜高,正常的成年家禽直肠温度:鸡 39.6℃～43.6℃,鸭 41℃～42.5℃,鹅 40℃～41.3℃,鸽 41.3℃～42.2℃,火鸡 41℃～41.2℃。

雏禽刚出壳时,体温较低,在 30℃以下。体温随着雏禽的生长发育逐渐升高,至 2～3 周,可达到成年禽水平。成年鸡的体温有昼夜规律,17 时体温最高,可达 41℃～44℃,午夜最低,为 40.5℃。成年鸡的等热范围是 16℃～26℃。在通常情况下,家禽对体温升高有较强的耐受性,致死体温高达 46℃～47℃。

家禽没有汗腺而有丰厚的羽毛,因此家禽产热、散热以及体温调节方式与哺乳动物存在着较大的差异。家禽的温度感受器主要在喙和胸腹部,当温度感受器受到刺激后,将神经冲动传到体温调节中枢丘脑前区——视前区,通过控制皮肤血管、呼吸和羽毛等运动以及引起行为上的变化来维持体温恒定。另外,家禽下丘脑含有较多的去甲肾上腺素和 5-羟色胺等神经递质,它们对产热和散热过程有一定的影响,但其作用与哺乳动物正好相反,去甲肾上腺素能加强散热过程,使体温明显下降,而 5-羟色胺则促进产热过程,使鸡体温升高。

当环境温度低于 27℃时,家禽主要以辐射、对流、传导为散热方式;当温度高于 27℃时,则以呼吸蒸发散热为主,家禽的肺和气囊在体温调节方面起着重要作用。由于高湿会妨碍呼吸蒸发散热,因此适当的空气流通有利于家禽耐受高温。在生产实际中,不同的家禽品种对温度的耐受性是有差异的,如白来航鸡比黑色澳洲鸡要耐热,这可能与白来航鸡蒸发散热能力较强,以及其白色羽毛具有较强的反射辐射热作用有关。即使同一品种的鸡,不同的性别对温度的耐受性也不一样,公鸡要比母鸡耐热,这可能与公鸡的代谢率较高有直接关系,因为家禽的耐热性与代谢率高低成正相关关系。

第二节　禽的生物安全体系建设

禽的生物安全是指将会引起禽病或人兽共患传染病的病原微生物排除(拒绝)在场区外的安全管理措施,是一种以切断传播途径为主要内容的预防疾病发生的生产体系,是保护家禽健康生长、免受致病因子侵袭的综合防御系统。生物安全针对所有病原体，核心是预防（防止）病原对禽群体造成危害，是疾病综合防治措施的重要环节。广义的生物安全是指家禽生命的安全，包括家禽的舒适、安宁、福利。

生物安全是目前最经济、最有效的防控禽传染病的方法，也是一项最优化、最全面的禽类养殖和禽类疫病防治的系统工程，它在空间上重视整个养殖生产过程中各部分的联系，在时间上将最佳的饲养管理条件和传染病综合防控措施贯彻于养殖生产的全过程，尽可能地维护禽类健康，减少养殖过程中对疫苗、药物的过度依赖，并为疫苗免疫和药物治疗提供良好的环境。

一、禽场选址与建筑布局

（一）禽场场址选择　养禽场的选址应符合农业部动物防疫的有关法律、法规，养禽场的规划、选址和布局应严格遵循兽医卫生防疫的要求，使其有利于动物疫病综合性防治措施的执行。应选择地势高燥、背风向阳、通风、水源良好的地方，远离居民区、屠宰场，特别是畜禽产品加工厂，周边常年没有地方性动物疫病的存在。

（二）禽场内部布局与设计

1. 合理规划场内布局　布局分区要根据场区自然条件、地势地形、主导风向和交通道路的具体情况而定。建筑设施按生产区、生活区、管理区和废弃物及无害化处理区 4 个功能区布局，各功能区之间要区分开，保持 50 米以上的距离，周边建有围墙或相当于围墙功能的隔离设施，界限分明。

办公和生活场所尽量不受饲料粉尘、粪便气味和其他废弃物的污染。根据生产流程，饲料库、蛋库和粪场均要靠近生产区，但不能在生产区内，因三者需与场外联系，饲料库、蛋库和粪场应在相反的两个末端。

合理设计场内道路。道路是场区之间、建筑物与设施、场内与场外联系的纽带。场内道路应净、污分道；禽苗车和饲料车走净道，物品一般只进不出，毛禽车、出粪车和死禽处理走污道，两道互不交叉，出入口分开，场区道路要硬化，道路两旁设排水沟，沟底硬化，不积水，有一定坡度，排水方向从清洁区向污染区。粪污处理区必须建在下风口，并及时处理，防止蚊蝇滋生。

2. 规范设计建造禽舍 禽舍的设计、建造应按照动物防疫的要求，采用封闭式禽舍，有利于在禽群出现疫情时，能够做到局部封闭处理，保障其他禽舍的正常生产；要确保禽舍光线充足、通风良好、防暑防寒；具备良好的防鼠、防虫和防鸟设施；禽舍地面和墙壁为混凝土结构，便于清洗，并能耐酸碱和消毒液，还可防啮齿动物打洞；禽舍内的温、湿度环境应满足禽只不同生理阶段的需求，空气中有毒、有害气体的含量应符合要求；污水排放设施要齐全。依地势、风向排列各类禽舍顺序，育雏舍位于上风，顺风向依次为育成舍和成年禽舍。成年禽舍中以种禽为主，种禽舍可与育雏舍并排，但在下风向。根据禽场条件，可用林带相隔，拉开距离，使空气自然净化。对人员流动方面的改变，可建筑隔墙阻止并仅设一个进出口。禽场分区规划的总原则是人、禽、污三者以人为先，污为后，风与水以风为主的排列顺序。

3. 完善设施、设备 养殖场应配备消毒、隔离、诊疗、无害化处理设施、设备。生产区门口应设有出入人员更衣和消毒室，入口处设置消毒池或消毒通道；禽舍出入口处设隔离和消毒设施、设备。还应设有患病家禽隔离圈舍。兽医室配备必要的检测仪器、诊疗设施、消毒器具和兽药、疫苗贮存器具。废弃物及无害化处理区应建有病死禽尸体解剖室，具备粪便、污水、污物无害化处理设施、设备和病死禽无害化处理设施、设备，或者委托具备无害化处理能力的单位承担无害化处理工作，协议、制度、措施及必要的设备和器具应当完备。

完善禽场的场址环境、场内环境、舍内环境、禽体环境是家禽生物安全的重要措施。

二、保持良好的饲养环境

在规模化养禽场，人们往往将注意力都集中到传染病的控制和扑灭措施上，而饲养管理条件和应激因素与机体健康的关系常常被忽略，形成恶性循环。

搞好养禽场环境绿化，加强禽舍的通风，保持空气清新洁净，落实夏季防暑降温和冬季防寒保暖措施，保持禽舍的温度和湿度，保持环境安静，减少应激。合适的环境温度是保证家禽健康生长的第一要素，尤其是雏禽阶段，低于正常生长所需的温度，不仅影响其生长发育，更会诱发多种疾病，造成死亡。一般进雏前1～2天，应升高禽舍内部温度至33℃～35℃，雏禽进舍后，每2～3天降低1℃，降低至21℃时保持。禽舍内部温度偏高需要降温时，要缓慢进行，防止降温过快引起应激。

三、科学的饲养管理制度

（一）采用全进全出的饲养方式　随着养禽业规模化的发展，全进全出的饲养技术已成为有效控制家禽疫病，提高养禽生产效益的重要措施。采用全进全出的饲养方式，做到饲养的每批禽同一日龄、同时进场，到上市日龄时同时出栏、销售，并统一对禽舍、饲养设备等进行清洗、消毒，条件允许时，应空舍2～3周，然后再饲养下一批。严禁不同品种、地方、批次和大、中、小禽混养，以防交叉感染。新建的养殖场应一步到位，采用全进全出的饲养方式。对于蛋禽场，后备场与产蛋禽场应全部分开，一个场一批禽一个日龄，同时进场同时淘汰，统一免疫统一开产，整进整出。

（二）加强饲养管理，提高禽的机体抵抗力　只有在良好的饲养管理下才能保证家禽处于最佳的生长状态并具备良好的抗病能力。从预防角度来说,必须将饲养管理和疾病预防作为一个整体加以考虑,通过采取科学的管理措施,如保证合理的饲养密度,良好的通风,优质干净的饲料和饮水等,减少疫病的发生机会。同时,对雏禽要适时开食和饮水,做好育雏时的保温工作,禽舍应通风透气,保持适宜湿度,避免过分拥挤,避免或减轻应激因素对禽群的影响。

(三)提供营养优质均衡的饲料　饲料是养禽的基础,高质量的饲料具有营养充足、可消化性和适口性良好以及保健和抗病作用。应根据不同品种、日龄选择不同的营养标准,确保 36 种以上营养素的基本要求,并且各营养素之间应平衡,否则会引起与该营养素有关的疾病,并易诱发其他各种传染病。

饲料质量是禽只生产的关键因素,也是预防疾病的先决条件。应选择有批准文号和质量保证的正规厂家生产的饲料,并要正确贮存,在保质期内使用饲料。禁止饲喂不清洁、发霉或变质的饲料和泔水以及未经无害化处理的畜禽副产品。同时,饲喂的饲料原料和饲料添加剂用量应符合国家标准。

(四)做好完善的生产记录　生产技术人员应对禽群健康状况和饲养员工作情况做好记录,每群都应有相关资料记录,内容包括禽只来源、饲料消耗情况、发病死亡原因、无害化处理情况、用药及免疫接种情况、禽只发运目的地等,所有记录应在清群后保存 2 年以上。对于日常生产中出现的病死禽应进行剖检、流行病学调查和实验室检验,并详细记录在案,便于日后工作总结和了解禽群动态发展变化。

四、建立隔离消毒制度

(一)严格执行隔离制度　隔离是通过空间隔离、物理隔绝和化学消毒等方法,防止和限制感染动物和污染材料进入未感染区域的可能机会。

1. 场内外隔离　禽场应有护围墙，并设有一个出入口，保证大门关闭并上锁，谢绝一切无关人员参观，禽场与外界隔离。对所有进出禽场的人员、车辆和设备进行登记。场内有明确的区域划分，舍与舍之间要有最基本的风险间隔。

2. 人员的隔离　所有进入禽舍的人员必须经过洗澡并更换干净卫生的工作服，在每一禽舍的入口处都要设置足浴池并刷鞋。生活区人员不得擅自进入生产区，不同生产区域的人员要定点工作，杜绝串舍、越区，禽场兽医和技术人员分区、分舍负责，避免交叉感染。浴室应分为脏区和净区两个区域，以防交叉感染，工作人员只可单方向走动。

3. 禽群的隔离　杜绝场与场之间的迁移和舍与舍之间的转移，尽可能减少禽群与外界的接触。走访不同禽龄的禽群需洗澡换衣，并遵循从幼龄禽到成年禽的顺序进行。

4. 用具的隔离　某一生产区或禽舍内的用具和设备只能在本区或本舍内使用。场内的生产工具及设备一般是场内专用，严禁出场，同时也应进行清洁消毒，避免造成交叉污染。场外新进各种物资也应先消毒后再进入场内使用，对购进的饲料等生产资料应在仓库中转，场外运输车辆或工具不能进入生产区。

（二）严格卫生制度　清扫可清除禽舍环境和物品表面的绝大多数有机物，这些有机物中附着有大量的病原微生物；冲洗可将残留在禽舍及物品表面的有机物清除干净，包括缝隙中残存的有机物，从而将附着在这些有机物中的病原体清除掉。

清扫贮料塔、料箱和喂料器，清理并消毒所有喂饲设备及散落的饲料。把包括棚架在内的所有设备移出禽舍后进行清扫、擦洗和消毒，并尽可能让其暴露在阳光下一段时间。用水冲洗顶棚和墙壁上的灰尘，清扫并擦洗所有残留的有机物。用热水或蒸汽冲洗和浸泡整栋禽舍，刮出残留的有机物。浸泡后清扫积水，并使用消毒剂消毒积水，待其晾干之后喷洒杀虫剂。禽舍周围也需要清洗和消毒（距禽舍6米的地带）。打开风机，并彻底进行清洗和消毒，对禽舍工作间的桌面、架子和柜子，也要彻底清洗和消毒。当禽舍的消毒工作彻底结束后，重新安装设备。在禽舍中取样，进行实验室细菌学检查，确保无病原菌的存在，再次对禽舍消毒，在于下批禽抵达之前锁好禽舍和禽场大门，两批禽之间至少需空舍2周。

（三）严格消毒制度　消毒是在体外杀死病原微生物的唯一可循途径，是疫病防治措施中的一项重要内容，通过卫生消毒能够杀灭家禽养殖环境中的病原体、切断传播途径，防止动物疫病的传播和蔓延。在平时的饲养管理中，根据消毒剂对目标病原的效果进行选择；对进出场区、生产区、圈舍的人员和车辆实行三级消毒。按规定开展日常消毒和紧急消毒；定期对禽舍及其空气、场地、用具、道路或禽群进行消毒；转群后或出栏后，对棚舍彻底清洗、消毒，并进行消毒效果检测。

1. 入口消毒　在禽场和禽舍的入口处应设有消毒池（槽或盆），对过往的行人和车辆进行消毒，并及时（2～3天）更换消毒池（槽或盆）内的消毒药液。禽场入口处的消毒池长度应达到4.5米，与大门同宽，深20厘米；禽舍入口处的消毒池长为1.5米，与门同宽，深20厘米，也可设脚踏消毒盆，并设有洗手消毒盆。若有条件可在禽场入口处消毒槽的上方设置喷淋装置，对车体进行喷淋消毒。

2. 禽舍的清洗和消毒　消毒过程必须按一定程序进行。消毒的基本程序是：清扫—水冲—喷洒消毒药液—熏蒸。新建禽场进禽前，要求舍内干燥后，屋顶、地面用消毒剂消毒1次。饮水器、料桶、其他用具等充分清洗消毒。使用过的禽场进禽前，彻底清除一切物品，包括饮水器、料桶、网架或垫料、支架、粪便、羽毛等。清洁是发挥良好消毒作用的基础，因此一定要彻底清扫禽舍地面、窗台、屋顶及每一个角落。然后用高压水枪由上到下、由内向外冲洗,要求无禽毛、禽粪和灰尘。待禽舍干燥后,再用消毒剂从上到下整个禽舍喷雾消毒 1 次。撤出的设备,如饮水器、料桶垫网等用消毒液浸泡 30 分钟,然后用清水冲洗,置于阳光下暴晒 2～3 天,再搬入禽舍。进禽前 1 周,封闭门窗,用 3 倍量的高锰酸钾和 40％甲醛溶液(每立方米用高锰酸钾 21 克,40％甲醛溶液 42 毫升)密闭熏蒸 24 小时后,通风 2 天。此后人员进入禽舍,必须更换工作服、工作鞋,脚踏消毒液。

3. 物流管理　物品及工具应清洗和消毒,防止在产品流通环节中交叉感染。携带入舍的器具和设备都是潜在的病原,所有物品在入舍前都必须彻底消毒。场内公用蛋箱、孵化箱、饲料车、运禽工具,若受污染就会波及全场,所以场内应设各类专用车,舍内各种工具专用固定,严禁串用。进入禽舍的用具必须消毒后方可入舍。

4. 环境消毒　禽舍周围每 2～3 周用 2％氢氧化钠溶液消毒或撒生石灰 1 次,场周围及场内的污水池、排粪坑、下水口每月用漂白粉消毒 1 次,场及舍进出口要设消毒池,放入 2％氢氧化钠溶液,每周更换 2 次,或放 0.2％新洁尔灭溶液,每 3 天更换 1 次,生产区道路每日用 0.2％次氯酸钠溶液喷洒 1 次。

5. 带禽消毒　在正常情况下每周进行 2 次带禽消毒,并对舍外环境进行消毒;在禽只发病时应每天 2 次进行带禽消毒,舍外环境每天消毒 1 次;暴发疫情时在封锁第一周每天对环境进行 1 次消毒,第二周每 2 天对环境消毒 1 次,直至解除封锁时的终末消毒,而后转为正常消毒。

6. 饮水和饲料的消毒　饮水消毒的目的就是彻底杀灭饮用水中的细菌和病毒。水中含有大肠杆菌时可用氯进行消毒,水中加漂白粉,使水中含氯量达 2～3 毫克/升即可。另外,许多饮水系统无法彻底清洗,尤其是在使用饮水系统投药之后,很多沉积物滞留在系统中很难被清除。所以,清除禽舍时,饮水系统的清洁十分重要。

目前,对饲料消毒的方法是制成颗粒料,利用加工过程中的高温杀死病原体。防止污染主要是加强饲料加工和运输过程中的管理措施,配料人员在进入饲料厂时,淋浴、更衣、消毒,换工作服、鞋,脚踏消毒池,饲料运输车辆定期消毒,采用一次性饲料袋等。

五、健全防疫制度

(一)制定科学免疫程序 根据本养殖场的疫病发生情况和禽群的实际抗体效价,以及本地区疫病的流行情况制定合理的免疫程序,选择适宜的疫苗,最好由专业防疫人员进行免疫操作,并严格执行。要有计划地对禽群进行抗体的血清学监测,以便确定最佳的免疫时机,保证疫苗的免疫预防效果确实可靠。

(二)制定科学的免疫计划 制定科学的免疫计划,把好防病的最后一道防线。统一的免疫程序在禽病控制上是不科学的,每个禽场都应因地制宜根据当地疫情的流行情况,结合禽群的健康状况、生产性能、母源抗体水平和疫苗种类、使用要求及疫苗间的干扰作用等因素,制定出切实可行的适合于本场的免疫计划。选用适宜的疫苗,对接种时间、接种途径做出科学的安排,并根据季节变化、免疫监测结果及突发疾病对现有的免疫计划进行必要的调整,达到提高免疫效果、有效控制烈性传染病发生的目的。

(三)实行免疫登记制度,做好免疫记录 及时认真地填写免疫接种记录,包括疫苗名称、免疫日期、舍别、禽别、日龄、免疫只数、免疫剂量、疫苗性质、生产厂家、批准文号、批号、有效期、接种人、备注等。每批疫苗最好存放 1~2 瓶,以备出现问题时查询。

六、实施无害化处理制度

(一)病死禽只处理 病死动物及产品的无害化处理是兽医

公共卫生的一个重要问题。加大对无害化处理设施、设备的投入,规范病死家禽的无害化处理,可最大限度地降低病死家禽对生态环境的污染。应按照病害动物及病害动物产品生物安全处理规程对病害动物及动物产品、诊疗废弃物进行生物安全处理。

对可疑病禽应采取不使血液和渗出物散播的方法进行扑杀,传染病的尸体应按照有关规定进行处理,同时做好无害化处理记录。病死禽严禁食用或乱扔,更不能出售(严禁禽贩子进场收购),要在离开禽场较远的地方进行高温处理、焚烧或深埋,病禽的毛、血液和粪便都应深埋。有治疗价值的病禽应隔离饲养,由兽医进行诊治;病死家禽要严格处理,防止疫病扩散。注意对病禽污染的房舍、饲料、用具、粪便等进行严格、全面、彻底的消毒。

(二)粪便、污水、污物的处理 粪便和污水、污物是造成场区和周围环境污染的主要原因,成为病原微生物存在的场所。要做好粪便和污水、污物的处理,粪便不能乱堆乱放,应及时运到指定地点,进行堆积生物热处理或干燥处理后作农业用肥,不得作为其他动物饲料,所有的废弃物集中堆积发酵进行无害化处理。

第二章　禽病防治技术

第一节　禽病的种类

禽病大致分为两大类：传染性疾病和非传染性疾病。传染性疾病主要包括病毒病、细菌病、寄生虫病等具有传染源和传染性的疾病。非传染性疾病包括营养代谢病、营养缺乏症、中毒病、杂症、外科病及与管理因素相关的疾病。

一、传染性疾病

（一）病毒病　目前，影响家禽业发展的疾病中，以病毒性疾病造成的损失最为巨大。据国内外流行病学调查结果显示，主要病毒性疾病有新城疫、禽流感、传染性法氏囊病、传染性支气管炎、传染性喉气管炎、马立克氏病、鸡痘、产蛋下降综合征、脑脊髓炎、鸭病毒性肝炎等。

（二）细菌病　细菌病长期困扰养禽业的健康发展，每年因细菌感染造成大量的家禽发病死亡，造成巨大的经济损失。通常采取综合防控措施来降低这类疫病的发生和流行。据流行病学调查显示，常发生的细菌性疾病有大肠杆菌病、沙门氏菌病、巴氏杆菌病、葡萄球菌病、传染性鼻炎、慢性呼吸道病、弧菌性肝炎、坏死性肠炎等。

（三）寄生虫病　禽类寄生虫病中，危害最为严重是球虫病，此外还有鸡绦虫病、鸡蛔虫病、异刺线虫病、组织滴虫病、住白细胞原虫病及螨、虱等多种体表寄生虫。球虫病以集约化的规模场最易暴发。我国抗球虫药物的使用每年就高达 15 亿元人民币以上。北京鸭感染球虫的发病率在 40%～80%，多呈现混合感染，死亡率高达 70%。鸡蛔虫造成鸡生长缓慢，雏鸡感染率较高，并多为隐性感染。体表寄生虫中皮刺螨的危害最为严重，不仅可以使鸡蛋外观色泽下降，还可以引起鸡严重贫血，皮刺螨还是多种病毒性疾病和细菌性疾病的传播媒介，因贫血造成鸡免疫力下降的同时造成多种传染性疾病的发生。

二、非传染性疾病

非传染性疾病是指不是由病原微生物引起，而是由其他致病因素引发机体发生功能障碍，但不具有传染性的一类疾病，如营养性疾病、代谢性疾病、中毒性疾病、应激性疾病等。

（一）营养缺乏及营养代谢病　包括维生素缺乏症、微量元素缺乏症、蛋白质缺乏症、痛风、脂肪肝综合征、肉鸡猝死综合征、肉鸡腹水综合征等。

（二）中毒病　包括药物中毒、一氧化碳中毒、真菌毒素中毒等。

第二节　我国禽病流行的主要特点

我国养禽业连续 20 多年持续稳步增长，取得举世瞩目的成就，成为世界养禽大国。但一直以来禽病是困扰我国养禽业的关键问题之一。目前我国禽病有 80 余种，其中传染病占 75% 左右，造成的经济损失十分巨大，已成为制约我国养禽业发展的瓶颈。我国家禽成活率不高，平均死亡率达 20% 左右，与发达国家相比，要高出 1 倍以上。据估计，我国家禽死亡损失年均百亿元，疫病引起的生产性能下降、防控开支和其他损失则更为严重。资料显示，我国养鸡平均每只的疫苗和药物费用为美国的 10 倍。

一、禽病的种类越来越多

禽病的种类越来越多,当前对养禽业造成危害的疫病已达80多种,而以传染病为最多,占禽病总数的75%以上,我国每年因各类禽病导致家禽的死亡率达20%,经济损失达百亿元。

二、新发病种类增多

我国新近出现的禽病主要有鸡传染性贫血、禽流感、肾型传染性支气管炎、传染性病毒性腺胃炎、番鸭细小病毒病、鸡病毒性关节炎、产蛋下降综合征、J-亚群白血病、肉鸡腹水综合征等。

三、病原体出现变异,临床症状非典型化

近年来,在禽病的发生和流行过程中,有些病原体出现了变异,导致临床症状非典型化,如非典型新城疫。抗原结构的变异和血清型多变,如传染性支气管炎,以前主要流行呼吸型,20世纪90年代出现了嗜肾脏型,近年来又出现了腺胃型,使得疫苗的研究变得越来越困难。如果使用的疫苗与流行株血清型不符,常导致免疫失败。又如马立克氏病,在20世纪70年代,野外毒株主要是强毒,到80年代,一些国家出现了超强毒,而90年代在美国和欧洲又出现了超强毒株,每一次流行毒株毒力的增强,都导致现有疫苗的免疫失败。可见,未来家禽传染病无论在流行上还是致病机制上都会越来越复杂,这对兽医工作者的要求也越来越高。

四、细菌性疾病和细菌耐药性越来越严重

如大肠杆菌病、鸡白痢沙门氏菌病、鸡慢性呼吸道病、鸡传染性鼻炎等。据统计,鸡细菌性疾病占30%～40%,且不断上升。特别是大肠杆菌病由于污染严重,血清型多,易变异,传播途径多,表现的类型多,已成为当今养鸡业中很棘手的疾病。由于鸡

场药物品种少,长时间使用单一抗菌药物,饲料中长期添加低剂量的抗生素添加剂,致使耐药菌株不断出现,治疗效果普遍较差,给集约化鸡场造成较大的经济损失。

五、条件致病性病原引起的疫病增多

如鸡葡萄球菌病、绿脓杆菌病、肉鸡矮小综合征等,这些疾病以前不被重视,但由于集约化鸡场饲养密度大、鸡舍潮湿、通风不良等因素,引起这些疾病的暴发,特别是环境卫生条件差、防疫水平低的鸡场更易发生。调查表明,饲养白羽产白壳蛋鸡和白羽肉鸡对鸡葡萄球菌病非常易感,可造成 20%～50% 的死亡率;新生雏鸡的绿脓杆菌感染可造成 25%～50% 的死亡率。

六、亚临床免疫抑制性疾病的多重感染日趋普遍

常见的免疫抑制性疾病有马立克氏病、传染性法氏囊病、网状内皮组织增生病、传染性贫血、呼肠孤病毒病、禽白血病等。免疫抑制性病毒感染的危害主要表现为:使病毒性和细菌性感染的症状、病变不典型;对特定疫苗的免疫反应下降或不反应,继发性细菌性感染显著增加。由于对免疫抑制性病毒感染诊断困难而被忽视,再加上对一些免疫抑制性病毒感染无疫苗预防,更加重了它的危害。

七、多病因的混合感染增多

集约化养殖的特点决定了禽病发生的复杂性,往往呈现多发性、并发性感染,很少单独发病。例如,大肠杆菌所致的肠道感染与病毒(如轮状病毒、冠状病毒)有关;鸡传染性支气管炎病毒、鸡传染性喉气管炎病毒或支原体混合感染,引起呼吸道疾病;传染性法氏囊病与鸡新城疫病毒混合感染等。混合感染后会产生混合的临床症状,这些症状会随各种病原体之间的比例改变而改

变,而很少产生典型的临床症状,给这些疾病的诊断、治疗或根除造成了困难。

第三节　禽病的防疫

家禽的抗感染能力,除了年龄、营养状况等因素外,最重要的因素是机体的免疫力,它是生物体防御和清除病原微生物或寄生虫及其产物有害作用的生理保护性机制。在家禽自然感染了某种病原微生物或寄生虫,或是人工接种了某种疫苗或寄生原虫苗,体内的免疫功能细胞就会产生一种能够杀死该病原微生物或阻止该寄生原虫感染的化学物质,这种化学物质被称为抗体。抗体是由免疫球蛋白组成的,具有特异性免疫力,能够抵御相应的病原微生物或寄生虫的再次感染。

凡是能够刺激机体产生特异性免疫力的物质,称为抗原。病原微生物和疫苗以及寄生虫苗都是抗原物质,卵黄抗体和高免血清抗体都属抗体物质。抗体和抗原之间的作用是高度专一性的,一种抗原只能刺激机体产生针对这种抗原的抗体,所产生的抗体也只能对这种抗原产生作用,对其他病毒毫无作用。机体由此而获得的免疫,即称为特异性获得性免疫。特异性获得性免疫对家禽而言,主要表现为体液免疫和细胞免疫,分别由 T 淋巴细胞系统和 B 淋巴细胞系统参与。

对健康禽群免疫接种是激发禽机体内产生特异性抵抗力,使原来对某些传染病易感的禽群转变为不易感群的一种有效的防病方法。有计划、有目的地对家禽进行免疫接种,是预防、控制和扑灭禽传染病的重要措施之一。

一、常见免疫接种方法

临床上应根据疫苗的种类、禽品种的不同特性以及饲养方式和饲养量,来选择应用相应的免疫接种方法。在生产实践中,免疫接种的方法有以下几种。

(一)滴鼻点眼法

1. 适用范围 常用于弱毒活疫苗的接种,适用于任何鸡龄,尤其是雏鸡新城疫的初次免疫,如鸡新城疫Ⅱ系苗和Ⅳ系苗等。还用于鸡传染性支气管炎弱毒苗 H120 和 H52、鸡传染性喉气管炎弱毒苗、鸡传染性法氏囊病弱毒苗以及雏鹅小鹅瘟弱毒苗的免疫接种。

2. 方法 将一滴疫苗溶液自 1 厘米高处,垂直滴入一侧眼睛或鼻孔里,等疫苗扩散到整个角膜或被吸入鼻孔后才可放鸡,否则滴入的疫苗易被甩丢,影响免疫效果。若疫苗停在鼻孔处,可按压对侧鼻孔让其吸进。

3. 注意事项 使用厂家配套的稀释液和滴头;配制疫苗时摇动不要太剧烈;疫苗现配现用,2 小时内用完;疫苗避免受热和阳光照射,点眼时滴头距离鸡眼 1 厘米,以防戳伤鸡眼;滴鼻时,用食指封住一侧鼻孔,以便疫苗滴能被快速吸入;滴鼻、点眼时,待疫苗被眼或鼻孔吸收后再放开鸡,如鸡摆头使疫苗滴甩出,应重新点滴;免疫接种后的废弃物应焚毁。

(二)翼膜刺种法

1. 适用范围 翼膜刺种多用于鸡痘疫苗的接种。

2. 方法 将 1000 羽份的疫苗稀释于 25 毫升的生理盐水中。拉开一侧翅膀,抹开翼翅上的绒毛,刺种者将蘸有疫苗的刺种针或蘸水笔尖从翅膀内侧无血管处的翼膜内对准翼膜用力快速穿透,使针上的凹槽露出翼膜。通过在穿刺部位的皮肤处增殖产生免疫,雏鸡刺种 1 针,较大的鸡刺种 2 针即可。

3. 注意事项 使用时先以稀释液配制并混匀;刺种过程中注意及时添加疫苗,每次刺种前都要充分蘸取疫苗,轻轻展开鸡翅,将刺种针由翼膜内侧向外刺出;刺种针不能接触羽毛,不要污染疫苗瓶和刺种针;免疫后检查接种部位是否有效,在接种后 6～8天,接种部位可见到或摸到 1～2 个谷粒大小的结节,中央有一干痂。若反应灶大且有干酪样物,则表明有污染;若无反应出现,则可能是由于鸡群已有免疫力,或接种方法有误,如无效应重新接种。

(三)饮水免疫法

1. 适用范围 在生产实践中适用于大群家禽和特禽的免疫,尤其是鹌鹑、鹧鸪预防新城疫常采用饮水免疫。常用于鸡新城疫Ⅱ系或Ⅳ系弱毒苗、鸡传染性法氏囊病弱毒苗及鸡球虫疫苗的免疫接种。冬季可适量少用,炎热夏季可多用。

2. 方法 将一定量的疫苗放入盛有深井水或凉开水的饮水器中,保持适当的浓度,让鸡自由饮用,吞咽后的疫苗经腭裂、鼻腔、肠道,产生局部免疫及全身免疫。疫苗用量一般应高于其他途径免疫用量的 2～3 倍,饮水免疫稀释疫苗的用水量应根据鸡的日龄和季节来确定。

操作:开启疫苗瓶盖露出中心胶塞,用无菌注射器抽取 5 毫升稀释液注入疫苗瓶中,反复摇匀至溶解,吸出注入 100～150 毫升水中,摇匀备用。按免疫只数计算好饮水量(疫苗剂量应加倍使用),将稀释好的疫苗倒入,用清洁棒搅拌,使疫苗和水充分混匀。确保稀释后的疫苗溶液在 2 小时内饮完。饮水量:1～2 周龄,8～10 毫升/只;3～4 周龄,15～20 毫升/只;9～10 周龄,20～30 毫升/只;7～8 周龄,30～40 毫升/只;9～10 周龄,40～50 毫升/只;10～11 周龄,50～60 毫升/只。

如果观察饮水量不方便,也可以用公式计算饮苗用水量。在气温为 15℃～20℃时,1 000 只肉用种鸡的饮苗用水量的计算公式是:①小于 8 周龄时饮苗用水量＝8.4×周龄－4;②9～22 周龄时饮苗用水量＝1.4×周龄＋51.6。公式中计算出来的数字是 1 000 只肉用种鸡日饮水量的 40%,单位是升。

如果气温高于20℃,饮苗用水量应该比计算量多一点;如果气温低于 15℃,饮苗用水量应该比计算量少一点。如果是蛋鸡,因体重轻于肉种鸡,所以饮苗用水量比计算略少一点;如果是肉仔鸡,20℃时饮苗用水量计算公式是:2.4×日龄+1.2。增减饮苗用水量的原则是控制饮水时间在 1~2 小时。

3. 注意事项　①用于饮水的疫苗必须是高效价的,可在疫苗稀释液中加入免疫增效剂或 0.2%~0.5%的脱脂奶粉混合使用。②免疫前后 3 天饲料和饮水中不能加入消毒剂或抗病毒药物,以防引起免疫失败或干扰机体产生免疫力。③免疫前视季节和舍温情况限水 2~3 小时,保持家禽在饮水免疫前有口渴感,确保家禽在 30 分钟内将疫苗稀释液饮完。为保证家禽饮用后充分吸收,饮水免疫后应停水 1~2 小时。④饮水器要保持清洁干净,没有消毒剂和洗涤剂等化学物质残留,饮水器皿不能是金属容器,可用瓷器和无毒塑料容器,在炎热季节应在清晨或傍晚进行,稀释疫苗的水要保持清洁,不含氯、锌、铜、铁等离子。合理安排饮水器和饮水量,避免饮水量不足、饮水器过少,或禽体强弱争饮而导致饮水不均,影响免疫效果。

(四)肌内注射接种法

1. 适用范围　肌内注射作用快、吸收较好,优于颈部皮下注射法,而且免疫效果可靠,适用于 4 周龄以上的禽类。临床上常用于鸡新城疫Ⅰ系疫苗、小鹅瘟弱毒苗、鸭瘟弱毒苗和各种禽类的灭活苗(如鹅副黏病毒油乳剂灭活苗、鸽新城疫油乳剂灭活苗、鹅蛋子瘟灭活苗、鸡产蛋下降综合征油乳剂灭活苗、禽霍乱组织灭活苗、禽传染性脑脊髓炎油乳剂灭活苗)等,以及高免血清和高免卵黄抗体(如抗法氏囊血清、抗小鹅瘟血清、抗法氏囊卵黄抗体和抗鹅副黏病毒卵黄抗体等)。

注射接种最常用的是胸部肌内注射和外侧腿部肌内注射。

2. 方法　用 18 号针头,朝身体方向刺入胸部肌肉或外侧腿部肌肉,注意避免刺伤血管、神经和骨头。胸肌注射时从龙骨突出的两侧沿胸骨成 30°～45°角刺入，避免与胸部垂直而误入内脏导致鸡死亡。

3. 注意事项 接种前将油乳剂灭活苗自然放置，升温至舍温后使用，以防冷应激。接种过程中，经常摇匀疫苗，勤换消毒好的针头。油乳剂疫苗如有冻结、破裂、严重分层现象、异物杂质则不能使用。避免刺得过深伤及骨膜，进针太靠前易进入嗉囊，进针太靠后易伤及内脏。胸肌注射部位尽量选择无毛无污染处，减少感染。注射两种油乳剂疫苗时，应避免两种疫苗接种在同一点上。注射免疫时，严格规范操作，防止打"飞针"、注射器漏液、针头过粗或进针角度不正确等导致疫苗根本没有注射进去或注入的疫苗从注射孔流出，造成疫苗注射量不足并导致疫苗污染环境。油乳剂疫苗注射速度要慢，以防针头拔出后疫苗随针孔流出。

（五）颈部皮下注射法

1. 适用范围 本方法适用于 1 日龄雏鸡免疫接种马立克氏病疫苗和马立克氏病多价疫苗以及 2～4 周龄雏禽免疫接种灭活苗。例如，鸡新城疫油乳剂灭活苗、鸡病毒性关节炎油乳剂灭活苗、鸡传染性贫血灭活苗、鸡大肠杆菌多价灭活苗、鸭疫里默氏杆菌病灭活苗、鹅副黏病毒油乳剂灭活苗等；还适用于雏禽免疫接种注射高免血清，如出壳不久的雏鸭注射抗雏鸭肝炎血清、雏鹅注射抗小鹅瘟血清、雏番鸭注射抗番鸭细小病毒病血清等。

2. 方法 一手食指和拇指分开在鸡头部横向由下而上将皮层挤压到上面提住拉高，不能只拉住羽毛，另一手将针头准确刺进被拉高的两指间的皮层中间，针头水平插入，缓慢注入疫苗。注射正确时可感到疫苗在皮下移动，推注无阻力感。进针位置应在颈部背侧中段以下，针尖不伤及颈部肌肉、骨头，否则易引起肿头或颈部赘生物生长。同时，针体以与头颈部在一条直线为宜，可减少刺穿机会，若针头刺穿皮肤，则有疫苗溶液流出，可看到或触摸到，应补注。

3. 注意事项　灭活苗剂量宁多勿少,接种前应调校注射器,杜绝注射器滴漏现象。免疫时应不时摇动疫苗,以免分层。疫苗开启后应在 24 小时内用完。

(六)气 雾 法

1. 适用范围　气雾免疫适用于规模化、集约化养禽场的大群免疫,尤其适用于大型商品肉用鸡场鸡群的免疫。特别是对于预防新城疫来说,气雾免疫较饮水免疫的效果好,不仅可产生较多的循环抗体,而且可产生局部免疫,有利于抵御自然感染,对有母源抗体的雏鸡更具有优越性,常用于鸡新城疫Ⅱ系和Ⅳ系疫苗及传染性支气管炎弱毒苗的免疫。

2. 方法　将鸡群赶到较长墙边的一侧,在鸡群顶部 30～50 厘米处喷雾,边喷边走,至少应往返喷雾 2～3 遍后才能将疫苗均匀喷完。喷雾后 20 分钟才能开启门窗,因为一般的喷雾雾粒大约需要 20 分钟才会全部降落至地面。

3. 注意事项　①使用高效价的疫苗,剂量要加倍,用蒸馏水或去离子水稀释疫苗。②雾化粒子的大小要适中,雾化粒子太大,由于沉降速度快,疫苗在空气中停留的时间短,疫苗的利用率降低;雾化粒子过小,疫苗在呼吸道内不易着落而被呼出。喷枪喷出的雾滴对于成年鸡直径应在 5～10 微米,雏鸡以 30～50 微米为宜。③气雾免疫时房舍应密闭,减少空气流动,并应无直射阳光为宜。④喷雾前可用定量的水试喷,掌握好最佳的喷雾速度、喷雾流量和雾化粒子大小。

(七)泄殖腔黏膜擦种　用于鸡传染性喉气管炎强毒苗的接种。接种时提起鸡的两腿,由助手按压鸡腹部使肛门外翻,用去尖毛笔或小棉签蘸取疫苗(一般为 0.1% 悬液),涂擦在泄殖腔黏膜上。接种后 4～5 天泄殖腔黏膜潮红,视为免疫成功。这种强毒苗只能在发病鸡场中对未发病鸡作应急使用,并且要注意防止散毒。

（八）浸头或浸嘴免疫　浸头或浸嘴免疫主要用于鸡，尤其是雏鸡的免疫接种。接种时，疫苗液会受到先浸鸡嘴中的饲料、黏液等污染，对后浸鸡免疫效果产生影响，应当注意并采取纠正措施。

1. 浸头免疫　将鸡头浸入疫苗液中，要保证浸过眼部，经2秒钟后迅速拿出，使鸡的眼、鼻、口中都沾上疫苗，免疫效果较好。1 000羽份疫苗用生理盐水稀释的参考量，0～4周龄雏为500毫升，4周龄以上为1 000毫升。

2. 浸嘴免疫　将鸡嘴部浸入疫苗液中，要保证浸过鼻孔，否则达不到免疫效果。1 000羽份疫苗用生理盐水稀释的参考量，0～4周龄雏为250毫升。

（九）胚胎内接种　预防火鸡疱疹病毒病的疫苗在雏鸡接触野毒之前进行免疫接种，而且越早越好，目前普遍采用的方法是在孵化室内免疫接种1日龄雏鸡。显然，如果孵化室内有马立克氏病野毒存在，雏鸡一出壳就可能被感染，这样再免疫接种其效果就很差了。为了防止这种情况的发生，1980年SharDaI首创了给18日龄的鸡胚免疫接种，而且获得了成功。现在发达国家已普遍采用这种方法，而且发明了专用设备。此法现在也用于新城疫、传染性支气管炎、传染性法氏囊病疫苗的接种。

二、禽常用疫苗的种类

凡是具有良好免疫原性的病原微生物（包括寄生虫），经繁殖和处理后制成的制品，用以接种动物能产生相应的免疫力者，均称为疫苗，包含细菌性疫苗、病毒性疫苗、寄生虫疫苗三大类。常用的疫苗有弱毒苗和灭活苗。

弱毒苗又称活疫苗，是通过物理、化学和生物方法，使微生物的自然强毒株对原宿主动物丧失致病力或引起亚临床感染，使其保持良好的免疫原性和遗传特性，用以制备的疫苗。此外，也有从自然界筛选的自然毒株，同样有人工育成弱毒株的遗传特性，同样可以制备弱毒苗。

弱毒苗的优点是:弱毒冻干苗为低毒力的活的病原微生物,接种后,其病原微生物要在体内复制、增殖进而刺激机体产生抗体。既可以刺激机体的细胞免疫,又可以刺激机体产生体液免疫。刺激机体产生抗体速度快、维持时间短。弱毒苗一般采用真空冻干工艺制作,通常需要冷冻保存,可采用点眼、滴鼻、口服、饮水、注射等多种接种方式。一次免疫接种即可成功,可采取自然感染途径接种(如注射、滴鼻、饮水、喷雾、划痕等),可引起整个免疫应答,产生广谱性免疫及局部和全身性抗体免疫持久,有利于消除局部野毒,产量高,生产成本低。

弱毒苗的缺点是:残毒在自然界动物群体中持续传递后毒力有增强返祖危险,疫苗中存在的污染毒有可能扩散;存在不同抗原的干扰现象,从而影响免疫效果;要求在低温条件下运输贮存。

灭活苗又称死疫苗,是将细菌或病毒利用物理或化学方法处理,使其丧失感染性或毒性,而保持免疫原性,接种动物后能产生主动免疫的一类生物制品。灭活苗分为组织灭活苗和培养物灭活苗。其特点是:易于保存运输,疫苗稳定,便于制备多价或多联苗。其缺点是:注射剂量大,需多次注射,不产生局部免疫力。

灭活苗的优点是:灭活苗是无毒力的死的病原微生物,无法在体内复制、增殖;刺激机体产生细胞免疫的能力较差;刺激机体产生的抗体慢,维持时间长;不需要真空保存,但所使用的佐剂对疫苗免疫效果影响较大;油佐剂灭活苗一般为冷藏保存,只能通过注射免疫;比较安全,不发生全身性副作用,不出现返祖现象,有利于制备多价多联的混合疫苗;制品稳定,受外界条件影响小,有利于运输保存。

灭活苗的缺点是:接种次数多、剂量大,免疫途径必须是注射,不产生局部免疫,需要高浓度抗原物质,生产成本高。

(一)禽用弱毒苗的种类　目前,禽常用弱毒苗有新城疫弱毒苗、鸡传染性法氏囊病弱毒苗、马立克氏病冻干苗和传染性支气管炎弱毒苗等。

1. 新城疫弱毒苗 常用的新城疫弱毒苗主要有Ⅰ系、Ⅱ系、Ⅲ系、Ⅳ系等（表 2-1）。

表 2-1 常见新城疫弱毒苗的类型与特点

种　类	免疫途径	主要用途	优　点	缺　点
中等毒力（Ⅰ系）	注射或饮水	多用于加强免疫	抗体生产快，免疫持续时间长	不良反应非常大，存在毒力返强和散毒的危险
弱毒 Ⅱ系（B1）	各途径接种	适于雏鸡免疫	毒力弱，不良反应小	免疫原性差，易受到母源抗体干扰，保护力不强，只适于首免
Ⅲ系（F）	饮　水	适于雏鸡免疫	与Ⅱ系疫苗相似	免疫原性差，能引起轻微呼吸道反应，只适于首免
Ⅳ系（LaSota株、克隆30株）	点眼、滴鼻或喷雾	多用于加强免疫	免疫原性好，抗体效价高，能突破母源抗体，适于7日龄以上的鸡只免疫，目前在世界上广泛应用	呼吸道反应较大

2. 鸡传染性支气管炎弱毒苗 由于鸡传染性支气管炎病毒的血清型众多，按临床表现将常见毒株分为呼吸型、肾型、肠型或腺胃型（如 QX 株）、生殖型等，呼吸型以 M 株为主，肾型以 C 株为主，混合型以荷兰 H 株为主，即 H52 和 H120 两种。常见鸡传染性支气管炎弱毒苗的类型与特点见表 2-2 所示。

表 2-2　常见鸡传染性支气管炎活疫苗的类型与特点

种类和毒株名称		免疫途径	主要用途	优点
混合型	H120	滴鼻、点眼或饮水	用于 1 日龄以上育雏鸡和产蛋鸡	毒力低，主要用于预防呼吸型传染性支气管炎，对肾型传染性支气管炎有一定交叉保护
	H52		任何日龄的鸡群免疫	
肾　型	28/86	滴鼻或点眼	任何日龄的鸡群免疫	毒力低而稳定，对肾病变型保护率较高
	Ma5		60～120 日龄之间加强免疫	
	4/91		预防鸡肌肉病变、有呼吸道症状和腹泻等症状	毒株毒力较强，选用宜慎

3. 鸡传染性法氏囊病弱毒苗　常见鸡传染性法氏囊病弱毒苗的类型与特点见表 2-3 所示。

表 2-3　常见鸡传染性法氏囊病弱毒苗的类型与特点

毒株种类	毒株名称	主要用途	优　点	缺　点
中等偏弱毒力	D87、BVL、LZ、A80	用于无母源抗体的雏鸡早期免疫	避免胃酸的破坏，也可以使大群的抗体整齐，且不损害法氏囊	对有母源抗体的鸡免疫效果较差；抗体产生速度慢、抗体水平低
中等毒力	LZ、Gt、NF8、LKT、LZD228、BJ836	供各种有毒源抗体的鸡雏使用	对法氏囊损伤小，产生抗体速度快、抗体水平高	突破高母源抗体能力弱
中等偏强毒力	W2512、V877、NB、MS、228E	可用于肉雏鸡 7～14 天的首免	突破高母源抗体能力强	容易引起法氏囊损伤，引发免疫抑制

4. 马立克氏病弱毒苗 常见马立克氏病弱毒苗的类型与特点详见表 2-4 所示。

2-4 常见马立克氏病弱毒苗的类型与特点

疫苗种类	毒株名称	免疫途径	主要用途	优　点	缺　点
I 型的鸡马立克氏病弱毒苗	CV1988/Rispens	肌内注射	适用于 1 日龄雏鸡	具有良好的安全性及免疫原性;不受母源抗体干扰,雏鸡接种 14 天后可横向传递疫苗弱病毒	对高致病性马立克氏病毒的保护效果不够理想
	814 株	肌内注射	适用于 1~3 日龄雏鸡	安全稳定,受母源抗体影响小,具有良好的免疫源性	易引起淋巴器官萎缩
II 型的火鸡疱疹病毒弱毒苗	SB/1 株 Z4 株	肌内注射	适用于 1 日龄雏鸡	能产生广泛的保护力,但对超强毒株抵抗力不太强,可与血清III型疫苗合用,充分抵抗超强毒株	可能激发某些品种鸡的淋巴细胞白血病
III 型的火鸡疱疹病毒弱毒苗	FC 126 株	胚胎接种或肌内注射	适用于鸡胚或 1 日龄雏鸡	能使机体产生抗体,该疫苗具有干扰作用,它先于马立克氏病病毒侵入鸡体细胞,能诱发阻止肿瘤形成的抗体,防止肿瘤的形成和发展	易造成二次感染

(二)禽用灭活苗的种类 禽用灭活苗根据使用佐剂的不同,分为氢氧化铝苗(铝胶苗)、蜂胶佐剂苗、油乳剂灭活苗(油苗)等类型。

1. 禽流感灭活苗的种类

（1）H5 亚型禽流感灭活苗　禽流感 H5N1 疫苗类型与特点见表 2-5 所示。

表 2-5　不同种类的禽流感 H5N1 疫苗类型与特点

疫苗及毒株名称	临床应用	其他特点
禽流感灭活（H5 亚型，N28 株）	免疫剂量：2～5 周龄鸡，每只 0.3 毫升；5 周龄以上鸡，每只 0.5 毫升	早期使用，现多不用
重组禽流感病毒灭活苗（H5N1 亚型，Re-4 株）	免疫剂量：2～5 周龄鸡，每只 0.3 毫升；5 周龄以上鸡，每只 0.5 毫升	H5N1 亚型存在变异株的省份
重组禽流感病毒灭活苗（H5N1 亚型，Re-5 株）	免疫剂量：2～5 周龄鸡，每只 0.3 毫升；5 周龄以上鸡，每只 0.5 毫升；2～5 周龄鸭、鹅每只 0.5 毫升；5 周龄以上鸭每只 1 毫升；5 周龄以上鹅每只 1.5 毫升。免疫后 14 天产生免疫力。鸡免疫期为 6 个月；鸭、鹅加强免疫 1 次，免疫期为 4 个月	全国范围使用，是最主要的 H5 亚型禽流感灭活苗

（2）H9 亚型禽流感灭活苗　不同种类的禽流感 H9N2 疫苗类型与特点见表 2-6 所示。

表 2-6　不同种类的禽流感 H9N2 疫苗类型与特点

疫苗及毒株名称	临床应用	其他特点
禽流感（H9 亚型）灭活苗（HL 株）	免疫剂量：2～5 周龄鸡，每只 0.3 毫升；5 周龄以上鸡，每只 0.5 毫升	2001～2002 年国内第一个从临床病例中分离出来的用于制作疫苗的流行毒株

续表 2-6

疫苗及毒株名称	临床应用	其他特点
禽流感（H9 亚型）灭活苗（SS 株）	免疫剂量：5～10 日龄鸡，每只皮下注射 0.25 毫升；15 日龄以上的鸡，每只肌内注射 0.5 毫升。免疫后 21 天产生免疫力，免疫持续期为 6 个月	SS 株是 1994 年于广东省分离得到的毒株，是第一个商品化的 H9 亚型禽流感疫苗
禽流感灭活疫苗（H9 亚型，SD696 株）	免疫剂量：颈部皮下或胸部肌内注射。2～5 周龄鸡每只 0.3 毫升；5 周龄以上鸡每只 0.5 毫升	SD696 株是 1996 年在山东省分离得到的毒株
禽流感灭活苗（H9 亚型，F 株）	免疫剂量：2～5 周龄鸡，每只 0.3 毫升；5 周龄以上鸡，每只 0.5 毫升。免疫剂量：胸部肌内或颈部皮下注射。14 日龄以内雏鸡，每只 0.2 毫升，免疫期为 60 天；14～60 日龄鸡，每只 0.3 毫升；60 日龄以上鸡，每只 0.5 毫升，免疫期为 5 个月；母鸡开产前 14～21 天，每只 0.5 毫升，可以保护整个产蛋期	F 株是 1998 年在上海市分离得到的鸡源毒株
禽流感灭活苗（H9 亚型，LGI 株）	免疫剂量：颈部皮下或胸部肌内注射。1～2 月龄鸡，每只 0.3 毫升。产蛋鸡在开产前 2～3 周，每只 0.5 毫升	LGI 株是 2000 年在山东省分离得到的毒株
禽流感灭活苗（H9 亚型，Sy 株）	免疫剂量：30 日龄以下小鸡，每只颈背侧皮下注射 0.3 毫升；30 日龄以上鸡，每只颈背侧皮下或胸肌肌内注射 0.5 毫升	Sy 株是 1997 年在陕西省分离得到的毒株

2. 新城疫灭活苗的种类　市场常见的新城疫灭活苗为鸡新城疫Ⅳ系（LaSota 株）灭活苗。

3. 传染性支气管炎灭活苗的种类　传染性支气管炎灭活苗主要为属呼吸型的 M41 株制成的油乳剂灭活苗，且以联苗为主，如新城疫-传染性支气管炎二联灭活苗、新城疫-传染性支气管炎-禽流感（H9 亚型）三联灭活苗占市场主导地位。

4. 鸡传染性法氏囊病灭活苗的种类　传染性法氏囊病灭活苗主要有 G 株、BJQ902 株、VNJ0 株、CJ801 株、X 株等，是将病毒在鸡胚成纤维细胞同步培养，辅以白油佐剂，制成灭活苗。不同类型的鸡传染性法氏囊病灭活苗的特点见表 2-7。

表 2-7　不同类型鸡传染性法氏囊病灭活苗的特点

疫苗及毒株名称	临床应用	其他特点
鸡传染性法氏囊病灭活苗（IBDV-G 株）	免疫剂量：雏鸡颈部皮下或成鸡胸部肌内注射。10～14 日龄雏鸡每只 0.3 毫升，18～20 周龄鸡每只 0.5 毫升。免疫后 14 天产生免疫力，免疫期为 6 个月。种鸡免疫可以通过母源抗体保护 14 日龄内的雏鸡免受感染	对国内传染性法氏囊病毒超强毒株的致死性攻击具有 100% 的保护率
鸡传染性法氏囊病灭活苗（X 株）	免疫剂量：颈背侧皮下注射。每只鸡 0.5 毫升。21 日龄左右时小鸡用本品接种 1 次，130 日龄左右（开产前）加强免疫接种 1 次	与弱毒苗配合使用效果更好，雏鸡可在 10～14 日龄时用弱毒苗做基础免疫接种，雏鸡免疫期为 4 个月，成年鸡免疫期为 1 年

续表 2-7

疫苗及毒株名称	临床应用	其他特点
高力优鸡传染性法氏囊病灭活苗（VNJO株）	免疫剂量:1～7 日龄雏鸡接种 1次,0.15 毫升/只,颈背部皮下注射;开产前 2～4 周接种 1 次,0.3毫升/只,皮下或肌内注射	为国外进口疫苗
鸡传染性法氏囊病灭活苗(CJ-801-BKF 株)	免疫剂量:颈背部皮下注射,18～20 周龄鸡,每只 1.2 毫升	本疫苗应与弱毒苗配套使用。种鸡在 10～15 日龄和 28～35 日龄时各做一次弱毒苗接种,18～20周龄接种灭活苗,使开产后 12 个月内的种蛋所孵雏鸡在 14 日内抵抗野毒感染

5. 产蛋下降综合征灭活苗的种类 产蛋下降综合征病毒AV127 株和京 911 株制成的油乳剂灭活苗应用于产蛋下降综合征的预防。

6. 禽脑脊髓炎灭活苗的种类 免疫常以禽脑脊髓炎病毒 1143毒株、AEV-NH937 株、Van Roekel 株制成的油乳剂灭活苗为主。该苗常用于免疫种鸡群,使后代雏鸡获得母源抗体。

7. 鸡传染性鼻炎灭活苗的种类 按照 Page 的凝集实验分型,通常将副鸡嗜血杆菌分为 A、B、C 3 个血清型,每个血清型的灭活菌体之间缺乏交叉免疫保护。目前,我国多用 A 型单价疫苗和 A＋C 型二价疫苗预防鸡传染性鼻炎。

(三)禽球虫病疫苗

1. 活疫苗 球虫病活疫苗是较早使用的预防鸡球虫病的疫苗,目前市售的球虫病活疫苗主要包括强毒苗和弱毒苗。

（1）强毒苗　球虫病强毒苗是用从野外分离的强毒株研制而成的。制备方法是先直接从自然发病的病鸡体内或粪便中用饱和盐水漂浮法收集球虫混合卵囊，再采用单卵囊分离法分离并增殖各种艾美耳球虫卵囊，并按一定的比例混合，配以适当的稳定剂，即组成强毒活疫苗（表 2-8）。鸡在低水平感染强毒苗时不会发病，但球虫卵囊能在鸡体内循环繁殖，并排出新的卵囊于垫料中，鸡从垫料中可获得再次免疫，经过 3 次生活史循环，即可产生较好的保护性免疫。

球虫病强毒苗能诱导鸡产生保护性免疫，但也有一些缺点：由于毒力较强，易引发球虫病；球虫卵囊在水中沉降较快，易造成免疫不均匀，必须寻找较好的悬浮剂搭配使用；可能将强毒球虫引入新鸡场。

表 2-8　全球广泛使用或研发成功的鸡球虫病疫苗

疫苗商品名	疫苗组成	毒　力	生产厂商	最早注册国家及时间
Coccivac® B	Ea,Em,Emiv,Et	强　毒	先灵-葆雅动物保健公司（美国）	美国,1982
Coccivac® D	Ea,Eb,Eh,Em,Emiv,En,Ep,Et	强　毒	同　上	同　上
Immucox® C₁	Ea,Em,En,Et	强　毒	加拿大卫泰克兽医实验室	加拿大,1985
Immucox® C₂	Ea,Eb,Em,En,Et	强　毒	同　上	同　上
Livecox® D	Ea,Et（鸡胚致弱系）	早熟致弱	捷克兽医生物药品研究所	捷克,1992
Livecox® T	Ea,Et,Em	早熟致弱	同　上	同　上
Livecox® Q	Ea,Eb,Em,Et（鸡胚致弱系）	早熟致弱	同　上	同　上

续表 2-8

疫苗商品名	疫苗组成	毒 力	生产厂商	最早注册国家及时间
Paracox®	Ea,Eb,Em×2, Emit,En,Ep,Et	早熟致弱	先灵-葆雅动物保健公司(英国)	荷兰,1989
Paracox®—5	Ea,Em×2,Emit,Et	早熟致弱	同 上	同 上
Nobilis®Cox	Ea,Em×2,Et	强 毒	荷兰英特威动物保健公司	哥伦比亚和墨西哥,2001
Viracox®500	Ea,Em,Ep,Et	强 毒	瑞典 Stallen 动物保健公司	不 详
CoxAbicV®	Em 的大配子细胞及蛋白质	亚单位苗	以色列 Abic 兽医生物品公司	南非和以色列,2001
VACM®	Em	强 毒	美国礼来公司	美国,1989

注：Ea：*E. acervulina*；Eb：*E. brunetti*；Eh：*E. hagani*；Em：*E. maxina*；Et：*E. tenella*；Emit：*E. mitis*；Emiv：*E. mivati*；En：*E. necatrix*；Ep：*E. praecox*；Em×2：含 2 个抗原性不同的 *E. maxima* 株系。

由表 2-8 可知,广泛使用的强毒苗主要是 Coccivac®(美国)和 Immucox®(加拿大)系列。除此之外,还有 Nobilis® Cox(荷兰)、VAM®(美国)和 Viracox® 500(瑞典)的强毒苗等。我国目前没有商品化的强毒苗产品。

(2)弱毒苗 弱毒苗是从鸡的粪便中通过饱和盐水漂浮法收集到卵囊后,采用单卵囊扩增法来纯化卵囊,然后通过减弱虫株的致病性,降低对宿主的危害性,并能产生足够的免疫力的致弱虫株,按一定比例配以适当的稳定剂而组成的一种活疫苗。弱毒苗通过对球虫卵囊鸡胚传代、早熟选育或理化处理,减弱虫株的致病力,因此弱毒苗比强毒苗更安全,表现在:①肠道内损伤少;②致弱特性稳定,免疫过程中早熟系的子代产量少;③首次免疫接种后每轮感染粪便中卵囊产量低;④肠道内无性阶段虫体少。

但弱毒苗和强毒苗一样,存在同样的缺点:即免疫期间不能同时使用化学抗球虫药物;免疫剂量不好掌握,造成接种不均匀;存在体内毒力返强的现象。生产中可采取对刚出壳的小鸡通过点眼接种,或者将疫苗着色后以悬浮颗粒形式直接喷向履带传输过来的雏鸡,来解决接种不均匀的问题。目前国外市场上常见的弱毒苗为 Livecox®(捷克)和 Paracox®(荷兰)系列,均为多价疫苗,适用于不同品种鸡群。

近 20 年间,我国对于鸡球虫病活卵囊疫苗的研究有了重大进展,已有多家研制单位的产品获得鸡球虫疫苗新兽药证书(表2-9)。

表 2-9 我国获得新兽药证书的鸡球虫病疫苗

疫苗名称	疫苗组成	毒 力	研制单位	新兽药类别和证书号	兽药生字
鸡球虫病三价活疫苗	Em,Et,En	弱 毒	上海兽医研究所	2000 年,新兽药证字 17 号	不 详
鸡球虫病三价活疫苗	Ea,Em,Et	弱 毒	北京农学院	2003 年,二类,公告326,新兽药证字 58 号	无
鸡球虫病四价活疫苗	Ea,Em,Et,En	弱 毒	北京农学院	2003 年,二类,公告326,新兽药证字 57 号	无
鸡球虫病三价活疫苗	Ea,Em,Et	弱 毒	齐鲁动物保健品公司	2005 年,二类,公告461,新兽药证字不详	不 详
鸡球虫病四价活疫苗	Ea,Em,Et,En	弱 毒	佛山市正典生物技术有限公司	2007 年,三类,公告875,新兽药证字 33 号	(2008)190462139
鸡球虫病三价活疫苗	Ea,Em,Et	弱 毒	佛山市正典生物技术有限公司	2012 年,三类,公告1780,新兽药证字 17 号	(2012)190462195

注:Ea:*E. acervulina*;Em:*E. maxina*;Et:*E. tenella*;En:*E. necatrix*。

2. 核酸疫苗 核酸疫苗又称 DNA 疫苗,是将外源基因插入到真核表达载体上,构建重组质粒并将其直接注射到动物体内,使具有免疫原性的蛋白抗原基因在动物体内直接表达。这种方式表达的蛋白与原核表达的蛋白相比,能够实现正确折叠,更接近其天然构象,可被免疫系统识别,从而达到免疫保护的效果。

目前,国内外的研究者主要针对鸡球虫的虫体折光体蛋白(SO7)基因、热休克蛋白(Hsp)基因、TA4 蛋白(TA4)基因、微线蛋白基因(MIC 基因)等核酸疫苗进行研究。

3. 亚单位疫苗 亚单位疫苗是指除去不能激发机体免疫反应或对机体有害的成分,利用其具有免疫原性的部分制备的疫苗。利用配子体抗原进行免疫是控制球虫病的一大进步,目前市售的配子体亚单位疫苗 COX-ABIC 可使球虫卵囊产量下降 50%～80%,可用于球虫病的控制。

4. 重组卡介苗 基因重组卡介苗(rBCG)是将外源基因导入BCG 中构建的多价疫苗,其可利用 BCG 的活疫苗特性,诱导长期的体液免疫和细胞免疫,并可高效表达球虫蛋白,使表达的蛋白发挥良好的免疫保护作用,达到更好地预防鸡球虫病的目的,因此有望发展成为一种经济有效的新型疫苗。

5. 佐剂疫苗 免疫佐剂具有促进机体免疫功能发育成熟的作用,能非特异性增强机体对抗原的特异性免疫应答,还能增强抗原的免疫原性或改变免疫反应类型。免疫佐剂包括油佐剂、细胞因子、中草药提取物、微生物及其产物等几种类型。

三、禽常用免疫程序

在什么时期接种什么样的疫苗,这是养禽场最为关注的问题。目前不存在一个适用于所有养禽场的通用免疫程序,而生搬硬套别人的免疫程序也不一定能获得最佳的免疫效果。

科学的免疫程序是个比较复杂的问题,应由兽医人员根据具体情况拟订,有计划地进行免疫接种。制定免疫程序主要参照三方面因素,即禽群各种抗体消长规律、各种疫苗免疫性能和场外传染病流行情况。具体而言,就是要根据本地区或本场疫病流行情况和规律,禽群品种、日龄、病史、饲养管理条件,种禽免疫情况,免疫抗体或母源抗体监测,以及疫苗的种类、性质等因素,参考别人已有的成功经验,结合免疫学的基本理论,制定出适合本地或本场特点的科学合理的免疫程序,并视实际情况在生产实践中随时修改、不断完善。

(一)制定免疫程序时应考虑的因素

1. 清楚本地疫情 调查清楚目前仍有威胁的主要传染病以及饲养本场种苗的外地各处禽病疫情。在制定程序时不是所有疫病的疫苗都要用,而是当地有什么病就应用相应的疫苗,没有这种病就不要用该种病的疫苗。对本地、本场尚未证实发生的疾病,必须证明确实已受到严重威胁时才能计划接种,对强毒型的疫苗更应非常慎重,非不得已不引进使用。

大多数病毒存在不同的血清型,相互之间交叉保护率很低,有的甚至没有,这样对于同一种疫病,根据其血清型的不同就会有多种疫苗,如传染性支气管炎疫苗就有近 20 种,传染性法氏囊病疫苗有 10 多种等。因此,鸡场必须根据本场流行野毒的血清型来选择疫苗。

抗原发生变异,病毒的毒力不断增强。例如,鸡马立克氏病病毒、新城疫病毒、传染性法氏囊病病毒等毒力逐渐增强,毒力增强就需要更高的保护抗体,用常规疫苗进行免疫往往难以产生足够的保护。部分病原体在自然界中还存在强毒株,此时接种常规疫苗就不能有效抵抗强毒株的感染。例如,鸡马立克氏病病毒强毒株和超强毒株的存在,肯定会使火鸡疱疹病毒疫苗免疫失败,同时引起全身和局部的细胞免疫和体液免疫功能降低或呈现抑制。这就要求必须根据当地疫病流行情况选择不同毒株疫苗或使用多价疫苗,如传染性法氏囊病不同毒株疫苗和鸡马立克氏病多价疫苗等，才能明显提高免疫效果。

2. 遗传因素和年龄因素的影响 解决遗传差异，开展遗传育种研究，培养出具有遗传抵抗力的品种或品系，提高禽只自身免疫力。引种时应考虑种禽、种蛋的遗传品质、品系，有无垂直传染病、遗传性疾病等。

一般认为，6周龄前雏鸡的免疫器官尚未发育成熟，对抗原的免疫应答能力很弱。雏鸡的免疫40日龄前主要靠法氏囊的B淋巴细胞产生的体液免疫，40日龄后T淋巴细胞才参与免疫应答，70日龄后免疫器官才发育成熟。当接种疫苗的雏鸡小于10日龄时，不能产生一致或持续的免疫力，甚至没有母源抗体的鸡也是如此。据有关监测结果表明，1～4日龄的雏鸡用新城疫Lasota株疫苗接种后15天，血凝抑制抗体效价为1：16～128，而对21～28日龄雏鸡用新城疫Lasoat株疫苗接种后15天，抗体效价为1：1024～1：1096。两者应答能力存在着明显差异。故幼龄鸡常在接种后4周左右再重复接种，才能获得较强的免疫力。因此，要摸清所养鸡群的用途及饲养期。例如，种鸡在开产前需要接种传染性法氏囊病油乳剂疫苗，而商品鸡则不需要。

3. 避免母源抗体的影响 为了利用母源抗体的防病能力，在制定种禽免疫程序时要考虑到后代，在制定雏禽免疫程序时要参照种禽的免疫程序。

首免，要考虑母源抗体的影响，定期对母源抗体水平进行监测，以便制定合理的免疫程序。如无检测条件，可视种禽群免疫接种情况和当地疫情，选择合适的首免日龄，并确定最佳的免疫程序。

一般在新城疫的血凝抑制抗体效价降至1：24以下时，在雏鸡7～14日龄首免。鸡传染性法氏囊病阳性率（ADP）低于75%时，在雏鸡10～14日龄首免；若传染性法氏囊病阳性率高于80%，则需等其下降至50%以下时，在雏鸡15～21日龄首免。接种后 7～14 天还应对鸡免疫后产生的抗体进行监测,达不到要求的需再次接种时,要注意间隔一定的时间,因为如果上次主动免疫产生的抗体水平还很高则不能产生良好的应答反应。

4. 某些疫苗的联合使用　为了保证免疫效果,疫苗接种最好是单独进行,以便产生坚强的免疫力,特别是当地流行最为严重的传染病。不同疫苗进行免疫接种时最好能相隔 7～16 天,避免互相干扰,如雏鸡在 3～5 日龄时用传染性支气管炎疫苗免疫,则应在 10 天后方可进行新城疫疫苗免疫。

细菌类活疫苗和病毒类活疫苗不要随意同时或混合使用,疫苗厂家生产的此类联苗除外。因为在病毒性活疫苗生产中,为防止环境和操作中细菌、真菌的污染,在培养液中一般都加入了一定浓度的抗菌药物。但对于联苗,则在配制前加入了相应的酶进行预处理。

同一种疫苗先用活疫苗后用灭活苗,根据毒力不同先弱后强(如鸡传染性支气管炎疫苗先用 H120 后用 H52)。

5. 疫苗的正确选择

(1)选择合格疫苗　选用质量可靠的疫苗是保证免疫效果的前提。疫苗的抗原量决定抗体上升的高度及维持时间,免疫原性决定疫苗对流行株的抵抗力,乳化工艺与疫苗的保存时间及免疫效果有关。疫苗质量问题主要有:疫苗抗原量不足、抗原免疫原性太差、疫苗株与当地流行毒株不相符、油苗灭活不彻底、灭活剂及佐剂的质量不合格、乳化工艺不合理等。疫苗质量好坏凭感官往往很难判断,所以应到国家批准的正规生产厂家或当地兽医主管部门选购疫苗。购买疫苗时要先看好名称、批准文号、生产日期、包装剂量、生产场址等,要符合《兽药标签和说明书管理办法》的规定。

(2)选择真空包装完好的疫苗　免疫接种前要对使用的疫苗逐瓶进行检查,注意瓶子有无破损、封口是否严密、包装是否完整、瓶内是否真空,有一项不合格就不能使用。

(3)选择适合本场的疫苗 新场址、幼龄禽应选用弱毒苗免疫,以免散毒和诱发疫病;在疫病常发区宜用毒力较强的疫苗或用弱毒苗加大剂量进行紧急预防接种,否则效果不佳。不同疫苗免疫期不同。有些疫苗需要基础免疫以后接种,这类疫苗称为加强疫苗,如新城疫疫苗在 12～14 日龄首免,在 6～8 周龄用冻干苗加强免疫,16 周龄再一次加强免疫。

(二)建议免疫程序

1. 中国农业大学陈福勇等建议的免疫程序

(1)禽流感 H5、H9 亚型免疫程序 首免 20～30 日龄,二免 100～120 日龄,产蛋高峰后三免。

(2)新城疫免疫程序 首免(7～10 日龄)用Ⅳ系或克隆-30 进行滴鼻、点眼接种;20 日龄左右用Ⅳ系或克隆-30 进行肌内注射接种,同时用半剂量(0.25 毫升)的新城疫油佐剂灭活苗肌内注射二免;100～120 日龄注射 0.5 毫升新城疫油佐剂灭活苗,同时用活疫苗滴鼻三免;产蛋高峰以后可以用活疫苗或新城疫油佐剂灭活苗予以加强,其免疫力可持续到淘汰。

(3)传染性支气管炎免疫程序 首免,1 日龄用 H120 活苗滴鼻、点眼,1 头份/只;二免,10 日龄用 Lasota＋28/86 活苗滴鼻、点眼;三免,若抗体达不到要求可在 18 日龄追加一次 M41 等活疫苗免疫;四免,50～60 日龄可用 H52 疫苗免疫;五免,于产蛋前 1 个月,用活疫苗和油乳剂灭活苗分点同时免疫。

(4)传染性法氏囊病免疫程序 无母源抗体或母源抗体较低的鸡群,首免用弱毒苗在 1～3 天进行,10 天后用中等毒力的活疫苗二免;有较高母源抗体的鸡群选择中等毒力的活疫苗,首免在 14～18 天进行,10 天后二免;产蛋前用传染性法氏囊病油乳剂灭活苗注射三免;若在污染程度较高的地区和鸡场,40～50 天应再进行一次免疫。在选择接种途径方面,采用点眼、滴鼻或滴口接种的方法均比采用饮水免疫效果好。对于高代次种鸡群在 18～20 周龄时进行传染性法氏囊病油乳剂灭活苗注射,同时在产蛋高峰以后还要进行疫苗的免疫,便于提高母源抗体的水平。

(5)禽脑脊髓炎的免疫程序 在 10 周龄前首免,15 周龄以后加强免疫。

2. 魏艳华等推荐的禽免疫程序 见表 2-10 至表 2-15。

表 2-10 种鸡免疫程序

日 龄	预防疾病	疫苗名称	用法、用量
1	马立克氏病	火鸡疱疹病毒疫苗	2 倍量肌内注射
4	传染性支气管炎	传染性支气管炎 H120（含肾型）活疫苗	点眼、滴鼻或饮水
10	新城疫	新城疫Ⅱ系、Ⅳ系或 N79 弱毒活疫苗	点眼、滴鼻或饮水
18	传染性法氏囊病	中等毒力弱毒苗	饮 水
25	鸡 痘	鹌鹑化弱毒苗	刺 种
30	传染性法氏囊病	中等毒力弱毒苗	饮 水
40	传染性支气管炎	传染性支气管炎 H52（含肾型）活疫苗	点眼、滴鼻或饮水
45	新城疫	油乳剂灭活苗	肌内或皮下注射
50	传染性喉气管炎	弱毒苗	点眼或滴鼻
120	新城疫、产蛋下降综合征	新城疫、产蛋下降综合征二联油苗	肌内或皮下注射
130	传染性法氏囊病	油乳剂灭活苗	肌内或皮下注射

表 2-11　商品蛋鸡免疫程序

日　龄	预防疾病	疫苗名称	用法、用量
1	马立克氏病	火鸡疱疹病毒疫苗	2 倍量肌内注射
5	新城疫、传染性支气管炎	新城疫Ⅳ系、传染性支气管炎 H120(含肾型)二联活疫苗	点眼、滴鼻或饮水
10	新城疫	新城疫Ⅱ系、Ⅳ系弱毒疫苗	点眼、滴鼻或饮水
	禽流感	血清型相符的油苗	皮下或肌内注射
18	传染性法氏囊病	中等毒力弱毒苗	饮　水
30	鸡　痘	鹌鹑化弱毒苗	刺　种
37	传染性支气管炎	传染性支气管炎 H52(含肾型)活疫苗	点眼、滴鼻或饮水
45	传染性喉气管炎	喉气管炎疫苗	点　眼
45	禽流感、副黏病毒病	副黏病毒、传染性支气管炎、禽流感三联灭活苗	灭活苗注射
65	传染性喉气管炎	弱毒苗	点眼或滴鼻
100	新城疫	油乳剂灭活苗	肌内或皮下注射
120	新城疫、产蛋下降综合征	新城疫、产蛋下降综合征二联灭活苗	肌内或皮下注射
	禽流感	血清型相符的油苗	肌内或皮下注射
	传染性支气管炎	传染性支气管炎 H52活疫苗	点眼、滴鼻或饮水
130	大肠杆菌多价菌苗	油乳剂灭活苗	肌内或皮下注射

表 2-12　商品肉鸡免疫程序

日　龄	预防疾病	疫苗名称	用法、用量
1	马立克氏病	火鸡疱疹病毒疫苗	2 倍量肌内注射
4	传染性支气管炎	传染性支气管炎 H120（含肾型）活疫苗	点眼、滴鼻或饮水
4	新城疫	新城疫Ⅱ系、Ⅳ系或 N79 弱毒活疫苗	点眼、滴鼻或饮水
7	传染性法氏囊病	中等毒力弱毒苗	饮　水
12	禽流感	血清型相符的油苗	皮下或肌内注射
14	传染性法氏囊病	中等毒力弱毒苗	饮　水
25	新城疫	新城疫Ⅱ系、Ⅳ系或 N79 弱毒活疫苗	点眼、滴鼻或饮水
28	传染性法氏囊病	中等毒力弱毒苗	饮　水
30	鸡　痘	鹌鹑化弱毒苗	刺种（随季节不同适当调整）

表 2-13　肉鹅免疫程序

日　龄	预防疾病	疫苗名称	用法、用量
1*	小鹅瘟	小鹅瘟活疫苗	1 羽份肌内注射
3	副黏病毒病	副黏病毒活疫苗	1 羽份肌内注射
		副黏病毒油乳剂灭活苗	0.5 毫升肌内注射
12	禽流感	血清型相符的油苗	皮下或肌内注射

注：* 4～7 天后产生免疫效果。若无此疫苗，也可用小鹅瘟血清 0.5 毫升，在 4 日龄时肌内注射。

表 2-14 种鹅免疫程序

日　龄	预防疾病	疫苗名称	用法、用量
1	小鹅瘟	小鹅瘟活疫苗	1 羽份肌内注射
3	副黏病毒病	副黏病毒活疫苗	1 羽份肌内注射
		副黏病毒油乳剂灭活苗	0.5 毫升肌内注射
12	禽流感	血清型相符的油苗	皮下或肌内注射
30	禽霍乱	禽霍乱活疫苗	1 头份肌内注射
60	大肠杆菌病	大肠杆菌多价油乳剂灭活苗	1 毫升肌内注射
80	禽霍乱	禽霍乱活疫苗	1 羽份肌内注射
90	大肠杆菌病	禽大肠杆菌多价灭活苗	1 羽份肌内注射
95	禽流感	血清型相符的油苗	皮下或肌内注射
100*	小鹅瘟	小鹅瘟油乳剂灭活苗	2 毫升肌内注射
	副黏病毒病	小鹅瘟、副黏病毒二联油乳剂灭活苗	2 毫升肌内注射

注：* 100 日龄应用的疫苗 15 天后再注射 1 次。

表 2-15 种鸭免疫程序

日　龄	预防疾病	疫苗名称	用法、用量
1	鸭病毒性肝炎	雏鸭病毒性肝炎疫苗	见使用说明
4	鸭疫里默氏病	鸭疫里默氏病灭活苗	见使用说明
4	大肠杆菌病	大肠杆菌灭活苗	见使用说明
12	禽流感	血清型相符的油苗	皮下或肌内注射
20	鸭瘟	鸭瘟疫苗	见使用说明
60	鸭瘟	鸭瘟疫苗	见使用说明

续表 2-15

日 龄	预防疾病	疫苗名称	用法、用量
90	禽霍乱	禽霍乱疫苗	见使用说明
100	禽流感	血清型相符的油苗	皮下或肌内注射
105	鸭病毒性肝炎	鸭病毒性肝炎疫苗	见使用说明
360	鸭病毒性肝炎	鸭病毒性肝炎疫苗	见使用说明

第四节 禽病的诊断技术

一、剖检技术

家禽尸体剖检技术是运用病理解剖学的知识，通过检查尸体的病理变化，获得诊断疾病的依据。剖检具有方便快速、直接客观等特点，有的疾病根据典型剖检病变，便可确诊。尸体剖检常被用来验证诊断与治疗的正确性，对动物疾病的诊断意义重大。即使在兽医技术和基础理论快速发展的现代，仍没有任何手段能取代动物尸体剖检诊断技术所起的作用。

病禽尸体剖检是诊断禽病、指导治疗非常重要的手段之一，它便于现场开展并可及时提供防治措施。通过对禽尸体病变的诊查、识别与判断，对单发病或群发性禽病进行确定，为疾病防治提供依据。病禽的剖检方法包括了解病禽（死禽）情况、外部检查和内部检查。

（一）问诊了解病禽情况 主要包括禽的品种、性别、日龄、饲养管理状况、饲料、产蛋、发病经过、临床表现及死亡、免疫及用药情况等，考虑一切可能导致发病的原因。

（二）外部检查 检查全身羽毛状态，是否有光泽，有无污染、蓬乱、脱毛等现象;泄殖腔周围羽毛有无粪便沾污,有无脱肛和血便;营养状况及死禽尸体变化(尸冷、尸僵、尸体腐败);皮肤及脸部有无肿胀和外伤,皮肤有无肿瘤、结节;关节及脚趾有无肿胀或异常;冠和肉髯的颜色、厚度,有无痘症、脓痂;口腔和鼻腔有无分泌物,眼睑是否肿胀,眼结膜有无贫血、充血和分泌物,瞳孔的大小及颜色。最后触摸腹部是否变软或有积液,头、爪部是否有异常和外寄生虫。

如果是活病禽,应检查禽群的精神状况、站立姿势、呼吸动作等。

禽群发病时,并不是每一只禽都会发病,而每一只病禽,通常也不是具有某种特定疾病的全部病变。一般选择症状较严重的、具有共性的、发病时间较长的病禽或死禽来剖检,有助于更好地进行疾病诊断。

(三)内部检查 活病禽先放血致死,即用刀或剪切断动物的颈动脉、颈静脉、前腔动静脉等,使动物因失血过多而死亡。或断颈致死,即将第一颈椎与寰椎脱臼,致使脊髓及颈部血管断裂而死,这种方法方便、快捷,多数情况下不需器具,但却可造成喉头和气管上部出血,故病鸡患呼吸道疾病时要注意区别。最好用水或 2%～5%来苏儿溶液将尸体表面及羽毛润湿,防止剖检时有绒毛和尘埃飞扬。同时,尽量要多剖检几只禽,进行对比和统计病变分析。

1. 皮下检查 尸体仰卧(背位),用力掰开两腿,切开大腿和腹部之间的皮肤,一手压住腿与翅膀,另一手抓住皮肤沿胸骨嵴部由下向上纵行剥离皮肤,腹部皮肤向后翻开;将大腿向外侧转动,使髋关节脱臼,从腿内侧切开皮肤加以剥离,暴露并检查腿内侧肌群与膝关节。同时,观察皮下脂肪含量,皮下血管状况,皮下有无渗出液,腹肌和胸肌有无出血和水肿,胸肌的丰满程度、颜色,胸部和腿部肌肉有无出血和坏死,观察龙骨是否弯曲和变形。

2. 检查内脏 在后腹部横行切开(或剪开),顺切口的两侧分别剪开,后一手压住腿和翅膀向上推,同时另一手抓住胸骨相互配合向上掀开胸骨,暴露体腔。

在不触及的情况下,注意观察各脏器的位置、颜色、浆膜的情况(是否光滑,有无渗出物,血管分布情况);体腔内有无液体,各脏器之间有无粘连。检查胸、腹气囊是否增厚、混浊,有无渗出物,气囊内有无干酪样团块,团块上有无真菌菌丝。检查肝脏大小、颜色、质地,边缘是否钝圆,形状有无异常,表面有无出血点和出血斑,有无坏死点或大小不等的坏死灶。

在不触及的情况下,先原位检查内脏器官,观察各器官位置有无异常,有条件的进行无菌操作采集病料培养或送检。无菌操作采集病原体培养材料,肠道内容物样品最后收集。

在肝门处剪断血管、肝与心包囊、气囊之间的联系,一手抓住肝、肌胃、腺胃往下拉,另一手拿剪刀,在连接处剪开(非器官),直至将直肠从泄殖腔拉出(不剪断),在雏鸡的背面可看到腔上囊(成年鸡已退化),小心剪开与其相连的组织,摘取腔上囊。检查腔上囊大小,观察其表面有无出血,然后剪开腔上囊检查黏膜是否肿胀,有无出血,皱襞是否明显,有无渗出物。而后剪断胆管,取出肝脏,纵行切开肝脏,检查肝脏切面及血管情况,肝脏有无变性、坏死点及肿瘤、结节。检查胆囊大小,胆汁多少、颜色、黏稠度及胆囊黏膜状况。

脾脏在腺胃和肌胃交界处右方。检查脾脏大小、颜色,表面有无出血点和坏死点,有无肿瘤、结节;剪断脾动脉,取出脾脏,将其切开,观察脾脏切面及脾髓状况。

剪开腺胃、肌胃,检查腺胃内容物性状、黏膜及腺胃乳头有无充血和出血(用剪刀轻轻刮),胃壁是否增厚,有无肿瘤。观察肌胃浆膜上有无出血,肌胃的硬度,检查内容物及角质膜的情况,再撕去角质膜,检查角质膜下的情况,观察有无出血和溃疡。

从前向后检查十二指肠、小肠、盲肠和直肠,观察各段肠管有无充气和扩张,浆膜血管是否明显,浆膜上有无出血、结节或肿瘤。然后,沿肠系膜附着部剪开肠道,检查各段肠内容物的性状,黏膜有无出血和溃疡,肠壁是否增厚,肠壁上的淋巴集结和盲肠起始部的盲肠扁桃体是否肿胀,有无出血、坏死,盲肠腔中有无出血或土黄色干酪样栓塞物,横向切开栓塞物,观察其断面。

检查卵巢发育情况,卵泡大小、颜色和形态,有无萎缩、坏死和出血,卵巢是否发生肿瘤;剪开输卵管,检查黏膜有无出血及渗出物。产蛋母鸡在泄殖腔右侧,常见一水泡样结构,这是退化的输卵管。公鸡应检查睾丸大小和颜色,观察有无出血、肿瘤,两侧是否一致。

检查肾脏颜色、质地,有无出血及花斑状条纹,肾脏和输卵管有无尿酸盐沉积及其含量。

纵行剪开心包囊,检查心囊液的性状,心包膜是否增厚和混浊;观察心脏外形,纵轴和横轴比例,心外膜是否光滑,有无出血、渗出物、尿酸盐沉积、结节和肿瘤。将进出心脏的动、静脉剪断,取出心脏,检查心冠脂肪有无出血点,心肌有无出血和坏死点,剖开左、右两心室,注意心肌切面的颜色和质地,观察心内膜有无出血。

拉直鸡脖,鸡嘴朝右侧,剪刀伸进口腔,沿上面口角向左侧剪,直至与前面已剪开的皮肤会合。检查胸腺颜色,是否萎缩。再从锁骨孔与胸骨平行剪开,露出肺。观察后鼻孔、腭裂及喉头黏膜有无出血、假膜、痘斑、分泌物堵塞。而后剪开喉头、气管和食道,检查黏膜颜色、有无充血和水肿,有无假膜和痘斑,气管内有无渗出物、黏液及渗出物性状。

从肋骨间掏出肺脏,检查肺的颜色和质度,有无出血、水肿、炎症、实变、坏死、结节和肿瘤。再从两鼻孔上方横向剪断鼻腔,检查鼻腔和鼻甲骨,挤压两侧鼻孔,观察鼻孔分泌物及其性状。在脊柱的两侧,将肾脏剔除,露出腰荐神经丝,大腿内侧剥离内收肌,找出坐骨神经,观察上述两侧神经粗细、横纹、色彩及光滑度。

而后用骨剪剪断大腿骨,观察骨髓的颜色和黏稠性。

3. 脑部检查 切开顶部皮肤,剥离皮肤,暴露颅骨,用剪刀在两侧眼眶后缘之间剪断额骨,再从两侧剪开顶骨至枕骨大孔,掀去脑盖,暴露大脑、丘脑及小脑。观察脑膜有无充血、出血,脑组织是否软化、液化和坏死等。

(四)剖检结果的描述、记录 尸体剖检记录是动物死亡报告的主要依据,也是进行综合分析的原始材料。记录内容应全面、客观、详细地描述,包括病变组织的形态、大小、重量、位置、色彩、硬度、性质、切面结构变化等,并尽可能避免采用诊断术语或名词来代替描述病变。有的病变用文字难以表达时,可绘图补充说明,有的可以拍照或将整个器官保存下来。此外,在剖检记录中还应写明病禽品种、日龄、饲喂何种饲料,疫苗使用情况及病禽死前症状等。在描述病变时常采用如下方法:①用尺量病变器官的长度、宽度和厚度,以厘米为计量单位。可用实物形容病变的大小和形状,但不要悬殊太大,并采用当地都熟悉的实物,如表示圆形体积时可用小米粒大、豌豆大、核桃大等;表示椭圆时,可用黄豆大、鸽蛋大等;表示面积时可用针尖、针头大等;表示形状时可用圆形、椭圆形、线状、条状、点状、斑状等。②描述病变色泽时,若为混合色,应次色在前,主色在后,如鲜红色、紫红色、灰白色等;也可用实物形容色泽,如青石板色、红葡萄酒色及大理石状、斑驳状等。③描述弹性时,常用坚硬、坚实、脆弱、柔软来形容,也可用疏松、致密来描述,或用橡皮样、面团样、胶冻样来表示。

(五)剖检后的无害化处理 剖检工作完成后,要注意把尸体、羽毛、血液等物深埋或焚烧。剖检工具、剖检人员的外露皮肤用消毒液进行消毒,剖检人员的衣服、鞋子也要换洗,以防病原扩散。

剖检结果不能孤立地作为诊断依据,必须结合病禽发病情况和外部检查情况(流行特点和临床症状),才能做出初步诊断。

进行尸体剖检时应全面观察病变,而不是针对某一种疾病收集证据,任何疾病都要进行全面检查,即使病史已经表明可能是某一种疾病。鸡群一次可能受一种以上的病原侵袭,混合感染的现象是很常见的,所以只有进行全面系统地检查,并做出综合分析,才能找到疾病的真正原因,避免造成误诊或漏诊。

根据初步诊断,积极地指导畜主开展防治工作,密切跟踪了解防治结果,以验证兽医人员做出的剖检初步诊断的正确性,不断地积累剖检诊断经验,提高剖检诊断水平。

二、实验室诊断技术

(一)病料采取

1. 采集原则

(1)新鲜、具代表性,且足量 采集死禽样本,夏天在 6 小时之内完成,冬天在 24 小时之内完成;采集样品的数量要满足诊断检测的需要,并留有余地,以备必要时复检使用。

(2)减少对病料的污染 在做尸体剖检时,应将尸体浸泡在消毒溶液中,防止羽毛及皮屑飞扬对病料造成污染;病料采集时,对采集病料的器械及容器必须提前消毒,减少器械或盛放病料的容器对病料的污染;剖开腹腔时,第一时间采取病料,减少病料因暴露于空气中而造成的污染。

(3)典型采样 选取未经药物治疗、症状最典型或病变最明显的样品,如有并发症,还应兼顾采样。

(4)合理采样 根据诊断检测的要求,须严格按照规定采集各种足够数量的样品,不同疫病的需检样品各异,应按可能的疫病侧重采样。对未能确定为何种疫病的,应全面采样。

(5)安全采样 保护采样人员,防止病原外泄,防止样品受到污染。

(6)送检 采样后样品应尽快送实验室进行检测,延误送检时间,会影响检测质量和结果的可靠性。

2. 病料的采集方法

（1）组织和实质器官的采集　剖开腹腔后，必须注意肠管的完整。如需进行细菌的分离培养，要以烧红的手术刀片烫烙脏器表面，使用经火焰灭菌的接种针插入烫烙的部位，提取少量的组织或液体，涂片镜检或接种于培养基培养。

（2）液体病料的采集　采集血液、胆汁、脓肿液、渗出物等液体病料时，应使用灭菌吸管或注射器，经烫烙部位吸取病变组织的液体，将病料注入灭菌的试管中，塞好棉塞送检。

（3）全血的采集方法　用灭菌注射器自鸡的心脏或翅静脉采血2～5毫升，注入灭菌试管中，加入少量的抗凝剂（3.8％柠檬酸钠溶液0.1～0.5毫升）。

（4）血清的采集方法　用灭菌注射器自禽的心脏或翅静脉采血2毫升，注入灭菌的1.5毫升离心管中摆成斜面，待血液凝固血清析出后，将血清吸出注入另一个灭菌试管中，备用。

（5）肠道及肠内容物的采集方法　选择病变明显部位的肠道，将内容物弃掉，用灭菌生理盐水冲洗干净，然后将病料放入灭菌的30％甘油盐水缓冲液中送检。亦可将肠管切开，用灭菌生理盐水冲洗干净，然后用烧红的手术刀片烫烙黏膜表面，将接种针插入黏膜层，取少量病料接种于培养基上。采集肠内容物则需用烧红的手术刀片烫烙肠道浆膜层，将接种针插入肠道内，吸取少量肠内容物，放入试管中，或将带有肠内容的肠道两端扎紧，去掉其他部分送检。

（6）皮肤及羽毛的采集　皮肤要选病变明显部分的边缘，采取少许放入灭菌的试管中送检；羽毛也要选病变明显部分，用灭菌的刀片刮取羽毛及根部皮屑少许，放入灭菌的试管中送检；采集孵化室的绒毛需用灭菌镊子采取出雏机出风口的绒毛3～5克，放入灭菌的试管中送检。

3. 病料的保存和处理　采集的样品应一种样品使用一个容

器,立即密封,防止样品损坏、污染和外泄等意外发生。

装样品的容器应贴上标签,标签要防止因冻结而脱落,标签标明采集的时间、地点、号码和样品名称,并附上发病、死亡等相关资料,尽快送实验室。

根据样品的性状和检验要求的不同,做暂时的冷藏、冷冻或其他处理。

病料采集后,应先存放于冰箱中1~2小时后,再做微生物检验。

（二）病原的分离培养和鉴定　用人工培养的方法,将病料中的病原分离出来,是诊断禽病最确切的依据之一。通过细菌分离培养,选出可疑病原菌,再通过生化试验、血清学诊断和动物接种等方法做出鉴定。

1. 病原菌的分离培养　根据采集病料的种类不同,采取不同的方法分离纯培养物。如果病料是病变组织,又是用无菌方法采集的,可将病料直接涂抹在固体培养基平皿上,或用铂耳环钓取少许组织,划线接种于琼脂平面上,生长后,如果细菌形态是一致的,则任选几个菌落移植于琼脂斜面上进行鉴定。如果菌落形态不一致,则应在每种菌落中任选1~2个,移植于琼脂斜面上分别鉴定。如果杂菌太多可采用其他方法进行纯培养。如果病料是粪便、呼吸道分泌物等,污染杂菌较多,则根据分离的病原菌特性,采取一些对病原菌无害,但对杂菌有杀灭作用的方法,事先处理材料,以除去杂菌,然后接种培养基,或在培养基中加入一些不妨碍病原菌生长,但对杂菌有抑制作用的抑菌药物,以得到纯的培养物。例如,分离呼吸道分泌物中的结核菌,可先用3%氢氧化钠溶液或4%~6%硫酸溶液处理病料,杂菌被杀死而结核菌不会死亡,接种培养基后,将得到结核菌纯培养物。如果从肠道内容物或从被不产生芽孢的杂菌污染的培养物中分离能形成芽孢的细菌,可将材料或培养物在80℃加热15分钟。在此温度下不形成芽孢的杂菌将被杀死,形成芽孢的细菌仍可以耐过。取此材料接种培养基,即获得纯培养物。有些污染杂菌的病料和培养物,可以通过易感动物排除杂菌,从而得到病原菌纯培养物。

(1)划线分离培养法　平板划线培养法常用的有连续划线法和分区划线法,其目的都是使被检材料适当稀释,以求获得独立单个存在的菌落,防止发育成菌苔,以致不易鉴别其菌落性状。划线培养的方法是左手持皿,用其左手拇指、食指及中指将皿盖揭成20°左右的角度(角度越小越好,以免空气中的细菌进入皿中将培养基污染)。右手持接种环,在火焰上灭菌,将材料少许涂布于培养基边缘,然后将接种环上多余的材料在火焰上烧毁,待接种环冷却后,再与涂材料处轻轻接触,进行划线。划线后置于37℃恒温箱内,24小时后观察菌落生长情况。划线时先将接种环稍稍弯曲,这样易与平皿内的琼脂面平行,不致划破培养基。划线中不宜过多地重复旧线,以免形成菌苔。

(2)斜面培养基分离培养法　本法主要用于纯菌的移植,某些鉴别用斜面培养基的接种。

从分离的平皿培养基上,选取可疑菌落移植到斜面培养基上作纯菌繁殖。其方法是,右手持接种环,接种环烧灼灭菌,左手打开平皿盖,用接种环挑取所需菌落,然后左手盖上平皿盖,立即取斜面管,将试管底部放在大拇指、食指和中指之间,以右手小指拔去试管棉塞,然后将接种环伸入试管,勿碰及斜面和管壁,直达斜面底部,从斜面底部开始在培养基上划线,向上至斜面顶端为止。管口通过火焰灭菌,再将小指夹持的棉塞塞好。接种完毕,将接种环在火焰上烧灼灭菌后放下,在斜面管壁上注明日期,置于37℃培养箱中。

从菌种管移种于斜面培养基时,将两支试管置于左手拇指、食指和中间,转动两管棉塞,以便接种时容易拔取。使两管口对齐,管身略倾斜,管口靠近酒精灯火焰但不要接触火焰。右手持接种环,在火焰上灭菌后,用右手小指与无名指分别拔去两管棉塞,并将管口进行火焰灭菌。将接种环伸入菌种管内,先在无菌生长的琼脂上接触使其冷却,再挑取菌落后拔出接种环立即伸入另一管斜面培养基上,划线方法同前述。用火焰略烧一下管口再将棉塞塞好。接种环经火焰灭菌后放下,经接种的斜面管上注明日期、菌名后,置于培养箱内,在37℃条件下培养一定时间后,观察细菌生长情况。

(3)液体培养基分离培养法　方法与斜面培养基接种基本相同。不同的是挑取菌苔后,接种在液体培养基管中,不用划线方式接种,而是将接种环上的菌苔轻轻摩擦在液面部管壁上即可。

(4)半固体培养基穿刺分离培养法　方法基本与斜面培养基接种相同。用接种环挑取菌苔后,垂直刺入培养基内,从培养基表面一直刺入管底,然后按原方向垂直退出即可。

(5)平板倾注培养法　一般用于病料细菌量的测定。将被检样做10倍递增稀释,通常做1∶10～10^6稀释,然后以灭菌吸管取各级稀释液1毫升,置于灭菌平皿中,立即加注已溶化并冷却至50℃左右的营养琼脂培养基,待凝固后置于37℃培养24～48小时,供计数用。

(6)特殊培养基分离法　供分离用的特殊培养基,一般为在培养基中加入适量化学药品、抗生素或染料等,来抑制非目的杂菌生长,而提高目的菌的检出率。

抑菌作用:有些药品对某些细菌有极强的抑制作用,而对另一些细菌则没有抑制作用,故可利用此种特性进行细菌分离。例如,通常在培养基中加入青霉素抑制革兰氏阳性菌的生长,以分离革兰氏阴性菌。染料的抑菌作用有选择性,如结晶紫、甲紫、孔雀绿、煌绿等对革兰氏阳性菌的作用敏感,培养基中加1∶200 000的结晶紫可抑制葡萄球菌的生长;1∶5 000 000的孔雀绿可抑制除结核杆菌外的一般细菌;1∶5 000煌绿可抑制大肠杆菌等。故某些培养基中选用某些染料作为特殊成分。亚硒酸钠用于肠道致病菌的分离,因其对大肠杆菌的生长有抑制作用,故能提高粪便和大肠杆菌污染较大的检材的肠道致病菌的检出率。胆盐对革兰氏阳性菌有抑制力,而与柠檬酸钠共用也可抑制大肠杆菌的生长,故肠道致病菌分离的培养基也常用。叠氮酸钠可抑制革兰氏阴性菌,尤其是变形杆菌的生长,在每 100 毫升的培养基中加入 1% 叠氮酸钠水溶液 2 毫升即可。

杀菌作用:将病料如结核病病料加入 15% 硫酸溶液处理,其他杂菌皆被杀死,结核菌因具有抗酸性而存活。

鉴别作用:根据细菌对某种糖的分解能力,通过培养基中指示剂的变化来鉴别某种细菌。例如,远藤氏培养基可以用作鉴别大肠杆菌与沙门氏菌。

(7)通过实验动物分离法　当分离某种病原菌时,可将被检材料注射于感受性强的实验动物体内,如将结核菌材料注射于豚鼠体内,杂菌不能发育,而豚鼠最终必患慢性结核病而死。实验动物死亡后,取心血或脏器用于分离细菌,有时甚至可得到纯培养。

2. 病原菌的鉴定　通过分离培养得到的病原菌需要进行鉴定,以查明是哪一种细菌。鉴定的方法包括形态学观察、生化特性试验和血清学试验。

(1)形态学观察　不同病原菌在各种培养基上的生长特点是不同的,菌体形态和染色反应也不完全一致。这些特点对于细菌鉴别很有帮助,应仔细观察。

①菌落的形态观察　注意菌落大小、结构是均匀一致还是呈沙粒状,表面是光滑湿润还是干燥无光泽或呈皱纹状,边缘是整齐还是不规则,菌落是隆起、扁平还是呈乳头样,是透明还是半透明或不透明,呈什么颜色等;在半固体培养基上细菌是沿着接种线生长,还是呈均匀浑浊生长,或是呈毛刷样生长,上下是否生长一致等;在特定的选择培养基上是否生长,长出的菌落是否与预期的病原菌相似,在血琼脂培养基上生长是否溶血,溶血环的特

点如何等。

②细菌的形态观察　通过抹片、染色和镜检,观察细菌的形态、大小和排列规律,是否产生芽孢、芽孢的位置如何,能不能运动,有无荚膜,细菌染色反应如何。细菌染色对细菌形态学观察有着非常重要的作用,细菌菌体小而透明,详细观察活体形态很不容易,通过染色,形态特点才清晰可见。此外,各种细菌对不同染料的亲和力不同,可以用鉴别染色的方法识别某些细菌,这对于细菌分类很有帮助。

(2)生化特性试验　细菌分解营养物质时产生各种各样的代谢产物。细菌不同,产生的代谢产物也不同,用化学方法检查某些代谢产物的存在,可以鉴别和确定某种病原菌。形态特征相近的菌种,仅凭形态学检查是不容易鉴别的,但通过检查它们的代谢产物就可以把它们区别开来。如沙门氏菌和大肠杆菌都是肠道菌,形态、大小、染色特性都相似,镜检不能区别,但它们的生化特性不同,前者不发酵乳糖,后者发酵乳糖,用乳糖发酵方法就可以把这两种细菌区别开来。因此,生化特性试验是鉴别细菌必不可少的方法之一。

①糖发酵试验　有些细菌能分解糖而产生各种酸,有些细菌还继续分解其中的某些酸而产生气体(如二氧化碳和氢),可以根据分解不同的糖类来识别病原菌。试验时将被检菌种接种于糖发酵培养基中,在 37℃ 条件下培养 2～3 天,如培养基颜色变黄,表示发酵产酸,用"＋"表示;培养基变黄,并有气泡,用"○"表示;培养基仍为蓝色,无变化,表示不发酵。培养基有需氧菌培养基和厌氧菌培养基 2 种。

需氧菌培养基:用邓亨氏(Dunham)蛋白胨水溶液(蛋白胨 2 克,氯化钠 0.5 克,蒸馏水 100 毫升,pH 7.6)按 0.5%～1% 的比例加入葡萄糖或其他各种糖,每 100 毫升加入 1.2 毫升 0.2% 溴麝香草酚蓝溶液(溴麝香草酚蓝 0.2 克,0.1 摩/升氢氧化钠溶液

5 毫升,加蒸馏水 95 毫升)或 0.1 毫升 1.6％溴甲酚紫酒精溶液作为指示剂。分装于试管(每个试管事先都加一枚倒立的小发酵管),478.8 帕高压灭菌 10 分钟。如在培养基中加入 0.5％～0.7％的琼脂,则成为半固体,可省去倒立的小发酵管,但接种时应穿刺。

厌氧菌培养基:将 20 克蛋白胨、5 克氯化钠、1 克硫乙醇酸钠、1 克琼脂和 1 000 毫升蒸馏水放于烧杯内,加热混合溶解,再加入 10 克所需测定的糖,调整 pH 至 7,加入指示剂(1.6％溴甲酚紫酒精溶液 1 毫升),分装试管,在 478.8 帕高压灭菌 15 分钟后,做成高层。将厌氧菌的培养物穿刺接种于此培养基的深部。

②靛基质(吲哚)试验　有些细菌能分解色氨酸而产生靛基质,后者与对二甲基氨基苯甲醛作用,形成玫瑰吲哚而呈红色。试验时将待检菌接种于邓亨氏蛋白胨水中,在 37℃条件下培养 2～3 天就可查出,先加入氯仿 2 毫升,再加科氏(Kovacs)试剂(对二甲基氨基苯甲醛 5 克,戊醇 75 毫升,浓硫酸 25 毫升)2 毫升于液面上,如出现红色环,表示阳性反应。有的则需要每天检查,一直观察 6～7 天。

也可以用草酸测定。取一滤纸条,在草酸饱和溶液中浸湿,晾干后,悬挂在培养液上面,在 37℃条件下培养。若滤纸变红,表示培养物产生吲哚。

③维培(V-P)二氏试验　在有蛋白胨存在的情况下,有些细菌分解葡萄糖而产生乙酰甲基甲醇,在碱性条件下氧化成二乙酰,后者和胨中的胍基化合物起作用,产生粉红色化合物。试验时将被检菌接种于通用培养基中,于 37℃条件下培养 2 天,加入与培养物等量的 O′Meara′s 试剂(加有 0.3％肌酐的 40％氢氧化钾水溶液),猛烈摇振混合。强阳性者约于 5 分钟后,在培养基表面的下层出现红色反应,长时间无反应,置于室温下过夜,翌日不变者为阴性。此种试验常用来鉴定产气杆菌和大肠杆菌,前者为

阳性,后者为阴性。

通用培养基配方:蛋白胨5克,磷酸氢二钾5克,葡萄糖5克,蒸馏水1000毫升。将各种成分溶于1000毫升的水中,调pH至7,分装于试管内,间歇灭菌或478.8帕灭菌10分钟。

④甲基红(MR)试验　有些细菌分解葡萄糖,产生酸类物质较多,使培养基变酸(pH4.5以下)。试验所用培养基与维培二氏试验所用的培养基相同。接种被检菌于培养基中培养4天,加入0.02%甲基红酒精溶液数滴,若呈红色,为阳性反应。此种试验也常用来鉴别产气杆菌和大肠杆菌,前者为阴性,后者为阳性。

⑤柠檬酸盐利用试验　有些细菌把柠檬酸盐作为碳原子的唯一来源。试验时将被检菌接种于柠檬酸钠培养基中,在37℃条件下培养2～4天后利用柠檬酸钠的细菌表现为有细菌生长,使培养基变蓝;不利用的细菌不生长,培养基不变色。此培养基也可用来鉴别产气杆菌和大肠杆菌,前者能生长,培养基变碱,指示剂变蓝,后者不能生长。有些沙门氏菌特别是鼠伤寒沙门氏菌也能生长,但伤寒杆菌和副伤寒杆菌则不能。

Simmons柠檬酸盐培养基配方:柠檬酸钠1克,硫酸镁0.2克,氯化钠5克,磷酸二氢铵1克,磷酸氢二钾1克,1%溴麝香草酚蓝酒精溶液10毫升,琼脂(精制)20克,蒸馏水加至1000毫升,调节pH至6.8,718.2帕高压灭菌15分钟后做成斜面。将上述培养基中的琼脂省去,则成为液体培养基,同样可以应用,接种、培养、观察同上。

⑥硝酸盐还原试验　有些细菌能把硝酸盐还原成亚硝酸盐。试验时将被检菌接种于硝酸盐培养基中,在37℃条件下培养24～48小时,加入下列试剂。

试剂甲:对氨基苯磺酸0.4克。

试剂乙:2-萘胺0.25克,5摩/升冰醋酸溶液50毫升。

每管先加试剂甲0.1毫升,再加试剂乙数滴,如变为红色说明硝酸盐还原为亚硝酸盐。有些细菌还能继续把亚硝酸盐分解成氨和氮,这时加入试剂不会变红。但产生的氮可在培养基中置一倒立的小试管而收集到。

硝酸盐培养基配方:蛋白胨 5 克,硝酸钾(化学纯)0.2 克,蒸馏水 1 000 毫升。将各种成分溶于 1 000 毫升的水中,调节 pH 至 7.4,分装试管,每管约 5 毫升,718.2 帕高压灭菌 15 分钟。

⑦硫化氢试验　有些细菌能分解含硫氨基酸,产生硫化氢,其产生的硫化氢会使培养基中的醋酸铅或三氯化铁形成黑色的硫化铅或硫化铁。试验时将被检菌接种于醋酸铅琼脂斜面上,并沿管壁穿刺至底部。在 37℃ 条件下培养 1~2 天后观察,必要时可延长 5~7 天,若产生硫化氢则斜面和底部将变黑。也可将细菌接种在普通琼脂斜面上,在棉塞和试管之间夹入一条事先在醋酸铅饱和溶液中浸泡并晾干的滤纸条,使滤纸悬挂在斜面的上方。培养后若滤纸条发黑,表明产生了硫化氢。

醋酸铅琼脂培养基配方:高压灭菌的肉汤琼脂 100 毫升,高压灭菌的 10％硫代硫酸钠溶液(新配)2.5 毫升,高压灭菌的 10％醋酸铅溶液 3 毫升。在融化的琼脂内加入硫代硫酸钠溶液,待晾凉至 60℃,再加入醋酸铅溶液,混合均匀,无菌分装灭菌试管达三指高,立即浸入冷水中,使其冷凝成琼脂高层。

⑧明胶液化试验　有些细菌能液化明胶。试验时用接种环将被检菌穿刺接种于营养明胶培养基中直至试管底部,在 20℃~25℃ 条件下培养。在此温度中明胶是凝固的,若发生融化,液化部分呈液体状态,将试管倾斜即可看出。

营养明胶配方:肉汤培养基 1 000 毫升,明胶 120~150 克。将明胶加入肉汤培养基中,加热溶解后,调节 pH 至 7.4~7.6,用棉花纱布过滤,分装试管,718.2 帕高压灭菌 15 分钟,取出直立凝固,不摆斜面。

⑨尿素酶试验　有些细菌产生尿素酶,能分解尿素。试验时

将被检菌接种于尿素培养基斜面上,同时作划线及穿刺,置于37℃条件下培养 24 小时后观察,培养基从黄色变为红色时为阳性。接种量多、反应快的细菌,数小时即可使培养基变红。阴性者应继续观察达 4 天。

尿素酶培养基配方:蛋白胨 1 克,葡萄糖 1 克,氯化钠 5 克,尿素 20 克,磷酸二氢钾 2 克,0.2%酚红溶液 6 毫升,蒸馏水 1 000 毫升。

(三)病料的涂片、染色和镜检

1. 涂片镜检 用病料涂片,不经染色,直接镜检,可用于曲霉菌病、球虫病和其他寄生虫病的诊断。诊断曲霉菌病时,直接取肺和气囊上的结节,置于载玻片上,用另一载玻片将结节压碎后抹片,可以直接在低倍镜下观察有无菌丝和孢子;诊断球虫病时,刮取带血的肠内容物少许,置于载玻片上,涂一薄层,加一滴干净水,于低倍镜下观察有无卵囊和裂殖体;诊断隐孢子虫病时,可以直接取呼吸道、法氏囊等内容物抹片,镜检可见到大量的隐孢子虫虫体。

2. 涂片染色镜检 通过用病料涂片、染色和镜检,可以对细菌性疾病做出初步诊断,如鸡霍乱、葡萄球菌病等。用经消毒的剪刀取一小块病理组织,在洁净的载玻片上轻触一下制成触片,或轻抹一下制成抹片,晾干后,在酒精灯火焰上来回通过 3~4 次,进行固定,然后再经美蓝或瑞氏染液染色,在油镜下观察。如见到大量两极浓染的短杆菌,则为鸡霍乱;如见到大量成堆的球菌,则为葡萄球菌病。

3. 常用的染色方法及染液配制 常用的细菌染色方法主要有两种类型:一是简单染色法,即只用一种染料进行染色的方法,如美蓝染色法;二是复染色法,即用 2 种或 2 种以上的染料或再加媒染剂进行染色的方法。染色时,有些是将染料分别先后使用,有些则同时混合使用,染色后不同的细菌和物体,或者细菌构造的不同部分可以呈现不同的颜色,有鉴别细菌的作用,又可称为鉴别染色,如革兰氏染色法、抗酸性染色法、瑞氏染色法和姬姆萨染色法等。

(1)美蓝染色法　在干燥、固定好的抹片上,滴加适量的美蓝染色液,以足够覆盖涂抹点为好,经1~2分钟,水洗,用吸水纸吸干或自然干燥,但不能烤干,镜检。

碱性美蓝(亦称骆氏美蓝)染色液的配制:将1.48克美蓝溶于100毫升95%酒精中制成美蓝饱和酒精溶液,取30毫升,加入0.01%氢氧化钾水溶液100毫升,混合即成。此染色液密闭保存,可多年不变质。

(2)革兰氏染色法　在已干燥、固定好的抹片上,滴加草酸铵结晶紫染色液,经1~2分钟,水洗;加革兰氏碘溶液于抹片上媒染,作用1~3分钟,水洗;加95%酒精于抹片上脱色,作用30~60秒钟,水洗,加稀释石炭酸复红(或沙黄水溶液)复染10~30秒钟,水洗;吸干或自然干燥,镜检。革兰氏阳性菌呈蓝紫色,革兰氏阴性菌呈红色。

草酸铵结晶紫(亦称赫克氏结晶紫)染色液的配制:将2克结晶紫溶于20毫升95%酒精中制成结晶紫饱和酒精溶液;再取0.8克草酸铵溶于80毫升蒸馏水中。将以上两种溶液混合过滤即成。

革兰氏碘溶液的配制:将2克碘化钾置于乳钵中,加蒸馏水约5毫升,使之完全溶解,再加入碘片1克,予以研磨,并徐徐加水,至完全溶解,然后注入瓶中,补加蒸馏水至全量为300毫升即成。此液可保存6个月以上,当产生沉淀或褪色后即不能再用。

沙黄水溶液的配制:将3.41克沙黄溶于100毫升95%酒精中制成沙黄饱和酒精溶液,将其用蒸馏水稀释10倍即成。此液保存期以不超过4个月为宜。

石炭酸复红染色液的配制:取3%复红酒精溶液10毫升,加入 5％石炭酸水溶液 90 毫升,混合过滤即成。

(3)抗酸性染色法　最常用姜-尼(Ziehl-Neelsen)氏抗酸性染色法。首先在已干燥、固定好的抹片上,滴加较多量的石炭酸复红染色液,在玻片下以酒精灯火焰微微加热至发生蒸汽为度(不要煮沸),微微发生蒸汽持续 3～5 分钟,水洗。然后用 3％盐酸酒精(加浓盐酸 3 毫升于 95％酒精 97 毫升中即成)脱色,至标本无色脱出为止,充分水洗。再用碱性美蓝染液复染约 1 分钟,水洗。最后吸干,镜检,抗酸性细菌呈红色,非抗酸性细菌呈蓝色。

第二种常用的抗酸性染色法是在固定后的抹片上滴加金永(Kinyoun)氏石炭酸复红液,染 3 分钟。然后连续水洗 90 秒钟,再滴加加鲍脱(Gabbott)氏复染液复染 1 分钟。连续水洗 1 分钟,吸干,镜检。抗酸性菌呈红色,其他菌呈蓝色。①金永氏石炭酸复红液的配制:将 4 克碱性复红溶于 95％酒精 20 毫升中,缓缓加入蒸馏水 100 毫升并振摇,再加入石炭酸(化学纯)9 毫升,混合;②加鲍脱氏复染液的配制:先将 1 克美蓝溶于无水乙醇 20 毫升中,加蒸馏水 50 毫升,再加浓硫酸 20 毫升即成。

第三种常用的抗酸性染色法是滴加石炭酸复红染色液于已干燥、固定好的抹片上,染色 1 分钟,水洗。再滴加 1％美蓝酒精溶液复染 20 秒钟,水洗,干燥,镜检。抗酸性菌呈红色。镜检前对光检查染色片,标本务必全呈蓝色,如标本呈红色或棕色表明复染不足,应再做复染 5～10 秒钟后观察,如仍未全呈蓝色时,可反复复染,至符合要求为止。

(4)瑞氏染色法

方法 1:抹片自然干燥,然后在标本上滴加瑞氏染色液,为了避免很快变干,可稍多加些染色液,或者视情况补充滴加;经 1～3 分钟,再加约与染液等量的中性蒸馏水或缓冲液,轻轻晃动玻片,使之与染液混匀,经 5 分钟左右,直接用水冲洗(不可先将染液倾去),吸干或烘干,镜检。细菌染成蓝色,组织、细胞等物呈其他颜色。

方法2：抹片自然干燥，然后按涂抹点大小盖上一块略大的清洁纸片，在其上轻轻滴加染色液，至略浸过滤纸，根据情况补滴，保持不变干，染色3～5分钟；然后直接用水冲洗，吸干或烘干，镜检。此法所用染色液经滤纸过滤，可大大避免沉渣黏附于抹片上而影响镜检观察。

瑞氏染色液的配制：取瑞氏染料0.1克置于玛瑙乳钵中，徐徐加入甲醇，研磨以促其溶解；将溶液倒入有色中性玻璃瓶，并数次以甲醇洗涤乳钵，亦倒入瓶中，最后使全量为60毫升即可；置于暗处过夜，翌日过滤即成。此染色液须置于暗处，其保存期可达数月。

（5）姬姆萨染色法　在5毫升新煮过的中性蒸馏水中滴加5～10滴姬姆萨染色液原液，即稀释成为常用的姬姆萨染色液。抹片经甲醇固定并干燥后，在其上滴加足量染色液或将抹片浸入盛有染色液的染色缸中，染色30分钟，或者染色数小时至24小时，取出水洗，吸干或烘干，镜检。细菌呈蓝青色，组织、细胞等呈其他颜色，视野常呈红色。

姬姆萨染色液的配制：取姬姆萨染料0.6克，混于50毫升甘油中，置于55℃～60℃水浴中1.5～2小时，然后加入甲醇50毫升，静置1天以上，过滤即成，作为姬姆萨染色液原液贮存。

染色前，于每毫升蒸馏水中加入上述原液1滴，即成姬姆萨氏染色液。应当注意，所用蒸馏水必须为中性或微碱性，若蒸馏水偏酸，可于每10毫升左右的蒸馏水中加入1‰碳酸钾溶液1滴，使其变成微碱性。

（四）血清学检测诊断技术　血清学检测通常指利用抗原可与相应的抗体特异性结合的特性，利用已知的抗原来检查血清或其他样品中是否含有相应抗体的检测方法。该技术已在兽医学上得到广泛应用，在畜禽养殖生产上常用直接琼脂扩散试验、凝集试验、酶联免疫吸附试验等检测方法。

1. 琼脂扩散试验　琼脂扩散试验为可溶性抗原与相应抗体在含有电解质的半固体凝胶(琼脂或琼脂糖)中进行的一种沉淀试验。琼脂在实验中只起网架作用,含水量为 99%,可溶性抗原与抗体在其间可以自由扩散,若抗原与抗体相对应,比例合适,在相遇处可形成白色沉淀线,视为阳性反应。沉淀线在凝胶中可长时间保持固定位置并可经染色后干燥保存。沉淀线(带)对抗原与抗体具有特异的不可透性,而非特异者则否。所以一个沉淀线(带)即代表一种抗原与抗体的沉淀物,因而本试验可对溶液中不同抗原抗体系统进行分析研究。琼脂扩散试验的操作方法如下。

(1)琼脂板的配制　先配制 0.01 摩/升磷酸盐缓冲液(PBS),其配方是:氯化钠 4.25 克,磷酸氢二钠 1.35 克,磷酸二氢钠 0.195 克,蒸馏水 500 毫升,混匀,调节 pH 为 7.4。量取磷酸盐缓冲液 100 毫升于烧杯中,将氯化钠加至 8%(哺乳类动物氯化钠含量为 0.8%),再加入优质琼脂 1 克,2% 叠氮钠溶液或 1% 硫柳汞溶液 1 毫升,在沸水中融化均匀,将已融化的琼脂趁热倒入平皿中,制成 3 毫米厚的琼脂板,冷后备用。

(2)打孔　一个琼脂板可以分成 3~4 组,每组共 7 个孔,中间 1 孔,周围 6 孔,呈梅花形。用打孔器打孔(没有打孔器也可以用收音机天线切成几段来代替,其外径为 3~4 毫米)。手拿一张正方形白纸叠成三角形,将其分成三等份,然后打开,在白纸上划出 7 孔形图案,将琼脂板放在 7 孔形图案上,用金属管打孔,其孔径为 3~4 毫米,孔间距为 3~4 毫米,再用牙签剔除孔内的琼脂。

(3)补底　由于在剔出孔内琼脂的过程中,琼脂板的底部容易松动。在加样时会渗漏,为此必须在酒精灯的外焰上来回通过 2~3 次进行封底,看到孔底边缘的琼脂刚刚要融化为止。

(4)加样　用标签纸在琼脂板的上端写上日期及编号,用移液器吸头向孔内加样,中央孔加标准抗原 25 微升,外周孔 1 孔、4

孔加标准阳性血清各 25 微升,作为阳性对照;5 孔、6 孔加标准阴性血清,作为阴性对照;2 孔、3 孔加待检血清。将加完样的琼脂平皿合上盖子,放入湿盒内,置于 37℃ 恒温箱中,或置于 15℃～30℃ 条件下进行反应,逐日观察 3 天,并记录结果。

(5)结果判定　首先观察到标准阳性血清孔和抗原孔之间出现明显的致密白色沉淀线,而阴性孔则不出现,只有在对照组出现正确结果的前提下,被检孔才可参照标准判定。

2. 红细胞凝集试验　红细胞凝集指红细胞凝集的现象,包括由病毒、细胞凝集素和抗体而引起的红细胞凝集。有些病毒具有凝集某种(些)动物红细胞的能力,称为病毒的血凝,利用这种特性设计的试验称红细胞凝集(HA)试验。

流感病毒等其他各种病毒能引起红细胞凝集反应。即红细胞表面存在对各种病毒的受体,病毒与受体结合,以红细胞为桥梁,结果引起凝集。利用此反应可以进行病毒的定性和定量。另外,如果存在抗病毒的抗体时,则由病毒引起的凝集作用将被抑制,所以可用于抗病毒抗体的检出。

如果存在对红细胞表面决定基的抗体,则红细胞亦将凝集。可用于测定对抗红细胞的抗体的效价或鉴定人的血型。在红细胞表面,如果人为地使之吸附或结合特定的抗原物质,则与该抗原相对应的抗体将引起红细胞凝集(被动凝集反应或间接凝集反应)。

(1)红细胞凝集试验的操作方法　在 96 孔微量反应板上进行,自左至右各孔加 50 微升生理盐水。

于左侧第一孔加 50 微升病毒液(尿囊液或冻干疫苗液),混合均匀后,吸 50 微升至第二孔,依次倍比稀释至第十一孔,吸弃50 微升;第十二孔为红细胞对照。

自右至左依次向各孔加入 0.5% 鸡红细胞悬液 50 微升,在振荡器上振荡,室温下静置后观察结果(表 2-16)。

表 2-16　病毒血凝试验的操作方法　（单位：微升）

孔　号	1	2	3	4	5	6	7	8	9	10	11	12
病毒稀释度	1：2	1：4	1：8	1：16	1：32	1：64	1：128	1：256	1：512	1：1024	1：2048	对　照
生理盐水	50	50	50	50	50	50	50	50	50	50	50	50
病毒液	50	50	50	50	50	50	50	50	50	50		
0.5%红细胞	50	50	50	50	50	50	50	50	50	50	50	50
弃 50	—	—	—	—	—	—	—	—	—	—	—	—
结果观察	++++	++++	++++	++++	++++	++++	++++	+++	+	+	—	—

（2）结果判定　从静置后 10 分钟开始观察结果，待对照孔红细胞已沉淀即可进行结果观察。红细胞全部凝集，沉于孔底，平铺呈网状，即为 100%凝集（++++），不凝集者（—）红细胞沉于孔底呈点状。

以 100%凝集的病毒最大稀释度为该病毒血凝价，即为 1 个凝集单位。从表 2-16 可以看出，该病毒液的血凝价为 1：128，则 1：128 为 1 个血凝单位，1：64、1：32 分别为 2 个、4 个血凝单位，或将 128/4＝32，即 1：32 稀释的病毒液为 4 个血凝单位。

3. 红细胞凝集抑制试验　病毒凝集红细胞的能力可被相应的特异性抗体所抑制，即红细胞凝集抑制（HI）试验，具有特异性。

（1）红细胞凝集抑制试验的操作方法　根据红细胞凝集试验的结果，确定病毒的血凝价，配制出 4 个血凝单位的病毒液。

试验在 96 孔微量反应板上进行，用固定病毒稀释血清的方法，自第一孔至第十一孔各加 50 微升生理盐水。

第一孔加被检鸡血清 50 微升，吹吸混合均匀，吸 50 微升至第二孔，依此倍比稀释至第十孔，吸弃 50 微升，稀释度分别为：1：2、1：4、1：8……第十二孔加新城疫阳性血清 50 微升，作为血清对照。

自第一孔至第十二孔各加 50 微升 4 个血凝单位的新城疫病毒液,其中第十一孔为 4 单位新城疫病毒液对照,振荡混合均匀,置于室温中作用 10 分钟。

自第一孔至第十二孔各加 0.5% 鸡红细胞悬液 50 微升,振荡混合均匀,室温下静置后观察结果(表 2-17)。

(2)结果判定 待病毒对照孔(第十一孔)出现红细胞 100% 凝集(++++),而血清对照孔(第十二孔)为完全不凝集(一)时,即可进行结果观察。

以 100% 抑制凝集(完全不凝集)的被检血清最大稀释度为该血清的血凝抑制效价,即红细胞凝集抑制效价。凡被已知新城疫阳性血清抑制血凝者,该病毒为新城疫病毒。

从表 2-17 看出,该血清的红细胞凝集抑制效价为 1:64,用以 2 为底的负对数($-\log 2$)表示,即 $6\log 2$。

表 2-17 病毒血凝抑制试验的操作方法 (单位:微升)

孔 号	1	2	3	4	5	6	7	8	9	10	11	12
血清稀释度	1:2	1:4	1:8	1:16	1:32	1:64	1:128	1:256	1:512	1:1024	病毒对照	血清对照
生理盐水	50	50	50	50	50	50	50	50	50	50	50	
被检鸡血清	50	50	50	50	50	50	50	50	50	50		50
4 单位病毒	50	50	50	50	50	50	50	50	50	50		
室温中静置,10 分钟												
0.5% 红细胞	50	50	50	50	50	50	50	50	50	50	50	50
弃去 50												
结果观察	一	一	一	一	一	一	+	++	+++	++++	++++	一

4. 神经氨酸酶抑制试验 神经氨酸酶检测试剂盒是一个用

荧光法快速高灵敏度检测神经氨酸酶酶活性的试剂盒,可以检测来源于不同生物的神经氨酸酶的酶活力,包括禽流感病毒的神经氨酸酶的酶活力。试剂盒中提供了可以被神经氨酸酶催化产生荧光的底物,该底物被神经氨酸酶催化后可以产生较强的荧光,从而实现了对神经氨酸酶的快速高灵敏检测。具体操作方法如下。

(1)阳性和阴性对照检测的准备 在96孔荧光酶标板内每孔加入70微升神经氨酸酶检测缓冲液。每孔再分别加入10微升神经氨酸酶。每孔再加入10微升溶解神经氨酸酶的溶液。例如,神经氨酸酶在RIPA溶液中,则加10微升RIPA溶液。每孔再加入10微升超纯水使每孔总液体量为90微升。

(2)样品检测的准备 在96孔荧光酶标板内每孔加入70微升神经氨酸酶检测缓冲液,每孔再加入10微升神经氨酸酶样品。每孔再加入10微升超纯水使每孔总液体量为90微升。

(3)检测 振动混匀约1分钟,每孔加入10微升神经氨酸酶荧光底物,再振动混匀约1分钟。37℃孵育20分钟后进行荧光测定。激发波长为360纳米,发射波长为440纳米。

(4)计算 根据检测出来的荧光强度可以计算出样品间神经氨酸酶的相对活力。

5. 鸡胚中和试验 将待检测血清样品用生理盐水做5倍、10倍、20倍、40倍……倍比系列稀释,至标准阳性血清中和保护价1 280倍,80倍开始同样倍比稀释至2 560倍,用100个ELD50的病毒等量加入到稀释的血清中,4℃感作过夜,每个血清滴度接种9日龄无特定病原(SPF)鸡胚5枚,鸡胚尿囊腔接种,每胚接种0.2毫升,同时设置5枚生理盐水接种鸡胚对照,接毒后针孔封蜡,在37℃条件下的孵化器中继续孵化,每天照蛋检查鸡胚情况,记录鸡胚死亡数量,统计结果。

对于病毒病的检测,鸡胚接种是常规技术,也是病毒增殖的常规方法,选择合适的鸡胚适应毒株对鸡胚中和试验是非常关键和重要的。

(五)病原学检测诊断技术

1. 病毒中和试验(VNT) 中和试验是将病原体及其产物(毒素)与免疫血清相混合,在体内或体外检测其致病力,用以检查动物的免疫状态,测定抗原滴度以及病原鉴定等。

(1)稀释度计算 在进行中和试验时,检测的血清需作成一系列稀释度。一般从1:2或1:10开始作成倍量递进稀释,计算半数剂量,则是将等比级数化为等差级数,用对数来计算。

(2)半数致死量(LD50)的测定 现今多用半数致死量(LD50)作为毒力或毒价的测定终点,其剂量变化接近50%时最敏感,应用统计学方法可减少个体差异的影响,结果较为精确。

①毒素的LD50滴定 一般试验动物对毒素较为敏感,故测定时以等级差数递增剂量来计算。

根据各组存活数和死亡数来计算存活累积数和死亡累积数。鉴于小剂量时尚且死亡,换入大剂量时亦必死亡,故死亡累积数应由小剂量向大剂量积累。反之,大剂量组不死,其剂量减少则更不应死,故存活累积数应由大剂量向小剂量积累,然后按存活累积数与死亡累积数之和与死亡数的比例来计算组死亡率。剂量与死亡率成相应的比例关系,可求得50%左右的相应剂量,即为其LD50。

②病毒的LD50滴定 病毒滴定常用10倍量递进稀释,常以稀释度表明LD50的量。

(3)试验方法 中和试验常用的方法有两种,一种是固定病毒或毒素的剂量单位与等量一系列倍量递增稀释的免疫血清进行试验,另一种是固定免疫血清用量与等量一系列对数递增稀释的病毒或毒素进行试验。

①固定病毒稀释血清

病毒悬液的制备:将病毒材料加入1:5~10倍的磷酸盐缓

冲液(pH 7～7.4)中磨碎,经 3 次冻融和 3 000 转/分离心处理后,吸取上清液,为病毒悬液,并用 Hank′s 液做系列稀释,测得病毒的 TciD 终点滴度,正式试验时选用 200 个滴度单位。

免疫血清的处理:试验血清先用等量 Hank′s 液做 1∶2 倍稀释,在 56℃水浴中灭能 30 分钟,置于 4℃冰箱中待用。

操作步骤:将已经灭能处理后试验血清,用 Hank′s 液继续稀释成为 1∶4、1∶8、1∶16、1∶32、1∶64、1∶128……每管用量为0.5 毫升。分别在上述各管中加病毒悬液(200 个 TciD/0.1 毫升)0.5 毫升,摇匀混合。置于 37℃水浴中作用 1 小时后,分别接种于细胞管中,每管 0.2 毫升,每个稀释度接种 4 管,每细胞管补充维持液至总量 1 毫升。置于 37℃温室(有的病毒培养温度为 33℃～35℃)中培养,每日早、晚观察细胞病变各 1 次,记录结果。一般观察 10～14 天,如遇出现病变较晚的毒株可酌情延长观察日期。

同时,以不加免疫血清的病毒悬液作为毒力滴度的对照管。留出同批细胞管 4 管作为正常细胞生长对照管。必要时需另设标准阳性血清及阴性血清作为对照,操作与试验血清相同。最后根据不同滴度各管病变数量来计算中和终点。

②固定血清稀释病毒

病毒悬液的制备:将接种病毒发病的动物,用乙醚麻醉后,以无菌手术取出组织,称重,加含有 10%灭能血清的磷酸盐缓冲液稀释。每克组织加稀释液 4 毫升,配成 20%悬液,磨碎、冻融、离心,取用上层病毒澄清液。

血清处理:试验血清须在 56℃水浴中灭能 30 分钟。

操作步骤:将 20%病毒悬液作为基础液,以无菌操作做一系列递增的 10 倍稀释,稀释成为 2%、0.2%、0.02%、0.002%、0.0002%……

根据检查血液份数设置若干排试管,每排 6～8 管,其中第一排作为对照组,各管加入正常阴性血清 0.2 毫升。其他各排加入待检血清 0.2 毫升,每排 1 份血清,标记待检血清编号。每排血清管分别加入不稀释的病毒悬液 0.2 毫升,摇匀混合后,置于 37℃水浴中作用 1 小时。用注射器(每一稀释度用一支注射器及针头),吸取病毒血清混合液注射于实验动物体内,每一稀释度注射 5 只,并饲养于同一栏内。每日早、晚观察实验动物死亡情况,并做记录,一般观察时间为 14 天。计算半数致死终点(LD50)。

2. 酶联免疫吸附试验 酶联免疫吸附试验是酶免疫测定技术中应用最广的技术。其基本方法是将已知的抗原或抗体吸附在固相载体(聚苯乙烯微量反应板)表面,使酶标记的抗原抗体反应在固相表面进行,用洗涤法将液相中的游离成分洗除。

该方法的基本原理是酶分子与抗体或抗抗体分子共价结合,此种结合不会改变抗体的免疫学特性,也不影响酶的生物学活性。此种酶标记抗体可与吸附在固相载体上的抗原或抗体发生特异性结合。滴加底物溶液后,底物可在酶作用下使其所含的供氢体由无色的还原型变成有色的氧化型,出现颜色反应。因此,可通过底物的颜色反应来判定有无相应的免疫反应,颜色反应的深浅与标本中相应抗体或抗原的量成正比。此种显色反应可通过酶联免疫吸附试验检测仪进行定量测定,这样就将酶化学反应的敏感性和抗原抗体反应的特异性结合起来,使酶联免疫吸附试验成为一种既特异又敏感的检测方法。

根据酶联免疫吸附试验所用的固相载体而区分为三大类型:一是采用聚苯乙烯微量板为载体的酶联免疫吸附试验,即通常所指的酶联免疫吸附试验(微量板酶联免疫吸附试验);另一类是用硝酸纤维膜为载体的酶联免疫吸附试验,称为斑点酶联免疫吸附试验(Dot-ELISA);再一类是采用疏水性聚酯布作为载体的酶联免疫吸附试验,称为布酶联免疫吸附试验(C-ELISA)。在微量板酶联免疫吸附试验中,又根据其性质不同分为间接酶联免疫吸附试验、双抗体夹心酶联免疫吸附试验、双夹心酶联免疫吸附试验、竞争酶联免疫吸附试验、阻断酶联免疫吸附试验及抗体捕捉酶联免疫吸附试验。

（1）间接酶联免疫吸附试验　本法主要用于检测抗体。现以鸭病毒性肝炎（DVH）抗体的酶联免疫吸附试验为例介绍间接酶联免疫吸附试验的操作程序。

①材料　包被液、洗涤液、保温液、底物液、终止液；鸭病毒性肝炎包被抗原、酶标抗抗体、阴性及阳性鸭病毒性肝炎参考血清；待检鸭血清；酶联免疫吸附试验检测仪、加样器、聚苯乙烯微量板。

②方法步骤　加抗原包被→4℃过夜，洗涤 3 次、抛干。加待检血清→37℃ 2 小时，洗涤 3 次、抛干。加酶标抗体→37℃ 2 小时，洗涤 3 次、抛干。加底物液→37℃ 30 分钟，加终止液。用酶联免疫吸附试验检测仪测定 OD 值，并计算出 P/N 比值。

③结果判定　已知阳性血清与已知阴性血清的比值（P/N）≥2.1，而且已知阳性血清的 OD 值≥0.4，在上述条件成立的情况下，如果待检血清与已知阴性血清的比值（P/N）≥2.1，而且待检血清的 OD 值≥0.4，则判为阳性，否则判为阴性。

（2）双抗体夹心酶联免疫吸附试验　本法主要用于检测大分子抗原。现以检测鸡传染性法氏囊病病毒的双夹心抗体酶联免疫吸附试验为例，介绍本法的操作程序：①加抗体包被→4℃过夜，洗涤 3 次、抛干。②加待检抗原→37℃ 30 分钟，洗涤 3 次、抛干。③加酶标抗体→37℃ 30 分钟，洗涤 3 次、抛干。④加底物液→37℃ 15 分钟，加终止液。⑤用酶联免疫吸附试验检测仪测定 OD 值。

（3）双夹心酶联免疫吸附试验　此法与双抗体夹心酶联免疫吸附试验的主要区别在于它是采用酶标抗抗体检查多种大分子抗原，它不仅不必标记每一种抗体，还可提高试验的敏感性。此法的基本程序为：①加抗体（Ab-1）包被→4℃过夜，洗涤 3 次、抛干。②加待检抗原（Ag）→37℃ 60 分钟，洗涤 3 次、抛干。③加用非同种动物生产的特异性抗体（Ab-2）→37℃60分钟，洗涤3次、抛干。④加入酶标抗 Ab-2 抗体（AB-3）→37℃60分钟，洗涤3次、抛干。⑤加底物液→37℃20分钟，加终止液。⑥用酶联免疫吸附试验检测仪测定 OD 值。

（4）竞争酶联免疫吸附试验　此法主要用于测定小分子抗原及半抗原，其原理类似于放射免疫测定。其基本程序为：①抗体包被→4℃过夜，洗涤3次、抛干。②加入待检抗原及一定量的酶标抗原（对照孔仅加酶标抗原）→37℃60分钟，洗涤3次、抛干。③加底物液→37℃20分钟，加终止液。④用酶联免疫吸附试验检测仪测定 OD 值。

被结合的酶标抗原的量由酶催化底物反应产生有色产物的量来确定，如果待检溶液中抗原越多，被结合的标记抗原的量就越少，有色产物就减少，这样根据有色产物的变化即可求出未知抗原的量。此法的优点在于快速、特异性高，且可用于小分子抗原及半抗原的检测；其主要不足在于每种抗原都要进行酶标记，而且因为抗原的结构不同，还需应用不同的结合方法。此外，试验中应用酶标抗原的量较多。

（5）阻断酶联免疫吸附试验　本法主要用于检测型特异性抗体。下面以 AP2 型抗体的阻断酶联免疫吸附试验检测法为例，介绍其操作程序：①100微升 AP2 型工作量抗原包被→4℃过夜，洗涤3次、抛干。②用200微升阻断缓冲液进行封闭→37℃60分钟，洗涤3次、抛干。③加工作量1∶4稀释被检猪血清100微升→37℃60分钟，洗涤3次、抛干。④加100微升工作量兔抗 AP2 型血清→37℃30分钟，洗涤3次、抛干。⑤加100微升工作量猪抗兔 IgG-HRP→37℃60分钟，洗涤3次、抛干。⑥加100微升 OPD 底物液→37℃20分钟，加终止液。⑦用酶联免疫吸附试验检测仪测定 OD 值。

本试验同时设标准阴性、阳性血清对照、兔抗 AP2 型阳性对照、空白对照。

(6)抗体捕捉酶联免疫吸附试验　本法主要用于检测 IgM 抗体。由于 IgM 抗体出现于感染早期,所以检测 IgM 可对某种疾病进行早期诊断。抗体捕捉酶联免疫吸附试验根据所用标记方式不同可分为标记抗原、标记抗体、标记抗抗体捕捉酶联免疫吸附试验等几种,其中以标记抗原捕捉酶联免疫吸附试验比较有代表性,该方法的主要程序为:①用抗 u 链(抗 IgM 重链)抗体包被→37℃60 分钟后置于 4℃过夜,洗涤 3 次、抛干。②加待检血清→37℃2 小时,洗涤 3 次、抛干。③加酶标抗原→37℃60 分钟,洗涤 3 次、抛干。④加底物液→37℃20 分钟,加终止液。⑤用酶联免疫吸附试验检测仪测定 OD 值。

(7)斑点酶联免疫吸附试验(Dot-ELISA)　与常规的微量板酶联免疫吸附试验比较,斑点酶联免疫吸附试验具有简便、节省抗原等优点,而且结果可长期保存;但其也有不足,主要是在结果判定上比较主观,特异性不够高等。该方法的主要操作程序如下。

①载体膜的预处理及抗原包被　取硝酸纤维素膜用蒸馏水浸泡后,稍加干燥进行压圈。将阴性、阳性抗原及被检测抗原适度稀释后加入圈中,置于 37℃使硝酸纤维素膜彻底干燥。每张 7 厘米×2.3 厘米的膜一般可点加 40～53 个样品,每个压圈可加抗原液 1～20 微升。

②封闭　将硝酸纤维素膜置于封闭液中,37℃感作 15～30 分钟。封闭液多采用含有正常动物血清、pH 7.2 或 pH 7.4 的磷酸盐缓冲液。

③加被检血清　可直接在抗原圈上加,也可剪下抗原圈置于微量板孔中,再加入一定量适度稀释的待检血清,37℃反应一定时间,用洗涤液洗 3 次,每次 1～3 分钟。洗涤液一般为一定浓度的 PBS-Tween 溶液。

④加酶标抗体　37℃反应一定时间后,用洗涤液洗 3 次。

⑤显色 加入新鲜配制的底物液,37℃反应一定时间后,去掉底物液,加蒸馏水洗涤终止反应。

⑥结果判定 以阳性、阴性血清作为对照,膜片中央出现深棕红色斑点者为阳性反应,否则为阴性反应。

(8)布酶联免疫吸附试验(C-ELISA) 本法是以疏水性聚酯布即涤纶布为固相载体,这种大孔径的疏水布具有吸附样品量大,可为免疫反应提供较大的表面积,提高反应的敏感性,且容易洗涤,不需特殊仪器等优点。其基本原理与斑点酶联免疫吸附试验类似,只是载体不同。以对布鲁氏菌抗原的检测为例,布酶联免疫吸附试验的主要程序为:首先把抗布鲁氏菌的血清包被(吸附)在聚酯布上,并经洗涤及封闭;加被检样品并于室温下感作30分钟,然后洗5次;加酶标记的抗布鲁氏菌抗体,于室温下感作30分钟,然后洗涤5次;加入底物液显色;测定OD值。

3. 聚合酶链式反应(PCR)技术 聚合酶链式反应(PCR)技术是一项在短时间内体外大量扩增特定的DNA片段的分子生物学技术。

(1)聚合酶链式反应技术的原理 在生物体的细胞内,DNA复制时,解螺旋酶首先解开双链让它变成单链作为DNA模板(复制或扩增的起点),然后另一种酶——RNA聚合酶合成一小段引物(primer)结合到DNA模板上。最后,DNA聚合酶以这段引物为起点,合成与DNA模板配对的新链。聚合酶链式反应技术即是在体外模拟体内DNA复制的过程,它用加热的办法让所研究的DNA片段变性解链成为两条单链,人工合成两个引物让它们结合到DNA模板(这两个单链)的两端,DNA聚合酶即可以大量复制该模板。

(2)聚合酶链式反应技术的操作方法 在聚合酶链式反应之前,首先人工合成两段有20~30个碱基的引物,能够分别与上、下两条链的一端配对,比如一条是 ataagcccgaaaggttcgtt(为与模板区别，以小写字母表示），另一条就是 tttacggatcggcaacctat。把这两段引物和 DNA 模板、DNA 聚合酶、底物 dNTP（4 种脱氧核苷）混合在一起，就可以开始做聚合酶链式反应了。

第一步叫"变性"，把样品加热至 94℃～96℃，维持 1 分钟至数分钟，让 DNA 模板变性解链成为两条单链。

第二步叫"退火"（复性），让样品温度下降至 50℃～65℃，维持 1 分钟至数分钟，引物就可以结合到模板上去。

第三步叫"延伸"，让样品的温度上升至 72℃，维持 1 分钟至数分钟，DNA 聚合酶就可以从引物开始用底物复制出新链。

这样经过三步一个循环，一条双链就变成了 2 条，再来一个循环，就变成了 4 条，在一个由计算机控制的循环加热器上经过 30 个循环，就可以把原来的样品精确地扩增 230 倍（理论上），而这只需要 2～3 个小时。

（3）聚合酶链式反应技术结果的检测与分析　聚合酶链式反应的目的就是将样品中含有的微量或痕量 DNA 作为初始模板进行扩增，n 次循环后，扩增产物中 DNA 的含量（称为扩增产物量）为初始模板 DNA 含量的 2n 倍（理论上），因此便于采用某种方法较为容易地检测聚合酶链式反应技术的结果，并通过一定的算法倒推出原始模板中 DNA 的含量。

聚合酶链式反应直接而原始的功能是基因扩增，扩增之后再对结果进行分析，因此早期的聚合酶链式反应仪器扩增和分析两个阶段是分离的。常用溴乙锭染色，用凝胶电泳作为聚合酶链式反应扩增产物的定性分析手段。由于定性实际上就是定量的一种粗略表现，因此只要对检测手段进行改进就可以实现定量分析。荧光标记技术是分子生物学最常用的标记检测技术，荧光染料或荧光标记物与扩增产物结合后，被激发的荧光强度和扩增产物中的 DNA 含量成正比。而根据扩增原理，扩增是呈指数增长，因此在反应体系和反应条件完全一样的情况下，样本含量应与扩增产物的对数成正比(对数线性),依此可以对聚合酶链式反应扩增产物做定性分析。

4. 基因探针技术　基因探针即核酸探针,是一种核酸杂交的应用。探针是一小段 DNA,称为寡核苷酸。它与所研究的靶序列互补,并以某种方式做记号或标记,使之能被检出。基因探针通过分子杂交与目的基因结合,产生杂交信号,能从浩瀚的基因组中把目的基因显示出来。根据杂交原理,作为探针的核酸序列至少必须具备以下两个条件:①应是单链,若为双链,必须先行变性处理。②应带有容易被检测的标记,它可以包括整个基因,也可以仅仅是基因的一部分;可以是 DNA 本身,也可以是由之转录而来的 RNA。

(1)探针的来源　DNA 探针根据其来源有 3 种:一种来自基因组中有关的基因本身,称为基因组探针;另一种是从相应的基因转录获得了 mRNA,再通过反转录得到的探针,称为 cDNA 探针。与基因组探针不同的是,cDNA 探针不含有内含子序列。此外,还可在体外人工合成碱基数不多的与基因序列互补的 DNA 片段,称为寡核苷酸探针。

(2)探针的制备　进行分子突变需要大量的探针拷贝,后者一般是通过分子克隆获得的。克隆是指用无性繁殖方法获得同一个体、细胞或分子的大量复制品。当制备基因组 DNA 探针时,应先制备基因组文库,即把基因组 DNA 打断,或用限制性酶作不完全水解,得到许多大小不等的随机片段,将这些片段体外重组到运载体(噬菌体、质粒等)中去,再将后者转染适当的宿主细胞如大肠杆菌,这时在固体培养基上可以得到许多携带有不同 DNA 片段的克隆噬菌斑,通过原位杂交,从中可筛出含有目的基因片段的克隆,然后通过细胞扩增,制备出大量的探针。

为了制备 cDNA 探针,首先需分离纯化相应的 mRNA,这从含有大量 mRNA 的组织、细胞中比较容易做到,如从造血细胞中

制备 α 或 β 球蛋白 mRNA。有了 mRNA 作为模板后,在反转录酶的作用下,就可以合成与之互补的 DNA(即 cDNA),cDNA 与待测基因的编码区有完全相同的碱基顺序,但内含子已在加工过程中切除。

寡核苷酸探针是人工合成的,与已知基因 DNA 互补的,长度可从十几到几十个核苷酸的片段。如仅知蛋白质的氨基酸顺序量,也可以按氨基酸的密码推导出核苷酸序列,并用化学方法合成。

(3)探针的标记 为了确定探针是否与相应的基因组 DNA 杂交,有必要对探针加以标记,以便在结合部位获得可识别的信号,通常采用放射性同位素 32P 标记探针的某种核苷酸 α 磷酸基。但近年来已发展了一些用非同位素如生物素、地高辛配体等作为标记物的方法,但都不及同位素敏感。非同位素标记的优点是保存时间较长,而且避免了同位素的污染。最常用的探针标记法是缺口平移法。首先用适当浓度的 DNA 酶 I 在探针 DNA 双链上造成缺口,然后再借助于 DNA 聚合酶 I 的 $5'→3'$ 的外切酶活性,切去带有 $5'$ 磷酸的核苷酸;同时,又利用该酶的 $5'→3'$ 聚酶活性,使 32P 标记的互补核苷酸补入缺口,DNA 聚合酶 I 的这两种活性的交替作用,使缺口不断向 $3'$ 的方向移动,同时 DNA 链上的核苷酸不断为 32P 标记的核苷酸所取代。

探针的标记也可以采用随机引物法,即向变性的探针溶液加入 6 个核苷酸的随机 DNA 小片段,作为引物,当后者与单链 DNA 互补结合后,按碱基互补原则不断在其 $3'$ OH 端添加同位素标记的单核苷酸,这样也可以获得放射性很高的 DNA 探针。

(4)DNA 探针原位杂交 原位杂交用特定标记的已知碱基序列核酸作为探针与组织、细胞中待检测核酸按碱基互补配对的原则在原位进行特异性结合,形成杂交体,然后用与标记物相应的监测系统,通过免疫组织化学方法在被检测核酸原位进行细胞内核酸定位。原位杂交可根据检测物而分为细胞内和组织切片原位杂交;根据其用探针及检测核酸的不同可分为 DNA-DNA、RNA-DNA、RNA-RNA 杂交。根据标记方法不同可分为放射性探针和非放射性探针。其基本方法包括固定、切片、杂交、显色等主要步骤。

①取材与标本固定

取材:对于原位杂交所用的材料要尽可能新鲜,为了防止 RNA 的降解,取材要迅速,取材后要尽快固定或冷冻保存。

固定:进行原位杂交的组织或细胞必须经过固定处理,固定的目的是:保持细胞形态原有结构;最大限度地保存细胞内 DNA 或 RNA 的水平;使探针易于进入细胞或组织内。

常用固定液有 10%甲醛溶液、4%多聚甲醛溶液、冰醋酸-酒精混合液、Bouin 氏固定液等。这些固定液都有不同的优缺点,因此要根据具体的实验对象,选择最佳的固定液。

固定方法:组织标本取材后,迅速放入固定液中 2～4 小时,取材组织大小应大于 1 厘米×0.5 厘米,但也不宜太大。必要时,动物组织可进行灌流固定,然后将组织按要求取材放入 20%蔗糖溶液中,4℃过夜,翌日可行冰冻切片。

②切片及细胞标本的制备

载玻片的处理:因为原位杂交一般在载玻片上进行,所以载玻片必须保持清洁且不能有任何核酸酶的污染。一般载玻片可先经洗衣粉水浸泡过夜,再用流水冲洗,在酸中浸泡 4～8 小时,再用流水冲洗,并用双蒸水洗 2～3 次。在 160℃烘干箱中烘烤 2～4 小时。亦可经高压灭菌 20 分钟处理,即可将载玻片上的核酸酶消除。

组织切片与预处理:新鲜组织也可在取材后,直接置入液氮中迅速骤冷,冷冻切片后,用 4%多聚甲醛溶液固定 5～10 分钟,也可保存在－70℃条件下备用。杂交前切片迅速恢复至室温并干燥,用 0.1 摩/升磷酸盐缓冲液洗 3 次,2 倍 SSC 洗 10 分钟,滴加预杂交液室温孵育 1 小时。

组织固定后,用石蜡常规包埋切片,可长期保存,随时用于原位杂交。杂交前切片经二甲苯脱蜡 2 次,每次 10 分钟;纯酒精洗 2 次,每次 5 分钟;空气干燥 5 分钟;梯度酒精复洗,95%、80%、70%浓度各 1 分钟;0.1 摩/升磷酸盐缓冲液洗 3 次,每次 5 分钟;2 倍 SSC 洗 10 分钟;滴加预杂交液于湿盒内室温孵育 1 小时。

培养细胞:每张载玻片滴加 200 微升浓度为 1×10^5 个/毫升的细胞悬浮液,空气干燥 1～2 分钟后制成细胞涂片,也可直接用培养细胞盖片。上述细胞片经酒精或多聚甲醛固定 5 分钟,其余步骤同冰冻切片。

③杂交与显色

杂交:将已标记的探针加入预杂交液即成为杂交液(探针浓度为 1 微克/毫升),切片经 2 倍 SSC 短暂浸洗后,滴加杂交液,于湿盒内置于 37℃或低于 42℃条件下孵育过夜。然后依次经 2 倍 SSC 室温浸洗 1 小时,1 倍 SSC 室温浸洗 1 小时,0.5 倍 SSC 37℃条件下浸洗 30 分钟,0.5 倍 SSC 室温浸洗 30 分钟。注意滴加杂交液时切片勿干燥。

显色:以下各步均在室温下进行。

缓冲液Ⅰ洗 1 分钟;用含 2%正常羊血清和 0.3% TritonX-100 的缓冲液Ⅰ孵育切片 30 分钟;用含 1%正常羊血清和 0.3% TronX-100 的缓冲液Ⅰ稀释羊抗 Dig 抗体;将抗体稀释液滴加在切片上,封口膜覆盖,湿盒内 4℃孵育过夜;缓冲液Ⅰ洗 10 分钟;缓冲液Ⅱ洗 10 分钟;加显色液,封口膜覆盖,避光室温孵育 2～20 小时,随时镜检,当显色满意时加入缓冲液Ⅲ终止显色。显色液临用前配制,其配方为:NBT 45 微升,X-Phospllate 液 35 微升,左旋咪唑 2.4 毫克,缓冲液Ⅱ加至 10 毫升。常规脱水、透明、封固。

结果:杂交阳性信号为紫蓝色颗粒。

第三章　家禽病毒性传染病的防治

第一节　新　城　疫

新城疫(ND)是由新城疫病毒引起的一种鸡急性、高度接触性传染病,常呈败血性经过,以呼吸困难、下痢、神经功能紊乱、黏膜和浆膜出血为主要特征。本病发病急,感染率和死亡率高,有时可高达 100%,给养禽业,特别是养鸡业造成了不可估量的经济损失,因此被国际兽疫局定为 A 类传染病,我国定为一类传染病。

【流行病学】　在非洲大部分地区、亚洲、中美洲以及南美洲部分地区,新城疫时有发生,呈地方流行性。在较发达国家,呈散发性流行。鸡、火鸡、鹌鹑、鸽、鸭、鹅等多种家禽及野禽均易感,以鸡最易感。外来鸡及其他杂种鸡比本地鸡的易感性高,死亡率也高。各种年龄段的鸡易感性也有差异,幼鸡和中年鸡易感性高,2 年以上的鸡易感性较低,水禽中鸭、鹅对本病有抵抗力,但可从鸭、鹅中分离出病毒。

本病的主要传染源是感染新城疫的病鸡,病鸡与健康鸡接触,病鸡和带毒鸡的分泌物、粪便以及被污染的饲料、饮水和外寄生虫等均可传播病原。传播途径主要是消化道和呼吸道,也可经损伤的皮肤、黏膜侵入体内。在自然感染时,病毒在呼吸道增殖,感染禽排出含有病毒的飞沫和粪便等,污染空气,空气中被病毒污染的粒子被健康禽吸入或落于黏膜上可引起感染。当然,气溶胶的形成以及这些感染性病毒在其中能否维持足够的传染时间与诸多环境因素有关。

新城疫一年四季都能发病，但以春、秋季多发，夏、冬季较少。非免疫禽群感染时，发病率、死亡率可高达 90％以上，免疫效果好的禽群感染时症状不典型，发病率、死亡率较低。

【临床症状】 临床症状差异较大，主要取决于宿主种类、日龄、免疫状态、其他病原的并发感染和混合感染情况、环境应激、感染毒株的毒力、感染途径等。潜伏期 2～18 天，自然感染多为 4～5 天。

1. 最急性型 发病急，无任何临床症状即死亡。一般开始时病鸡表现为精神沉郁、呼吸加快、无力，最终衰竭死亡。

2. 急性型 体温升高达 44℃，嗜睡，鸡冠和肉髯发绀，咳嗽、甩鼻，呼吸道有啰音，张口喘气，呼吸困难，嗉囊和口腔中有液体蓄积，甩头发出咯咯声，从口腔内流出灰黄色气味难闻的黏液。常见严重下痢，排淡绿色甚至带血色的稀便。幸存鸡后期可见神经症状，角弓反张，阵发性肌肉痉挛和震颤，翅、腿下垂麻痹，死亡率高达 90％～100％。

3. 亚急性型或慢性型 以神经症状为主，容易反复发作，当病鸡受到惊吓时神经症状表现更为明显。多发生于免疫鸡群，表现非典型症状，发病率、死亡率均较低。雏鸡表现明显的呼吸困难，张口伸颈呼吸，发出"呼噜"声，咳嗽，口腔中有些许黏液，有摇头甩鼻和吞咽的动作，并出现死亡。经 1 周左右病鸡大部分出现好转，少数病鸡仍然出现神经症状，如稍遇刺激，表现头向后仰、共济失调等，安静时恢复正常。产蛋鸡表现呼吸困难，张口伸颈，发出"咕噜"声；有些病鸡排出黄绿色粪便，零星死亡；产蛋量和蛋品质下降，产无壳蛋、畸形蛋。

【病理变化】

1. 雏鸡 雏鸡气管黏膜脱落，喉头、气管出血，嗉囊中蓄积大量酸臭液体，腺胃肿胀，少数病例腺胃乳头顶端出血，胸腺肿大，切开后呈现大理石样外观，近 1/3 的病鸡腺胃乳头有出血性溃疡,大多数病鸡盲肠扁桃体肿胀出血,小肠有黏液,呈卡他性炎症,有时可见部分鸡十二指肠有出血性溃疡。

2. 青年鸡　嗉囊内积气、积液,腺胃黏膜水肿、糜烂,腺胃壁增厚 2%~3%,呈球状。肌胃角质层下少许出血,十二指肠处淋巴结肿胀出血,盲肠扁桃体肿胀充血或轻微出血,泄殖腔黏膜出血。肾肿大,有大量的尿酸盐沉积,输尿管中有时可见大量尿酸盐沉积。法氏囊肿大出血,胆囊胀满、胆汁外溢,肌胃中的食物和肠内容物被胆汁染成绿色。

3. 产蛋鸡　气管黏膜充血、黏液分泌增多,气管内有干酪性渗出物。部分鸡盲肠扁桃体肿大,轻微出血,回肠淋巴集结有枣核样溃疡。泄殖腔黏膜出血,卵泡破裂并伴有卵黄性腹膜炎,输卵管、子宫黏膜充血水肿。小肠有卡他性炎症,多处出血,生殖器官萎缩。腺胃乳头水肿,有豆腐渣样脓性分泌物,少数病例心肌出血。

【诊　断】　根据流行病学、临床症状和病理变化进行综合分析,可做出初步诊断。病毒分离鉴定是诊断新城疫最可靠的方法,常用鸡胚接种、血凝和血凝抑制试验、中和试验及荧光抗体检测。应注意,从鸡分离出新城疫病毒不一定是强毒,还不能证明该鸡群流行新城疫,因为有的鸡群存在弱毒和中等毒力的新城疫病毒,所以分离出的新城疫病毒还得结合流行病学、临床症状和病理变化进行综合分析,必要时对分离的毒株进行毒力测定后,才能做出确诊。

【预　防】

1. 加强引种和卫生管理,防止病原体侵入鸡群　无新城疫病毒的清洁鸡场,一定要防止从疫场带入本病,不要到疫区引种。引种必须从无本病的鸡场引入,引进后需隔离观察一定时间。新城疫病毒污染鸡场要严格执行兽医卫生措施,为防止水平传播,场内鸡群应隔离,按时淘汰。做好鸡舍及周围环境的清扫和消毒工作,粪便及时处理。加强鸡群的饲养管理,喂给平衡的配合日粮,特别要保证必需氨基酸、维生素和微量元素的平衡。

2. 定期预防接种,增强鸡群的特异性免疫力 免疫接种是预防新城疫的有效手段。目前,国家许可使用的疫苗包括弱毒苗和油佐剂灭活苗,基因工程疫苗目前尚未进入养鸡生产的实际应用。

弱毒苗中,又有毒力比较低的缓发型疫苗株,如 F 株、LaSota 株(Ⅳ系)、HitchnerBl 株(Ⅱ系)、Clone30(克隆 30)株、V4 株等;也有毒力较强的中发型毒株,如 Mukteswar 株(Ⅰ系)、H 株、Komarov 株及 Roaki 株等。虽然上述缓发型毒株毒力较低,可用于未经过免疫的鸡群做首次基础免疫,但有时接种疫苗后几天内也可能有轻度的呼吸道应激,如呼吸道啰音、咳嗽等。至于中发型疫苗,由于毒力较强,只能用于经过基础免疫的鸡群作为加强免疫用,如将此类疫苗用于无抗体的鸡群或日龄较小的鸡群,则往往会引起严重的反应和不同程度的死亡损失。

缓发型疫苗可经点眼、滴鼻、饮水、气雾或肌内注射等途径接种,其中以点眼、滴鼻和气雾途径接种效果较佳;中发型疫苗,则常常采用肌内注射途径接种。

鸡群选用哪种疫苗、何时应用,取决于鸡的日龄、母源抗体水平、当地新城疫流行情况等。在免疫接种后,必须定期对免疫效果进行监测和分析。根据抗体血凝抑制效价监测结果来确定免疫的最适时间。首免时间可根据如下公式进行推算:雏鸡出壳后,抽检 0.5% 雏鸡的血凝抑制效价,并求其对数平均值,然后计算首免时间。首免日龄=4.5×(1 日龄血凝抑制抗体对数值-4)+5。平时应待抗体效价降到 1∶64 以下时进行免疫,免疫后 10~14 天抽检,抗体效价比免疫前提高 2 个滴度方可以认为免疫成功,否则应重新免疫。

没有监测条件的鸡场可参照以下免疫程序进行。

蛋鸡:雏鸡出壳后 7~10 日龄用Ⅳ系疫苗点眼或滴鼻进行首

免,30 日龄用Ⅳ系疫苗点眼或滴鼻进行二免,60 日龄用Ⅰ系疫苗肌内注射,120 日龄用Ⅰ系疫苗肌内注射,同时肌内注射新城疫灭活油乳剂疫苗。

肉鸡:8～9 日龄用Ⅳ系疫苗点眼或滴鼻,30～40 日龄日龄用Ⅳ系疫苗点眼或滴鼻。

【治　疗】　鸡群发病后,无特异性治疗方法,应采取紧急免疫措施。可视鸡的日龄大小,分别用Ⅳ系疫苗倍量点眼或饮水,产蛋鸡可用Ⅳ系疫苗饮水或使用Ⅰ系疫苗注射。

第二节　禽流感

禽流感是禽流行性感冒的简称,是一种由甲型流感病毒的某种亚型引起的家禽传染病,以引发呼吸道发病或隐性感染为特点。禽流感被世界动物卫生组织(OIE)、国际贸易组织和国际兽疫局定为 A 类传染病,又称真性鸡瘟或欧洲鸡瘟。

【流行病学】　禽流感病毒在自然条件下,能感染多种禽类,在野禽尤其是野生水禽中,较易分离到禽流感病毒。病毒在这些野禽中大多形成无症状的隐性感染,而成为禽流感病毒的天然储毒库。在家禽中以鸡和火鸡最易感,其次是雏鸡和孔雀,鸭、鹅和鸽则较少感染。多种带毒动物或患病动物是传染源,其中最重要的是水禽,如鸭、鹅。禽流感的传播方式包括病禽和健康禽直接接触以及病毒污染物间接接触两种方式。

禽流感病毒存在于病禽和感染禽的消化道、呼吸道和脏器组织中。病毒可随眼、鼻、口腔分泌物及粪便排出体外,被含病毒的分泌物、粪便、死禽尸体污染的任何物体,如饲料、饮水、鸡舍、空气、笼具、饲养管理用具、运输车辆、昆虫及各种携带病毒的鸟类等均可机械性传播本病。健康禽通过呼吸道和消化道感染,引起发病。禽流感病毒可以通过空气传播,候鸟的迁徙可将禽流感病毒从一个地方传播到另一个地方,通过污染的环境(如水源)等可造成禽群的感染和发病。带有禽流感病毒的禽群和禽产品的流通可以造成禽流感的传播。

本病一年四季均可发生,但以冬季和春季最为严重,禽流感病毒在低温条件下抵抗力较强。潜伏期从数小时至数天,最长可达 21 天。高致病性禽流感的潜伏期短,发病急剧,发病率和死亡率很高。

【临床症状】 禽流感的症状依感染禽类的品种、年龄、性别、并发感染程度、病毒毒力和环境因素等而有所不同,主要表现为呼吸道、消化道、生殖系统或神经系统的异常。

1. 温和型禽流感 表现为无症状的隐性感染至 100％死亡率。一些无致病力的毒株感染野禽、水禽及家禽后,被感染禽无任何临床症状和病理变化,只有在检测抗体时才发现已受感染,但它们不断排毒。产蛋鸡在感染 H9N2 亚型等低致病力病毒后,最常见的症状是产蛋率下降,但下降程度不一,有时可以从 90％的产蛋率在几天之内下降到 10％以下,且要经过 1 个多月才逐渐恢复到接近正常的水平,但却无法达到正常的水平;有些仅下降10％～30％,7～15 天即回升到基本正常的水平。产蛋率受影响较严重的鸡群,蛋壳可能褪色、变薄。在产蛋受影响时,鸡群的采食、精神状况及死亡率可能与平时一样正常,但也可能见少数病鸡眼角分泌物增多、有小气泡,或在夜间安静时听到一些轻度的呼吸啰音,个别病鸡有颜面肿胀,但鸡群死亡数仍在正常范围。再严重一些的病例,则可见呼吸困难,张口呼吸,呼吸啰音,精神不振,下痢,鸡群采食量下降,死亡数增多。肉鸡、未开产的种鸡和蛋鸡感染低致病力禽流感病毒后,除没有产蛋下降的变化外,其余症状与上述产蛋鸡相似。鸽、雏鸡、珍珠鸡、鸵鸟、鹌鹑、鹧鸪等感染低致病力禽流感后,临床症状与鸡相似。

2. 高致病性禽流感 由高致病力毒株,如 H5N1 亚型禽流感病毒感染鸡后形成的高致病力禽流感，其临床症状多为急性经过。最急性的病例可在感染后 10 多个小时内死亡。急性型可见鸡舍内鸡群比往常沉静，鸡群采食量明显下降，甚至几乎废食，饮水也明显减少，全群鸡均精神沉郁，呆立不动，从 2～3 天起，死亡明显增多，临床症状也逐渐明显。病鸡头部肿胀，冠和肉髯发黑，眼分泌物增多，眼结膜潮红、水肿，羽毛蓬松无光泽，体温升高；下痢，粪便呈黄绿色并带有多量黏液或血液；呼吸困难，呼吸啰音，张口呼吸，歪头；产蛋率急剧下降或几乎完全停止，蛋壳变薄、褪色，无壳蛋、畸形蛋增多，受精率和受精蛋的孵化率明显下降；鸡脚鳞片下呈紫红色或紫黑色。发病后 5～7 天内死亡率几乎达到100%。少数病程较长或耐过未死的病鸡出现神经症状，包括转圈、前冲、后退、颈部扭歪或后仰望天等。

鹅和鸭感染高致病力禽流感病毒后，主要表现为肿头，眼分泌物增多，分泌物呈血水样，下痢，产蛋率下降，孵化率下降。有神经症状，如头颈扭曲、啄食不准，后期眼角膜混浊。死亡率不等，成年鹅、鸭一般死亡不多，幼龄鹅、鸭死亡率较高。鸽、雉鸡、珍珠鸡、鹌鹑、鹧鸪等家禽感染高致病力禽流感病毒后的临床症状与鸡相似。

【病理变化】　高致病性禽流感的组织病变主要为坏死，以消化器官变性为主。面部肿胀；腿部皮下水肿；排黄绿色粪便；冠髯水肿、发绀；口腔、喉头、气管和皮下组织出血，气管有黏稠物，气管弥漫性出血，颜色鲜红；心肌坏死，坏死的白色心肌纤维与正常的粉红色心肌纤维红白相间，胰腺有黄白色坏死斑点，小肠呈不规则块状出血，十二指肠黏膜出血；肝有黄白色坏死点，腺胃乳头肿大出血，腺、肌胃交界处有出血带，腺胃出现块状出血，不但乳头出血，而且乳头之间也有出血，出血点粗糙不平，卵黄破裂和萎缩，伴有腹膜炎；有些病例还可见头颈部、腿部皮下胶样浸润。

低致病性禽流感病毒主要侵害泌尿生殖道，非致病性禽流感病毒不引起明显的病理变化。低致病力禽流感病理变化为喉气管充血、出血，在气管叉处有黄色干酪样物阻塞，气囊膜混浊，典型的纤维素性腹膜炎，输卵管黏膜充血、水肿，卵泡充血、出血、变形，肠黏膜充血或轻度出血，胰腺有斑状灰黄色坏死点。

【诊　断】　目前，我国禽流感诊断技术日趋成熟，水平不断提高，已基本建立和形成了从病毒分离到血清学诊断和分子生物学诊断体系。国内外对流感病毒的检测主要包括对病毒抗原、流感特异性血清的检测和分子生物学检测。近几年发展起来的反转录-聚合酶链式反应分子诊断技术，具有高度的敏感性和特异性，并可大大缩短病毒的检出时间，克服了传统的禽流感诊断技术病毒分离鉴定试验周期长的缺点，为禽流感早期快速诊断提供了敏感、快速、适用的方法。

【预　防】

1. 管理措施　消灭传染源，减少疫病发生。病鸡、病死鸡和种蛋是导致本病发生的主要传染源，应严禁从疫区或发病鸡场引进种蛋或病鸡苗。对病鸡进行隔离治疗，病死鸡焚烧或远离鸡场深埋，对病鸡污染的环境彻底消毒。

在饲养方面，饲喂全价饲料，保证营养供给，定期补给电解多维或速补。饲养密度应适宜，舍内温度适中，圈舍卫生良好，可提高鸡体抗病能力，从而防止本病的发生和流行。

切实做好隔离和消毒工作，一旦禽群发生禽流感，应采取隔离、扑杀和消毒等严格的防范措施，防止疫情扩大。在消毒上，因禽流感病毒有囊膜，对去污剂敏感，应使用百毒杀、抗毒威、3％～5％甲醛或过氧乙酸溶液等消毒剂。鉴于禽流感病毒对热敏感，器械应进行高温消毒。

禽流感易发生在寒冷和天气突变季节，做好防寒保暖工作，保持舍内适宜温度及温差控制在5℃～8℃，防止骤冷骤热，禁止贼风侵袭，是防止发生禽流感的重要措施之一。

2. 高致病性禽流感的防控　高致病性禽流感由于危害严重，而且已有 H5N1 亚型禽流感病毒感染人发病致死的报道，所以必须高度重视和严肃处理。

一旦发现可疑病例，应立即向当地兽医部门报告，同时对病鸡群（场）进行封锁和隔离；一旦确诊，立即在有关兽医部门指导下，划定疫点、疫区和受威胁区。疫点是指患病禽所在的禽场、专业户或独立的经营单位，在农村则为自然村；疫区指以疫点为中心，半径 3～5 千米范围内的区域；受威胁区指沿疫区顺延 5～30 千米范围内的区域。由县及县级以上兽医行政主管部门报请同级地方政府，并由地方政府发布封锁令，对疫点、疫区、受威胁区实施严格的防范措施。严禁疫点内的禽类及相关产品、人员、车辆以及其他物品运出，因特殊原因需要进出的必须经过严格的消毒；同时，扑杀疫点内的一切禽类，扑杀的禽类及相关产品，包括种苗、种蛋、菜蛋、动物粪便、饲料、垫料等，必须经深埋或焚烧等方法进行无害化处理；对疫点内的禽舍、养禽工具、运输工具、场地及周围环境实施严格的消毒和无害化处理。禁止疫区内的家禽及其产品的贸易和流动，设立临时消毒关卡对进出运输工具等进行严格消毒，对疫区内易感禽群进行监控，同时加强对受威胁区内禽类的监察。

在对疫点内的禽类及相关产品进行无害化处理后，还要对疫点反复进行彻底消毒，彻底消毒后 21 天，如受威胁区内的禽类未发现有新的病例出现，即可解除封锁令。

3. 免疫接种　疫苗是防治禽流感最有效的手段，必须按程序免疫接种禽流感疫苗。目前使用的禽流感疫苗有灭活全病毒疫苗、重组活载体疫苗、亚单位疫苗、核酸疫苗、转基因植物疫苗等。现行商品化禽流感疫苗大都为灭活苗。

使用禽流感多价油乳剂灭活苗，商品肉鸡可于 10～15 日龄免疫 1 次，皮下注射 0.3 毫升；产蛋鸡及种鸡于 40～45 日龄进行首免,115～120日龄二免,每次皮下注射0.5毫升。

灭活油乳剂疫苗的接种途径为肌内或皮下注射,推荐的免疫接种量为:15日龄的肉鸡,每只每次0.3毫升,日龄较大的鸡每只0.5毫升;中鹅每只1毫升,成年鹅每只2～3毫升;小鸭每只0.3毫升,中鸭每只0.5毫升,成年鸭每只注射1～2毫升。

【治　疗】　目前对于商品禽中暴发禽流感还没有切实可行的特异性治疗方法。金刚烷胺是人类流感有效的防治药物,除金刚烷胺外,盐酸金刚乙胺、病毒唑及一些中草药也有减轻禽流感损失的作用。使用金刚烷胺防治禽流感时,用药要早,在鸡群刚有症状苗头时即用药,效果较好,如到症状明显时再使用,则效果很差,盐酸金刚烷胺的用法用量为0.005％～0.01％饮水,连用5～7天。

实验证明,对非高致病性禽流感,适当使用抗菌药物控制细菌性感染,也可以减少死亡损失。如感染早期在饮水中加入甲砜霉素、利高霉素、强力霉素、恩诺沙星、环丙沙星,或经肌内注射青霉素和链霉素、庆大霉素等,均可减轻一些死亡损失。如能及时与抗病毒药物联合使用,效果更好些。

中医认为流行性感冒乃疫疠之邪所致,治疗多选择汗法和清法。中草药具有不易产生耐药性和毒副作用、作用范围广泛等优点,可选择具有抗病毒、解热抗炎、增强机体免疫功能的中药,从而达到抗流感病毒的作用。防治禽流感大多选用解表、解毒、清瘟、泻火、凉血止血类中草药,如大青叶、板蓝根、金银花、连翘、黄连、栀子等;清解阳明经热、生津类,如生石膏、知母等;辛辣发散、解表邪类,如麻黄、桂枝、柴胡、桑叶等;清营凉血止血类,如生地黄、牡丹皮等。还可用桔梗,宣肺载药上行;或用木通清热利尿,导热从下而出,使瘟邪热毒迅速除去。

第三节 鸡马立克氏病

鸡马立克氏病(MD)是鸡的淋巴组织增生性肿瘤疾病,由疱疹病毒科的马立克氏病病毒引起。

【流行病学】 鸡、火鸡、野鸡、珍珠鸡均可患本病。初生雏鸡最易感染,病鸡终身带毒排毒。发病有性别和品种的差异,母鸡发病率较高,肉鸡发病高于蛋鸡,本地土种鸡更易感。病鸡和带毒鸡是主要传染源,病毒通过直接或间接接触经气源传播。马立克氏病病毒主要存在于羽毛囊上皮细胞及脱落的皮屑中,常和尘土一起随空气到处传播造成感染。病毒不经蛋内传播,但是当蛋壳表面沾有含病毒的尘埃、皮屑又未经消毒可造成马立克氏病的传染,病毒可经消化道、呼吸道传播本病。

马立克氏病不同毒株的毒力差别很大,毒力强的毒株多引起鸡内脏各器官肿瘤形成,而毒力较弱的毒株只引起病鸡神经病变,也有根本无致病性的毒株。不同株的病毒有共同的血清型,因此用自然弱毒株或火鸡疱疹病毒制造的疫苗可以预防不同病毒所致的马立克氏病的发生。

不同日龄的鸡感染后发病时间也有所不同。1～3日龄雏鸡人工接种强毒株后,多数在3～4周内出现症状,并发生死亡。鸡场自然感染的鸡群中,肉鸡多在40～60日龄发病,而蛋鸡多在70～140日龄发病。

【临床症状】 鸡马立克氏病可分为内脏型、神经型、眼型和皮肤型。

1. 急性内脏型 病鸡呆钝,精神委靡,羽毛散乱,走路迟缓,常缩颈蹲在墙角下,面色苍白,排绿色稀便,病鸡多有食欲,往往在发病15天左右死亡,严重的鸡群在发病高峰时,每日可死亡10%,严重时全群覆灭。

2. 神经型 较多发,病鸡开始时走路不稳,逐渐一侧或两侧腿瘸,严重时瘫痪不起,典型的症状是一腿向前伸、一腿向后伸的"劈叉"姿势,病侧腿部肌萎缩,有凉感,爪子多弯曲。病侧翅膀松弛无力,常下垂贴近地面。病鸡脖子常斜向一侧,有时可见大嗉囊及病鸡蹲在一处呈无声张口喘气症状。有神经症状的鸡早期食欲较好,如能得到饲料和饮水,病鸡常可存活较长时间。

3. 眼型 病鸡一侧或两侧眼睛失明,失明前眼睛多不见炎性肿胀,仔细检查时可见病鸡瞳孔边缘不整齐,呈锯齿状、缩小,眼球如鱼眼或珍珠眼。瞳孔边缘的锯齿状在发病初期尚未失明时即可见到,对本病的早期诊断很有意义。

4. 皮肤型 病鸡褪毛后可见体表毛囊腔形成结节及小的肿瘤状物,在颈部、翅膀、大腿外侧较为多见,肿瘤结节呈灰粉黄色,突出于皮肤表面,有时候破溃。

【病理变化】 在病理学上尽管有神经型、内脏型、眼型与皮肤型之分,但实际上每一种类型的病变并不严格局限于某一器官系统,由于马立克氏病的肿瘤生长是全身性和多中心性的,且因病鸡感染的毒株可以不是单一的,故肿瘤病灶的分布范围可以是广泛和多发的,临床上常常是各型症状交错出现。马立克氏病不仅会造成肿瘤,而且形成肿瘤之前的病毒血症会对机体产生免疫抑制,使机体对接种的其他疫苗的免疫反应降低。

1. 内脏型 肿瘤多发生于卵巢、肝、肾、睾丸、腺胃、心脏、肺及肌肉。具体病变表现如下。

(1)卵巢 肿大2~10倍不等,呈菜花状或脑样,有的仅部分卵巢肿大,表面光亮,呈淡灰黄色,60日龄肉鸡的卵巢肿瘤可达核桃大小,色灰黄,质韧。

(2)肝脏 肿大、质脆,有时可见弥散性的肿瘤,为粟粒大至黄豆大小甚至鸡蛋黄大小的灰白色瘤,几个至十几个不等,这些肿瘤质韧,稍突出于肝表面。

（3）肾　两侧肾肿大，多散在灰白色斑，多见肿瘤，有的肿瘤与肾组织界限明显，有的镶嵌在一起，肾质稍脆。

（4）腺胃　肿大增厚，质坚实，浆膜面有灰白色病变区，呈黄豆大小，切开后见灰白色结节。

（5）肺　在一侧或两侧可见灰白色肿瘤与肺脏镶嵌在一起，质韧。

（6）心脏　在心外膜可见灰白色大小不等的质地坚实的肿瘤，常突出于浆膜面，呈米粒大至黄豆大。心脏变形。

（7）脾脏　脾呈淡红褐色，肿大 3～7 倍不等，有时见到粟粒大的灰白斑。

（8）肌肉　肌肉肿瘤多发生在胸肌或大腿内侧，肿瘤质韧，呈淡灰粉色，突出于肌肉表面，米粒大至蚕豆大。

（9）法氏囊　多萎缩，皱褶大小不等，不见肿瘤形成。

2. 神经型　多见坐骨神经、坐骨神经丛、臂神经丛、迷走神经肿大增粗几倍至十几倍，神经表面光亮，银白色纹理部分可全部消失，神经粗细不均呈结节状，多呈乳白色。

【诊　断】　诊断必须根据疾病特异性的流行病学、临床症状以及分子生物学对病毒的鉴定而进行，还要与禽白血病或禽网状内皮组织增生症相鉴别。

目前，马立克氏病分子生物学诊断技术有琼脂扩散试验、间接荧光抗体试验、酶联免疫吸附试验、体外 DNA 分子间杂交技术及限制性内切酶（RE）核酸分析法，这些方法相继用于不同血清型的区分，以及不同血清型毒株间同源性的比较。此外，还可用核酸探针技术进行斑点杂交和原位杂交，检测病毒 DNA 进行诊断。聚合酶链式反应（PCR）技术是一种在体外对特异性基因序列进行高效扩增的方法，其可以用于鉴别一些致瘤性和非致瘤性马立克氏病，也可以用来对组织中的马立克氏病病毒进行定量，区分血液或羽囊中的马立克氏病病毒或火鸡疱疹病毒。聚合酶链式反应检测技术克服了鉴别诊断的困难，并且使得检测多重病毒感染成为可能，所以本法是诊断禽肿瘤病毒的首选方法。

【预防和控制】

1. 疫苗接种 疫苗接种所致保护力的程度与感染病毒的毒力、宿主的遗传易感性以及母源抗体的存在有相关性。疫苗诱导的马立克氏病免疫力会受环境应激、营养不良及免疫抑制性病毒感染的不利影响。另外，胚胎免疫已经成为肉鸡接种马立克氏病疫苗的主要方法。1974 年商品化火鸡疱疹病毒疫苗得到广泛应用，并且一直沿用至今，以后仍将使用，尤其是在我国，使得马立克氏病的发生率显著下降。

目前，最广泛应用的马立克氏病常规疫苗是由鸡胚成纤维细胞培养的Ⅲ型或致弱的Ⅰ型活病毒组成。通常在出壳当天注射雏鸡或在孵化 18 日龄的胚内接种，抗马立克氏病免疫力产生很快，在免疫后 5 天就可检测出对强毒株攻毒的明显保护作用。

国外进口的疫苗有 CVI 988/C 与火鸡疱疹病毒联合制成的双价疫苗，以及加入了Ⅱ型毒 SR-1 或 FV-126 毒的三价疫苗。还有新型疫苗，如 CVI988/C/R6、R2/23、SB1/310B/1、Z4 等。欧洲一些国家在生产中试行马立克氏病疫苗二次免疫，我国在 20 世纪 80 年代后期开始应用，现在主要在养鸡集中地区推广应用。国内外田间试验结果表明，马立克氏病二次免疫有益于更好地控制马立克氏病流行，显著减少流行造成的损失。因此，在马立克氏病流行较严重的地区，采取马立克氏病疫苗二次免疫的技术以较好控制马立克氏病发生和流行是切实可行的。

2. 建立防控体系 要想长期有效地从根本上控制马立克氏病，必须建立多重防控体系，以降低疾病暴发的可能。必须从传染病发生的 3 个环节入手，利用现有的科学技术和管理水平全方位地控制马立克氏病，最大限度地减少马立克氏病造成的损失。

（1）防控病原 疫苗接种是防控本病的关键，以防治雏鸡早期感染为中心的综合性防控措施对提高免疫效果和减少损失起着重要作用。

（2）抗病育种　很早人们就观察到不同遗传品系的鸡对马立克氏病的易感性是不同的。因此，在研究和生产上均培育出抗病的鸡品系。

3. 生物安全性措施　由于马立克氏病不能通过鸡胚垂直传播，因此采用严格的生物安全性措施来限制鸡的早期感染对疫苗接种措施而言，是一种经济有效的辅助方法。

（1）孵化车间的合理布局　孵化车间必须与种鸡场有1 000米的隔离距离，绝对不应建在鸡场内。对已建在种鸡场内的孵化车间应进行改造，做好孵化车间的空气净化及严格的卫生消毒工作。为保证安全养鸡选址重建，这是最好的方案之一。

（2）全进全出制　采取全进全出的生产工艺，切断交叉污染的链条。通过协会协调，公司组织农户，进行科学分工，做到全场鸡只的整入整出，这是与免疫接种有同等意义的大事。

（3）严格的卫生措施和科学的消毒方法　马立克氏病病毒在鸡的饲养环境中普遍存在，鸡出壳后任何时候都有感染的可能性。鸡感染的日龄越小，发病率越高，因为接种马立克氏病疫苗后要10～14天才能产生保护力，在此之前如果感染了马立克氏病病毒，即使接种的疫苗再好，鸡只仍可能发病。所以，搞好20日龄以内的育雏环境消毒，是控制马立克氏病的关键措施之一。

消毒药应选择高效、低毒、广谱、无异味、无刺激、无残留、无畸变、无腐蚀性的消毒药。长期使用单一消毒药，消毒效果可能会下降，一般鸡场应选择2种以上不同类型的消毒药交替使用。消毒方式主要是带鸡喷雾消毒，用量按每立方米空间用15毫升消毒药计算。喷雾消毒不但能将附着在尘土、羽梢上的马立克氏病病毒杀灭，还能净化空气、杀灭其他病原、防暑降温，减少其他疫病的发生。消毒时间在出雏前一天，要将出雏室完全彻底消毒。雏鸡进入育雏舍后,除使用疫苗的当天不消毒外,其余时间都要每天带鸡消毒 1 次,特别要注意育雏舍顶棚的消毒。20 日龄后,可酌情减少消毒次数。消毒药浓度要达到规定的要求,一般按说明书要求酌情加大 10% 的浓度。可将消毒液的温度提高至 40℃左右,以防止育雏舍降温而引起感冒和提高消毒液的消毒效果。

即使雏鸡注射了双价疫苗,其免疫力的产生也需 5～7 天,而马立克氏病病毒可从病鸡羽毛囊上皮细胞释放到外界环境,并在附着的羽毛及羽毛屑上皮细胞碎片中仍保持感染活性。为防止雏鸡早期感染,控制羽毛屑中的病毒扩散到其他鸡场,只有通过严格的卫生消毒措施才能得以解决。

目前,遍布全国的大部分孵化车间和孵化房,都未能进行种蛋入孵全过程的消毒工作。所以,为了预防鸡马立克氏病的传播和流行,应对种蛋及孵化过程进行合理消毒。

已感染马立克氏病的鸡场,鸡舍用具、用品应用 3% 氢氧化钠溶液浸泡 4 小时,用水洗净后再用。墙壁用石灰水粉刷,地板用 3% 氢氧化钠溶液浸泡 12～24 小时后,用水洗净(也可用 1∶150 菌毒敌喷雾消毒)。鸡舍的运动场要铲去一层约 5 厘米厚的表土,用生石灰消毒后再填上一层新表土。鸡舍经过彻底消毒后,要空置数周后方可引进新雏。

种鸡产下的种蛋应每隔 2 小时捡出 1 次,及时清除蛋壳上黏附的污物(不能水洗),放入熏蒸间内,保持温度在 20℃～30℃、空气相对湿度在 80%,按每立方米空间用 7 克高锰酸钾、14 毫升 40% 甲醛溶液、7 毫升水的配比量熏蒸 30 分钟,然后使用经消毒的车具,在密封状态下转入清洁的贮蛋室。

孵化室应是养鸡单元中最清洁、最卫生的地方。因此,孵化室必须保持清洁、卫生和良好的通风。每天做完清洁打扫后,在整个房间内用 0.2% 过氧乙酸溶液喷雾消毒,要均匀地喷到每个角落。地面每天清扫后用 0.5% 次氯酸钠溶液喷洒消毒。

雏鸡的熏蒸消毒是预防早期感染的重要措施。为保持初生雏鸡的健康,防止马立克氏病病毒粒子对初生雏鸡的感染,应对刚出壳羽毛未干的雏鸡进行消毒。在保持空气相对湿度为 80%～90%(高湿度是熏蒸安全的保证)、温度为 30℃～32℃ 的出雏器内,按每立方米空间使用 40%甲醛溶液 7 毫升、高锰酸钾 3.5 克、水 3.5 毫升的剂量熏蒸消毒,熏蒸期间保持风扇转动 1 小时,以混匀药物蒸汽。

进鸡前约 1 周,彻底冲刷育雏舍的门、窗、顶棚、地面,然后用 0.2%过氧乙酸溶液喷雾消毒,隔日重复消毒 1 次;进雏前 48 小时,用 40%甲醛溶液消毒种蛋的剂量再熏蒸消毒 12 小时。

4. 严把引种制度,及时扑杀淘汰病鸡,尽可能消灭传染源

(1)严把引种关　在引种过程中,必须做好隔离检疫、隔离观察工作。由专业人员亲自到目标种鸡场选出符合品种特征、活泼、发育良好、体温正常的鸡作为选购对象,集中至隔离区观察 20～30 天。隔离期间停止应用药物,以有利于检疫观察。在目标鸡场隔离期间,根据现场调查和对鸡群的临床检查结果,进行马立克氏病血清学或病原学检疫,阴性者方可被选择购入。在起运前,对运输的车、船、笼具等在兽医的监督下进行清洗和彻底消毒。将选购的鸡直接运回鸡场,在事先经过清洗消毒的隔离间饲养观察 30～40 天。在隔离期间,对被选入的鸡进行马立克氏病的免疫注射,对引入地鸡场存在的主要疫病要优先进行免疫注射。在隔离观察期间食欲、粪便、体温、流泪等无异常者,经体表喷雾消毒后,正式引入场内。

(2)设立售鸡专用通道与隔离专用圈舍　出售鸡时,鸡群只能通过售鸡专用通道运出生产区,购鸡人员及车辆用具不得进入鸡场。在鸡场下风向,与生产区相对远的区域修建隔离专用圈舍,用于病鸡的隔离治疗,以及血清、疫苗等的安全试验。

(3)扑杀淘汰病鸡　禽群发病初期,严密监控相关圈舍,尽快诊断,以便采取措施。迅速而有效地遏制马立克氏病疫情,协同配合各级动物防疫监督机构,严格封锁隔离,及时而果断地扑杀淘汰病鸡。

(4)加强饲养管理 鸡群的免疫效果,取决于个体的健康状况。只有发育健壮的鸡,才会对免疫接种产生良好的免疫反应,鸡群营养不良、久病不愈、体质弱等都会影响马立克氏病的免疫效果,甚至造成免疫失败。

①改善通风 为保证鸡群非特异性抵抗力,一定要及时调整通风持续时间与次数,改善圈舍空气质量,降低可能的病原浓度,制定适合本场的防寒、保温与供热措施,保证冬、春季节鸡群有适宜温度,防止寒流引起的温度骤变、贼风侵袭。育雏室应和成年鸡舍分开,距离越大越好,以减少成年鸡所带的马立克氏病病毒经空气传播;育雏舍还应建成负压通风环境,以防马立克氏病病毒经呼吸道进行横向传播和排除有害气体。鸡舍中氨氮和硫化氢等气体浓度过高,会对马立克氏病免疫效果产生影响。

②选用全价饲料 饲料中营养成分不全,会影响雏鸡生长发育,应选用优质、名牌饲料饲喂。

③消除应激因素 在马立克氏病免疫机制中,起主导作用的是细胞介导免疫。饲养管理过程中的诸多应激因素,均能导致类固醇激素升高而抑制 T 细胞的活性,使细胞介导免疫降低,导致免疫失败。应注意消除雏鸡饥渴、寒冷、过度拥挤、惊吓等不良因素的刺激。在接种马立克氏病疫苗时,可在饲料中添加左旋咪唑、维生素 C、维生素 E 等药物,饮水中添加电解多维、免疫增效剂等,以减少免疫接种导致的应激反应和提高免疫应答。

(5)疫病监测与控制 养殖场应在行政和技术管理人员的领导和组织下,有计划、有目的地进行实验室监测、鸡群的临床观察、日常诊疗和疾病控制,这样可在酿成疫情前及时发现本场存在和新近感染的病原,并采取控制措施。

①检疫与疫病监测　各规模化养鸡场都应建立起各自的疫病检验与监测实验室,在鸡群中定期进行马立克氏病的血清学调查,监测鸡群中马立克氏病的感染及免疫状况,对免疫预防等各项防疫措施的实施效果进行检验和监测,以评估综合性防治措施的应用效果和发生疫病的风险,对于没有条件建立自己的疫病监测实验室的鸡场,可与有条件的科研、教育和动物防疫机构的实验室建立业务关系。

②日常诊疗与疫情扑灭　兽医人员应每日深入鸡舍巡查,对鸡群进行临床监测,对场内鸡群的健康状况要了如指掌。出现病例要果断采取处置措施,对怀疑或已确诊的疫病,要遵照有关法律、法规,立即上报疫情,并进行封锁,按有关部门的部署处理。

第四节　禽白血病

禽白血病(AL)是指由反转录病毒科、甲型反转录病毒属的禽反转录病毒引起的以禽类造血组织中某些细胞成分过度增生为主的各种可传染的肿瘤型疾病,其中以禽淋巴细胞性白血病和肉鸡的髓细胞性白血病较为常见。

【流行病学】　在自然条件下,主要是鸡被感染,尤其是肉鸡最易感。此外,鸭、鸽、日本鹌鹑、火鸡和鹦鹉也会感染并发生肿瘤。不同品种的鸡对病毒感染和肿瘤发生的抵抗力差异很大。主要发生于商品代蛋鸡场,肉鸡少见发生,发生血管瘤的鸡场多来自相同种鸡场,祖代、父母代未出现临床发病现象。流行病学调查表明,罗曼、尼克、海兰等品种都曾发生本病,海兰发生率比较高,同样饲养的海兰蛋鸡,不同种鸡场发病程度相差较大。母鸡易感性高于公鸡,发病常见于 14 周龄以后的成年鸡,14 周龄以前很少发生,16～18 周龄性成熟后发病率最高。病程持续到 200 天左右,个别的可持续到 300 天左右。本病一般呈慢性经过,死亡率为 10%～20%，鸡群产蛋没有高峰，仅达 70%～80%。

本病的传染源是病鸡和带毒鸡，垂直传播是主要的传播方式，也可以水平传播，污染的粪便、飞沫、脱落的皮屑等通过消化道感染。此外，还可以通过交配、注射被白血病病毒污染的各种疫苗传播。通过种蛋垂直传播的方式在流行病学上很重要，决定了感染的延续性。

【临床症状和病理变化】 病鸡感染不同亚群病毒所造成的临床症状有很大差异，甚至同一亚型的病毒感染，在不同的环境和不同的种群上表现的症状也不尽相同。临床上经典的白血病主要表现为淋巴细胞瘤，但近年来，对养鸡业特别是蛋鸡养殖业造成较大损失的 J 亚群白血病主要表现为骨髓细胞瘤，同时伴有一定比例的血管瘤。其他如成红细胞性白血病、骨硬化病等在临床上较为少见。

1. 淋巴细胞性白血病

（1）临床症状 自然感染者多在 14 周龄以后开始发病。在性成熟期发病率最高，病鸡没有明显的特征性症状，表现为精神沉郁，鸡冠苍白、皱缩，食欲减退，进行性消瘦，下痢、排绿色粪便，羽毛有时被尿酸盐和胆色素玷污。贫血，偶尔可见发绀，病鸡停止产蛋。常见腹部膨大，体外可触摸到肿大的肝脏，病鸡最后多衰竭死亡。

（2）病理变化 肉眼可见的肿瘤几乎波及肝、脾和法氏囊。肿瘤质地柔软、光滑、闪光，切面略呈淡灰色至乳白色，罕见有坏死区。瘤体可能是结节状的、粟粒状的和弥散性的，或是这些类型的结合。结节性的淋巴细胞性肿瘤其直径由 0.5 毫米至 5 厘米不等，而且可以单个或大量出现。一般呈球形，但当它们靠近器官的表面，可以呈扁平形。颗粒性的或粟粒性的肿瘤，在肝脏最为明显，由大量直径不超过 2 毫米的小结节组成，均匀地分布于整个实质中。肿瘤呈弥散性时，器官均匀增大，略带灰质，质地通常很脆弱。偶尔可见肝脏呈坚韧、纤维化甚至是沙砾样的。

2. 成红细胞性白血病

（1）临床症状　最初病鸡表现怠倦、全身性虚弱、鸡冠略为苍白或发绀。随着病情的发展，苍白或发绀可能加重，通常可见虚弱、消瘦和腹泻，一个或更多的羽毛囊可能发生大量出血。病程从数天至数月不等。患严重贫血的鸡，鸡冠可变成淡黄色直至几乎为白色。

（2）病理变化　全身性贫血，并常伴有各种不同器官诸如肌肉、皮下和内脏的点状出血。可能观察到肝和脾中形成血栓、梗死和破裂。还可能见到肺膜下水肿、心包积液、腹泻和肝脏腹面有纤维素凝块。最典型的肉眼变化是肝、脾，其次是肾脏的弥漫性增大，呈樱桃红色至暗褐色，质地柔软而脆弱，肝脏由于小叶的中央静脉周围发生变性而呈小的斑点状。骨髓增生，非常柔软或呈水样，暗血红色或樱桃红，且常有出血。患严重贫血时，内脏器官和免疫系统的器官尤其是脾脏，通常呈现萎缩。

3. 成（骨）髓细胞性白血病

（1）临床症状　比较接近于成红细胞性白血病的病症。首先表现鸡冠轻度苍白、嗜睡和全身虚弱。随着病情的发展，这些症状更加明显，并可见显著脱水、腹泻、废食和消瘦。还可见到由于血凝不良而引起的一个或多个羽毛囊的出血。病程差异悬殊，但通常比成红细胞性白血病病程长。

（2）病理变化　贫血，实质器官增大而脆，但慢性病例中肝脏可能是坚实的。在肝脏中可见到灰色弥漫性肿瘤结节，结节偶尔也出现在其他内脏器官中。骨髓通常质地坚实，呈红灰色至灰色。在晚期病例，肝、脾及肾脏有灰色浸润，浸润通常呈弥散性，但常使器官呈斑驳状甚至颗粒状外观。

4. 骨髓细胞瘤病

（1）临床症状　全身性症状与成骨髓细胞性白血病相似。此外,骨骼上的骨髓细胞生长可以导致头部和胸骨的异常隆凸。病程是高度多变的,而且通常是长期的。

(2)病理变化　肿瘤是独特的,肉眼检查即可识别。这些肿瘤很特别地发生于骨的表面,与骨膜有关而且靠近软骨,任何器官和组织都可能受到损害。肿瘤经常发生于肋骨与肋软骨的连接处,胸骨后部以及下颌骨和鼻腔的软骨上,头盖骨的扁骨也常受到损害。骨髓细胞瘤呈暗淡的黄色,柔软、脆弱或呈干酪状,弥散性或结节性。有时肿瘤表面有一层薄而易碎的骨膜,常见多个肿瘤,通常呈两侧对称。

5. 骨硬化病

(1)临床症状　最常受到侵害的是肢体的长骨。在骨干存在有均一的或不规则的增厚,且经过检查或触诊就能发现。在活动性病例,受侵害的区域异常温热。晚期病鸡的跖骨呈特征性的"长靴样"外观。受害鸡经常呈发育不良、苍白,行走拘谨或呈跛行。

(2)病理变化　肉眼可见的第一个变化发生于胫骨和(或)跗骨、跖骨的骨干。不久在其他长骨和骨盆骨、肩带骨和肋骨也有变化,但趾骨则没有。病变通常两侧对称,起初在灰白色半透明的正常骨上出现特异的浅黄色病灶。骨膜增厚,异常的骨呈海绵状,早期容易断裂。病变通常环绕骨体,进而发展到干骺端,使骨呈梭形,偶尔也有病变维持灶状或偏心的。病变的严重程度可从轻度的外生骨疣,到巨大的不对称性增大,以至于几乎完全堵塞骨髓腔。在长期病例中,骨膜不像早期那样厚;将其去除后,便暴露出非常坚硬且骨质石化了的多孔而不规则的表面。脾脏起初呈轻度增大,随后严重萎缩。法氏囊和胸腺也呈早期性萎缩。

6. 结缔组织肿瘤

(1)临床症状　在肿瘤非常大、影响器官功能、发生溃疡和转移之前,它们不影响宿主的健康。内脏器官的一些肿瘤和侵害肌肉、皮肤的多数肿瘤能够触摸出来。死亡可能是由于继发性细菌感染、病毒血症、出血或者受肿瘤侵害的器官功能障碍所致。良性肿瘤可能不引起死亡,而恶性肿瘤的病程异常迅速,数天内可导致死亡。

（2）病理变化　　分布在机体全身不同的结缔组织,为各种肿瘤提供了潜在的来源。纤维瘤、黏液瘤和肉瘤最可能发生于皮肤或肌肉,由软骨、骨或两者混合组成的肿瘤发生在该两种组织正常存在的部位。有时候,多潜能的间质细胞在一般情况下没有软骨和骨的部位生成软骨和骨。所有的结缔组织肿瘤中,组织细胞瘤可能是分布最广泛的。恶性肿瘤的继发性转移病灶最常发于肺、肝、脾和肠浆膜上。原发的多样性在良性和恶性肿瘤中都可出现,这是组织细胞肉瘤的特征。纤维瘤和纤维肉瘤起初发现是作为实体团块附着于皮肤、皮下组织和肌肉上的,偶尔也见于其他器官。随着肿瘤的生长,上面的皮肤常发生坏死,从而导致溃疡和继发性感染。当将其切开时,它的纤维性特性才表现出来。

【诊　断】　　禽白血病的临床诊断主要靠流行病学及病理组织学检查,但是禽类的淋巴肿瘤很难鉴定,尤其是马立克氏病病毒引起的肿瘤与淋巴细胞性白血病很难区分容易混淆,因此禽白血病的确诊还需要进行实验室诊断,如病毒分离鉴定、血清学检测、应用聚合酶链式反应技术等。

【预防和控制】　　目前,本病既缺乏有效的药物治疗方法,也没有疫苗可用于预防,因此防治禽白血病具有很大难度,这也是国内外养禽界、动物医学界和有关部门高度重视的问题。当前,仍需采用切实可行的综合性防治措施,如加强卫生管理和继续积极开展禽白血病疫苗的研究;选择或引进无禽白血病病毒感染且具有遗传抵抗力的种禽、种蛋;全面提高种禽的抵抗力;加强种禽场的净化等。

1. 原种鸡群净化　　目前,国内外均主要从切断本病的垂直传播途径入手净化种鸡场,建立无禽白血病的健康鸡群。

在国外,净化禽白血病主要有以下 2 条途径。

第一条途径是通过检测母鸡来挑选无禽白血病病毒感染的健康鸡群,其方法有 3 种:①选择有禽白血病病毒抗体但不排毒的母鸡,因有抗体的母鸡排毒的可能性要比无抗体的母鸡小。②选择既无抗体也不排毒的母鸡,即假设这些母鸡未被感染过,并且比带有抗体的母鸡间歇排毒的可能性小。③只选择无病毒血症的母鸡。被鉴定出的这些母鸡,需经 4 代检测鸡群,才有可能无病毒血症,但并不能排除无病毒血症感染的可能。有些商品种鸡公司仅采用这种方法净化鸡场,虽然降低了许多品系鸡禽白血病病毒的感染率,但效果仍不够理想。

第二条途径是从母鸡、种蛋、鸡胚和雏鸡这 4 个方面入手来净化本病。因禽白血病病毒或 gs 抗原在母鸡阴道棉拭子中、在种蛋蛋清中和雏鸡中的出现都有相关性,依据这一原则建立禽白血病的根除计划,具体程序包括:①开产前(20 周龄),检测公鸡和母鸡直肠棉拭子中的 gs 抗原,淘汰阳性鸡。②22 周龄时,检测公鸡直肠棉拭子和母鸡阴道棉拭子中的 gs 抗原,淘汰阳性鸡。③选择阴道棉拭子检测为阴性的母鸡所产的种蛋(一般 2 枚以上),进行蛋清 gs 抗原检测,淘汰阳性种蛋和母鸡。④将检测为阴性的雏鸡分成小群(25～50 只)隔离饲养在带铁丝网的笼内,避免人工泄殖腔雌雄鉴别。最后将以上检测结果都为阴性的母鸡和雏鸡隔离饲养,定为无禽白血病的健康鸡群。

在检测中,阴道棉拭子和直肠棉拭子中的 gs 抗原可用酶联免疫吸附试验、不产毒细胞活化试验(NP 试验)或表型混合试验(PM 试验)检测,蛋清中的 gs 抗原用酶联免疫吸附试验或直接补体结合试验(COFAL)检测,每一项检测尽可能地用几种方法同时进行,仅一种方法不大可能检出所有潜在的排毒母鸡。有报道称,禽白血病病毒先天传播可发生于无 gs 抗原的鸡中,因此应用聚合酶链式反应技术检测是很有价值的。最近,国外即将推出的商品化聚合酶链式反应技术诊断试剂，可以提高禽白血病的检出率。

在国内，有些种禽场采用国外的净化方法，但一般都采用羽-卵法。羽-卵法净化禽白血病的措施分两个阶段（开产前和开产后）进行。开产前，用羽琼法检测鸡羽髓中的 gs 抗原，具体方法是：每只受检鸡拔取几根含髓羽毛，将其含髓部分剪成数段后放于青霉素小瓶中，添加少量的生理盐水，用玻璃棒研碎，3 次冻融后，用琼脂扩散试验进行检测。北京市某种禽公司采用哈尔滨兽医研究所建立的羽琼法和国外的酶联免疫吸附试验方法相结合，对本公司种鸡场的蛋鸡进行净化。经过 2 个世代的净化后，蛋鸡禽白血病的死亡率由净化前的 15％～20％下降到净化后的 1.77％；gs 抗原的阳性率由净化前的 26％下降到净化后的 4.4％。

开产后，采用卵琼法检测。因开产前只进行 1～2 次羽琼法检疫不能达到净化本病的目的，且在开产后拔鸡毛易引起应激，所以需在开产后换一种检测样品。

2. 选择或引进无禽白血病病毒感染且具有遗传抵抗力种禽和种蛋　规范的大型种禽场，应该建立并形成具有自身优势的抗病、高产的种禽品系。为此，要有计划地选择、引进和培育优秀种禽，并为各下线种禽场或商品鸡场提供优质的种禽或种蛋。

（1）选择方法　有些品系天然存在很高的抗性等位基因频率，如肉鸡普遍对 A 亚群白血病病毒有遗传抵抗力，而其他的品系通过人工方法选择。

方法之一是通过将呼吸道合胞病毒（RSV）接种到绒毛尿囊膜上，根据胚膜上痘斑的数量来评价鸡胚对呼吸道合胞病毒易感还是抵抗，从而确定其父母代对呼吸道合胞病毒易感还是抵抗。将表现抵抗的种禽定义为具有遗传抵抗力的品系。但此种方法还存在问题，其选出的抗性鸡可能不能抵抗禽白血病病毒的突变亚群，从而产生肿瘤。

方法之二是通过转基因技术建立高的抗性等位基因频率的

品系,使控制禽白血病病毒感染成为可能。

（2）种禽的引进　无论是从国外还是国内的种禽场购买种禽或种蛋,一定要选择实施严格的孵蛋卫生管理和对禽白血病进行净化的孵化场,同时还要选择对禽白血病病毒具有遗传抵抗力的品系,尽可能地减少或避免禽白血病的发生。

3. 实施综合保健措施　因马立克氏病、网状内皮组织增生症、传染性法氏囊病、呼肠孤病毒病、传染性贫血和球虫病等因素可引起机体免疫抑制,降低对禽白血病病毒的抵抗力。所以,要按免疫程序切实做好这些疾病的免疫接种,提高其整体免疫能力。

制定合适的生长指标和营养水平,以保证一致的生长速度和免疫系统的充分发育。使用高品质的种鸡饲料,特别是要防止饲料霉变和真菌毒素中毒,损害机体免疫器官的功能。为确保鸡免疫系统的正常发育,应适当提高饲料中粗蛋白质的含量,在 $1\sim25$ 日龄,粗蛋白质含量应达 20％;在 $29\sim154$ 日龄,粗蛋白质含量应保持在 15％左右。

应激是造成免疫抑制和抵抗力下降的重要原因,应避免粗鲁地断喙和采血,7 日龄时断喙比刚出壳时应激小。给予充足的水和饲料,在应激期(断喙、转群和免疫接种)要通过饮水投服优质的氨基酸、维生素和电解质,以提高机体对应激的抵抗力。提倡公、母鸡分群饲养至交配或母鸡转群到成鸡舍为止,至少在 $4\sim6$ 周龄以前分群饲养,以减少应激和病毒的水平传播。此外,还应注意饲养密度和饲养空间,适当配备公鸡与母鸡的比例。

4. 制定严格的卫生制度

（1）消毒制度　每孵一批鸡后,对育雏、孵化器、出雏器和所有设备必须清洗消毒。免疫注射和化验采血可能是造成禽白血病病毒经血液传播的最危险途径,应加强对注射用器械的消毒,最好能每只鸡使用一支针头,避免交叉水平传播;还应经常或定期对鸡舍、鸡笼和所有用具进行严格消毒。

（2）生物安全制度　鸡场需保持完善的隔离、卫生制度及生物安全制度，采取全进全出的饲养程序。严格控制车辆及人员出入鸡场，出入的车辆和人员要进行消毒。彻底消灭鼠类、蚊蝇和野鸟，不准在鸡场饲养猫、狗、鸭、鹅等其他动物，确保鸡场清洁和安静。

第五节　网状内皮组织增生症

禽网状内皮组织增生症（RE）是由反转录病毒科的禽网内皮组织增生症病毒引起的鸡、鸭、火鸡和其他禽的一组综合征，包括致死性网状细胞瘤、矮小综合征以及淋巴组织和其他组织形成的慢性肿瘤。

【流行病学】　本病毒自然宿主有鸡、火鸡、鸭、鹅、日本鹌鹑等，其中火鸡最易感染。一般感染低日龄鸡，特别是新孵出的雏鸡和胚胎，感染后引起严重的免疫抑制或免疫耐受。而高日龄鸡免疫功能完善，感染后不出现或仅出现一过性病毒血症。

本病毒可通过水平和垂直传播引起不同程度的感染，诱发鸡群的免疫抑制。

水平传播可受到宿主种类和病毒毒株的影响，血清学阳性鸡群的泄殖腔拭子、粪便和其他体液中都可以检测到病毒。昆虫传播可能是禽网状内皮组织增生症病毒水平传播的另一途径，但还有待进一步研究。因接触被禽网状内皮组织增生症病毒污染的不同种类、日龄的家禽、器械及人，也会造成本病的传播。

禽网状内皮组织增生症病毒的垂直传播率通常很低，但病毒可在火鸡、鸡、鸭的胚胎和初生雏中分离到。公禽的精液中和母鸡的生殖道内也可以分离到病毒，并能够感染后代。被禽网状内皮组织增生症病毒污染的商业禽用疫苗可引起人工传播，成为禽网状内皮组织增生症发病的主要原因。

【临床症状和病理变化】 本病在临床上表现为急性网状细胞增生症、矮小综合征、鸭传染性贫血及淋巴组织和其他组织的慢性增生症。

急性网状细胞增生主要由缺陷型 REV-T 株引起，潜伏期最短 3 天，通常在接种后 6～21 天出现死亡，很少有特征性的临床表现，新孵雏鸡接种后死亡率可达 100%。病禽肝、脾肿大，时有局灶性灰白色肿瘤结节；胰、心脏、肌肉、小肠、肾及性腺也可见肿瘤；腔上囊常萎缩。

矮小综合征又称生长抑制综合征。病禽瘦小，羽毛发育异常。剖检可见胸腺、腔上囊发育不全或萎缩；肠、腺胃发炎，肝、脾肿大，呈局灶性坏死；外周神经水肿。

慢性瘤形成包括鸡腔上囊源性淋巴瘤、非腔上囊源性淋巴瘤和火鸡淋巴瘤及其他禽淋巴瘤。鸡法氏囊型淋巴瘤病变主要在肝脏和法氏囊。肝脏和其他内脏器官出现结节或弥漫性淋巴病变，包括法氏囊的结节性病变。淋巴瘤的出现频率受毒株和是否引起耐受性感染的影响。某些品系的鸡感染非缺陷型禽网状内皮组织增生症病毒株后，可发生慢性非法氏囊型淋巴病。淋巴瘤局部或弥漫性浸润，通常出现胸腺、肝脏和脾脏的肿大或心肌的局灶性病变，神经肿大。火鸡淋巴瘤以肝脏、肠道、脾脏和其他内脏出现广泛性淋巴浸润为特征，肝脏肿大，为正常的 3～4 倍；肠管变粗，有些出现环形病变。在其他禽淋巴瘤中，鸭表现为肝脏肿大，脾脏具有局灶性或弥漫性病变，肠道病变，骨骼肌、胰腺、肾脏、心脏和其他组织出现浸润。雉鸡和草鸡发病的特征是头部和口腔出现溃疡病变，内脏器官有结节状淋巴瘤。

【诊　断】 禽网状内皮组织增生症病毒引起的病变与马立克氏病和淋巴细胞性白血病十分相似。单纯依靠肉眼和病理组织学观察较难区分，需进行实验室诊断。用单克隆抗体建立的免疫细胞化学技术来检测细胞、肿瘤和病毒抗原，或用分子杂交技术,可对包括禽网状内皮组织增生症在内的禽病毒性淋巴瘤进行鉴别诊断。聚合酶链式反应技术可以从禽网状内皮组织增生症病毒感染鸡的淋巴瘤和脑中检测到 REV-LTR 序列,但不能从马立克氏病或淋巴白血病淋巴瘤的 DNA 中检测到,因此聚合酶链式反应技术也可用于禽网状内皮组织增生症、马立克氏病和外源性禽白血病的鉴别诊断。

【预防和控制】 目前,尚无用于商业性养禽业控制禽网状内皮组织增生症的方法,这主要是因为禽网状内皮组织增生症是散发和自限性疾病,并且一些必需的技术和知识并非有效。一旦发现疑似病例,应立即隔离、消毒,通过检测及时淘汰污染鸡,建立净化鸡群,使用无禽白血病病毒污染的疫苗也是预防本病发生的重要措施。

第六节 鸡传染性支气管炎

鸡传染性支气管炎(IB)是由鸡传染性支气管炎病毒引起的一种急性、高度接触性传染病。

【流行病学】 鸡为易感动物,传染源主要为病鸡,不同品系的鸡群对鸡传染性支气管炎病毒敏感性不同。鸡传染性支气管炎病毒主要侵害 1~4 周龄的幼鸡和雏鸡,并引起死亡。雏鸡感染后症状严重,死亡率取决于病毒株的毒力及鸡群抵抗力,一般为 20%~30%;有报道称腺胃型鸡传染性支气管炎雏鸡死亡率可达 95%。随着鸡龄的增长,鸡的抵抗力逐渐增强。不同的鸡传染性支气管炎病毒具有不同的组织嗜性,有嗜呼吸道和生殖道型,有嗜肾型,还有嗜肠型等。

鸡传染性支气管炎病毒主要的传播方式是通过空气传播,还可通过被污染的蛋、饲料、饮水、用具等经消化道传播,还可通过泄殖腔传播。本病传播迅速,传播距离远,往往整栋鸡舍同时发病,炎热、寒冷、拥挤、通风不良及维生素、矿物质、微量元素的缺乏等环境因素都可促使本病的发生。不同的血清型可以在一个局部的环境下共同存在与流通。

潜伏期因接种剂量和感染途径而异,一般为 18～36 小时。在鸡接触未经稀释的感染性鸡胚液形成的气溶胶后,24 小时就会出现气管啰音。自然感染的潜伏期在 1～7 天,有母源抗体的雏鸡潜伏期可达 6 天。

【临床症状】 临床分型包括呼吸型、生殖道型、肾型、腺胃型、肠型和变异的中间型等。

1. 呼吸型 为经典型鸡传染性支气管炎,以出现呼吸道症状、产蛋量下降为特征,称为呼吸型。

病鸡精神沉郁,扎堆于热源下,饲料消耗和增重显著下降。6 周龄以上的鸡及成年鸡的症状与雏鸡相似,但很少出现流鼻液。在夜间非常安静的情况下可听到呼吸症状。临床症状以 10～42 天的鸡较明显。蛋鸡临床症状主要表现为呼吸困难,出现畸形蛋、硬壳蛋和软壳蛋,鸡蛋打开后,蛋清稀薄如水。肉鸡临床症状主要表现流鼻液、咳嗽、气喘、打喷嚏、呼吸抑制、气管啰音、气管红肿发炎、肺水肿等,有时还可以见到鼻肿胀、眼睛湿润。

2. 肾型 感染肾型鸡传染性支气管炎病毒后,典型的呼吸道症状不明显或轻微,但随后出现精神沉郁、羽毛松乱、怕冷、挤堆、下痢及饮水量增加等症状。雏鸡死亡率为 10%～35%,6 周龄以上鸡死亡率在 0.5%～1%。产蛋鸡发生尿石症,死亡率增加,产蛋量和蛋品质下降。康复鸡对本病毒再次感染具有免疫力,1 年内还可测出血清抗体,抗体峰值在感染后 3 周左右。

3. 腺胃型 腺胃型鸡传染性支气管炎多发生于 20～90 日龄已免疫鸡群。患病初期表现咳嗽甩鼻,少数病鸡有呼吸啰音;部分鸡眼睑肿胀,眼角流出泡沫状液体。2 周后呼吸症状减轻,但病鸡逐渐消瘦、生长阻滞。鸡冠苍白,羽毛松乱,闭目嗜睡,食欲废绝，排白色水样便，脱水衰竭，死亡。产蛋鸡除表现传染性支气管炎的典型症状外，还表现产蛋量下降，蛋内部品质低劣。蛋清变稀如水，在浓和稀清蛋白之间不会出现正常鸡那样明确的界限。产薄壳蛋、粗壳蛋等。种蛋的孵化水平下降，但死亡率一般很低。本病发病率可达100％，死亡率在3％～95％不等。

4. 生殖道型　主要以侵害后备母鸡的输卵管为特征，临床上发病不明显，死亡率也很低。1日龄鸡感染鸡传染性支气管炎病毒可产生永久性损伤，到产蛋时出现"假母鸡"或产蛋数量和质量下降，但较大日龄鸡感染后，输卵管病变较轻。

5. 肠型　本型传染性支气管炎以G型毒株为代表株，该毒株除引起肾脏、气管、生殖道病变外，对肠道有较强的亲和力，易造成肠道的损伤。临床症状表现为脱水，气管含有血液，黏膜水肿、表皮肿胀。有的表现为气管和支气管中出现干酪样阻塞物，输卵管发育不全，肾脏尿酸盐沉积，肠道组织尤其是直肠组织可见以巨噬细胞、淋巴细胞为特征的炎症变化，偶见嗜异染性细胞的局灶浸润炎症变化。在肠道组织中，也可观察到黏膜下层的充血和绒毛顶端上皮细胞脱落。

【病理变化】

1. 呼吸型　剖检变化主要集中在气管和支气管，鼻道和气管黏液增多，并有干酪样分泌物，多见呼吸道内有浆液性、卡他性或干酪样渗出物，在病程较长或死亡的雏鸡支气管内可见灰白色卡他性或干酪样栓子；产蛋鸡群常见卵黄性腹膜炎。病死鸡的气管中下部和支气管有时可见干酪样栓子，肺部可见小面积局灶性病变。

2. 肾型　剖检病变主要是肾脏苍白、肿大，肾小管和输尿管因尿酸盐沉积而扩张，呈半波状的"花斑肾"状。一般脱水严重，嗉囊内常见积液。肾脏肿胀、苍白，由于肾小管和输尿管膨大，内充满大量白色尿酸盐沉积而呈斑驳状，有时可见到尿酸盐沉积形成的大块结石。

3. 腺胃型 由侵害腺胃型毒株引起的病变,剖检表现腺胃肿大、腺胃壁增厚,外观光泽呈圆球形,肉眼观察如乒乓球样。腺胃黏膜出血、溃疡,腺胃乳头糜烂或消失,可挤出白色脓性分泌物。肌胃瘪缩,肌肉松软。肠道内充满稀薄液体,小肠(尤其是十二指肠)黏膜肿胀、充血、出血,胸腺及法氏囊严重萎缩,肌肉苍白。本型的发病率为100%,死亡率高达83%～89%。

4. 生殖道型 产蛋母鸡感染后,腹腔内呈现卵黄性腹膜炎症状,并有卵黄样物质,卵巢正常或充血、出血、变形,输卵管萎缩、发生炎症,导致输卵管堵塞,炎症渗出物在输卵管中形成包囊,造成产蛋障碍,俗称"假母鸡"。外观性成熟正常,但一直未开产的母鸡输卵管闭塞,或输卵管内积液,严重的母鸡腹部积液,外观似企鹅状蹲伏,淘汰比例在40%左右。

5. 肠型 肠型传染性支气管炎除引起气管、肾脏和生殖道的病变外,还能损害肠道。主要是引起直肠病变,以淋巴细胞、巨噬细胞和偶尔嗜异染性细胞的局灶性浸润等炎性变化为特征。

【诊　断】 鸡群发生传染性支气管炎后,可通过流行病学调查、免疫情况、临床症状以及剖检病变综合分析加以确定,但免疫鸡群的症状不典型,很难同其他疾病区别。因此,最终确诊需要通过病毒分离、血清学检查等实验室诊断技术。

【预防和控制】 禽传染性支气管炎无特异性疗法,只能通过采取全面的综合防治措施,减少禽群感染的概率,降低传染性支气管炎的发病率和死亡率。全进全出的彻底消毒制度、良好的营养水平和饲养环境(温度、湿度、密度、卫生状况等)是控制传染性支气管炎的必备条件。但在高密度养禽地区,将不同日龄的鸡饲养于同一鸡舍、同一鸡场或相邻鸡场的饲养模式使得疾病防治难度加大,因而必须采用免疫接种的方法预防传染性支气管炎造成的损失。

对已发生鸡传染性支气管炎的鸡场,主要采用疫苗接种的方法预防,所用的疫苗主要为 H52、H120 等弱毒苗,以滴鼻、点眼或饮水途径,雏鸡于 2 周龄接种 H120 疫苗,5 周龄做 1 次加强免疫。种鸡在 2～4 月龄以 H52 疫苗再接种 1 次。开产前接种灭活的油乳剂苗,可使注苗母鸡的子代雏鸡在 3 周内获得母源抗体的保护。建立科学的免疫程序,使用当地分离毒株研制的疫苗,或选用与流行毒株相同血清型的疫苗毒株,才可以使鸡群获得有效保护。对于肾型鸡传染性支气管炎疫区采取以四价苗免疫预防为主,结合中药及消毒管理的综合防治措施,能够有效地防止鸡传染性支气管炎的发生,提高疫区鸡的成活率和蛋鸡的生长性能。由于鸡传染性支气管炎病毒灭活苗免疫后抗体产生维持时间短,对危险鸡群要每隔 4～6 周进行加强免疫 1 次。

【中草药防治】　防治鸡传染性支气管炎的常用药物主要包括清热解毒药(金银花、连翘、蒲公英、板蓝根、大青叶、紫苏叶、野菊花、射干、黄芩、穿心莲、石膏等)、解表药(麻黄、细辛、薄荷、牛蒡子)、止咳化痰平喘药(川贝母、桔梗、半夏、杏仁、罂粟壳、紫菀、款冬花、百部)和补虚药(党参、玄参、黄芪、甘草)等,组方几乎都是以清热解毒、宣肺止咳、祛痰散结为主,同时增强鸡体的体质。现代医学认为清热解毒的中草药能使炎症部位毛细血管的通透性得以改善,抑制炎症渗出和限制炎症发展,又具有解毒、镇痛和修复受损组织的作用,同时能促进脑垂体、肾上腺皮质功能活动的加强,增强机体抗应激能力。

第七节　传染性喉气管炎

传染性喉气管炎(ILT)是由传染性喉气管炎病毒引起鸡的一种急性高度接触性呼吸道传染病。

【流行病学】　鸡是本病的主要自然宿主,病毒可感染所有年龄的鸡,一般多发生于成年鸡,呈散发。寒冷的秋、冬季节和早春季节多发,主要呈地方流行性。自然入侵途径是上呼吸道和眼,经口咽下途径能感染鼻上皮细胞。传播方式是健康鸡与病鸡直接接触,被传染性喉气管炎病毒污染的垫料、饲料和设备可成为传播媒介。在发病耐过的鸡群中,少数鸡成为带毒鸡(可带毒2年),因此感染过本病的鸡场很难彻底扑灭本病。鸡群拥挤、通风不良、饲养管理不好、缺乏维生素及寄生虫感染等,均可促进本病的发生和传播。本病在易感鸡中迅速传播,鸡群的感染率可达90%～100%,死亡率为5%～70%不等,平均为10%～20%。

【临床症状】 本病潜伏期为6～12天,按症状表现可分为喉气管炎型(急性型)和眼结膜型(温和型)。

1. 喉气管炎型(急性型) 主要是成年鸡发生。发病初期突然有数只鸡死亡,短期内全群感染。病鸡精神沉郁,羽毛松乱,鸡冠发绀,食欲减少或废绝,有时排绿色粪便。病鸡初期流出浆液性或黏液性泡沫状鼻液,眼流泪。随后表现为特征性的呼吸道症状,呼吸时发出湿性音,咳嗽。病鸡蹲伏,每次吸气时头和颈部向前、向上伸。严重病例表现高度呼吸困难、痉挛,咳嗽且咳出带血黏液,污染喙角及羽毛。鸡喉头周围有泡沫状液体,喉头出血且喉头被血液或纤维蛋白凝块堵塞,若堵塞物不能咳出则可能窒息死亡。病程一般为10～14天,康复后的鸡可能成为带毒者,产蛋鸡的产蛋量下降12%～62%,经2～3周恢复。

2. 眼结膜型(温和型) 主要发生于30～40日龄的鸡。病初眼角积聚泡沫性分泌物,流泪,眼结膜发炎,病鸡不断用爪抓眼,眼睛轻度充血,眼睑肿胀和粘连,严重者失明。病后期角膜混浊、溃疡,鼻腔有分泌物。病鸡生长迟缓,偶见呼吸困难,死亡率为5%。

【病理变化】 死亡鸡喙的周围常附有带血黏液。病理变化主要集中在喉头和气管,喉头和气管黏膜肿胀、充血、出血,甚至坏死,气管腔内常充满血凝块、黏液、淡黄色干酪样渗出物。有些病例,渗出液出现于气管下部,并使炎症扩散到支气管、肺和气囊。

温和型病例一般只出现眼结膜和眶下窦上皮水肿和充血,有时角膜混浊,眶下窦肿胀、有干酪样物质。本病特征性的组织学变化主要是在气管黏膜上皮细胞中形成核内包涵体。

【诊　断】　根据流行特点、典型症状和病理变化可做出诊断。在病鸡表现不典型时需进行实验室检查。

实验室常采取的检查方法有鸡胚接种、包涵体检查和中和试验,此外也常采用荧光抗体技术、免疫琼脂扩散试验进行诊断。

【防　治】

1. 综合预防　严格坚持隔离消毒制度、加强饲养管理、提高鸡群抵抗力是防止本病发生和流行的有效方法。病愈鸡不可和易感鸡混群饲养,耐过的康复鸡在一定时间内带毒、排毒,所以要严格控制易感鸡与康复鸡接触,最好将病愈鸡淘汰。来历不明的鸡要隔离观察,可放数只易感鸡与其同养,观察2周,不发病,证明不带毒,这时方可混群饲养。

2. 预防接种　一般情况下,在从未发生过本病的鸡场不主张接种疫苗。在本病的疫区和受威胁地区,应考虑进行免疫接种。注意避免将接种疫苗的鸡与易感鸡混群饲养。

目前,使用的疫苗有弱毒苗、强毒苗和灭活苗等。弱毒苗毒力较强,免疫后可出现轻重不同的反应,应用时要严格按说明书选择接种途径和接种量。强毒苗一般只用于发病鸡场,可用牙刷蘸取少量疫苗涂擦在泄殖腔黏膜上,注意绝不能将疫苗接种到眼、鼻、口等部位,否则会引起疾病的暴发。涂擦后3～4天,泄殖腔出现潮红、水肿或出血性炎症反应,表示接种有效,1周后产生坚强的免疫力。灭活苗免疫效果一般不理想。

用传染性喉气管炎病毒弱毒苗给鸡群进行免疫接种,首免在30～60日龄,二免在首免后6周进行,种鸡或蛋鸡可在开产前20～30天再接种1次。免疫接种方法可采用滴鼻、点眼免疫。疫苗的免疫期可达半年至1年,肉鸡首免可在5～8日龄进行,4周龄时再接种 1 次。

3. 治疗措施　发病后对病鸡进行隔离，防止未感染鸡接触感染。鸡舍内外环境用过氧乙酸或菌毒净消毒，每天 1～2 次，连用 10 天。对未发病鸡用传染性喉气管炎弱毒苗点眼接种。

发病鸡群可采用中草药治疗，投服清热解毒、镇咳、祛痰、消炎的中草药。板蓝根 1 000 克，金银花 1 000 克，射干 600 克，连翘 600 克，山豆根 800 克，紫花地丁 800 克，杏仁 800 克，蒲公英 800 克，白芷 800 克，菊花 600 克，桔梗 600 克，川贝母 600 克，麻黄 350 克，甘草 600 克，将上述中药加工成细粉，每只鸡每天用 2 克，均匀拌入饲料，分早、晚喂服，连用 3 天。

在饲料中加入土霉素、环丙沙星等抗菌药物预防继发感染，并给鸡群投喂黄芪多糖、电解多维等。

喉头处有假膜的病鸡可用小镊子将假膜剥离取出，然后向病灶吹少许喉正散或六神丸粉末，每天每只 2～3 粒，每天 1 次，连用 3 天即可。

第八节　鸡传染性法氏囊病

传染性法氏囊病（IBD）是由传染性法氏囊病病毒引起鸡和火鸡的一种免疫抑制性、急性、高度接触性传染病。

【流行病学】　自然感染仅发生于鸡，各种各样的鸡都能感染。麻雀、鸭、鹅均可感染传染性法氏囊病病毒，但通常不表现临床症状，成为病毒携带者或贮存宿主。

传染性法氏囊病病毒主要感染 2～15 周龄的幼龄鸡，3～6 周龄的鸡最易感。近年来，发病日龄范围有增大的趋势，最早有 3 日龄发病的报道，最长可延长到 180 日龄的产蛋鸡。全年都可发病，没有明显的季节性。本病为高度接触性传染病，消化道、呼吸道和眼结膜为主要传播途径，病鸡和带毒鸡都是本病主要的传染源。可通过直接接触传播，也可以经被污染的饲料、饮水、空气及用具等间接传播。根据鸡群的密度以及免疫状态，传染性法氏囊病发病方式可分为散发性和地方流行性，对于一些免疫能力较弱的鸡群，一旦出现超强毒株，可呈现出暴发式流行。

本病潜伏期很短，在感染后 2～3 天内便出现临床症状。发病率可达 100％，死亡率为 1％～30％，死亡率因感染鸡日龄、抵抗力、病毒毒力而异。病鸡在出现症状后的 1～2 天死亡，3～6 天为死亡的高峰期，6 天后死亡率逐渐下降，9 天后死亡迅速平息或停止。

【临床症状】　发病突然，感染鸡减食，精神委顿，极度委靡，高度沉郁，呆立，羽毛蓬松无光泽，翅膀下垂，嘴常插于羽毛内，怕冷，在近热源处扎堆，或嗜睡，呆立一隅，不愿走动，卧地，步态不稳，震颤，呈现衰弱状态。病初可见有病鸡啄肛现象。病鸡初排黄色稀便，后出现白色或水样下痢，泄殖腔周围羽毛被粪便污染。

【病理变化】　剖检可见脱水，法氏囊水肿和充血，比正常肿大约 2 倍。法氏囊是主要受侵害器官，变化明显，法氏囊浆膜明显发炎，有浆液性渗出物，法氏囊黏膜表面有出血性淤斑或淤点，甚至呈"紫葡萄样"。少数鸡肾脏肿大，呈白色，有尿酸盐沉着。脾脏肿大、出血。胸部肌肉、腿部肌肉及肌胃、腺胃交界处出血。

【诊　断】　传统的诊断方法包括病毒分离、临床症状检查和病理学诊断等。目前，分子生物学诊断技术中对 VP2 基因特别是 VP2 基因高变区进行反转录-聚合酶链式反应技术检测传染性法氏囊病病毒已经在临床诊断中应用，应用原位反转录-聚合酶链式反应技术还可以对传染性法氏囊病病毒做出早期诊断。

【预　防】

1. 加强流行病学监控　畜牧兽医部门应该对当地流行毒株、流行情况进行监测，加强各种检疫，为养殖场（户）提供一些必要的信息，使防疫具有针对性。

2. 规范疫苗使用 传染性法氏囊病疫苗有活疫苗和灭活苗两大类。常用的活疫苗分为强毒株活苗、中等毒力株活苗及弱毒力株活苗。强毒株活苗如初代的2512毒株和J-1毒株，对法氏囊损害较大，一般不用或慎用。中等毒力株活苗主要有 S-706、LKT、TAD-Y、BJ836、D-78、S-706、VnTvox-BD 和 Bursine-2 等毒株，可用于有一定母源抗体的雏鸡，接种后有轻微反应，以喷雾、饮水方式免疫雏鸡，有良好的免疫原性。弱毒力株活苗主要有 Lukert、LID228、IZ、Burrcsll、Bursine、CH-IM、PWG-98 和 BVM 等毒株，对雏鸡经喷雾、饮水、肌内、鼻内及眼内接种，对法氏囊不呈现组织损害，但易受母源抗体的干扰，可用于母源抗体水平较低或母源抗体消失的雏鸡免疫。灭活苗目前主要是用于种鸡在产蛋前进行免疫，以提高下一代母源抗体水平和使下一代母源抗体有较好的整齐度。

防疫人员应首先对每种疫苗的适应性、特性和使用说明进行详细了解，然后再确定疫苗免疫程序。自繁自养的鸡场，从种鸡到雏鸡，免疫程序应当一体化；雏鸡群的免疫也可以采用弱毒苗首免，灭活苗加强免疫，或弱毒苗与灭活苗同时免疫的程序。

制定防疫程序时，应根据各地本病的流行病学、疫情状况、饲养管理条件、疫苗毒株的特点、鸡群母源抗体状况来决定，没有一种能适合于任何鸡群的免疫程序。最好的办法是在免疫前进行抗体监测，根据抗体水平高低制定免疫程序，但是并不是所有的鸡场都具备抗体监测的条件。目前生产中已研究出不同的免疫程序，如广州地区1～3日龄用弱毒苗首免，10～14日龄二免；美国海兰公司推荐的免疫程序是18～20龄用中等毒力活苗首免，28～30日龄二免；日本的办法是当雏鸡母源抗体不整齐时，1日龄用0.5羽份弱毒力苗与马立克氏病疫苗一同皮下注射，3周龄和4周龄分别再用1羽份中等毒力苗饮水免疫。

建议免疫程序，仅供参考：①种鸡群已进行过免疫时，雏鸡体内有母源抗体,可用弱毒苗于3周龄时做1次饮水免疫,因母源抗体于3周龄即下降消失。②雏鸡没有母源抗体或抗体不整齐时,可于1日龄用无毒的弱毒苗1羽份或中等毒力苗0.5羽份进行饮水免疫,2～3周龄后再用一次毒力较强的弱毒苗免疫。③肉仔鸡若来自免疫的种鸡群,一般不需要进行免疫。若处在严重的污染地区,则在3周龄时用弱毒苗饮水;若仔鸡无母源抗体时,则需在1日龄免疫,2～3周龄时再免疫1次。

3. 防疫卫生措施　保持禽舍卫生、通风,饲养用具清洗、消毒,执行严格的卫生消毒制度。

【治　疗】　本病无特效治疗药物,临床上主要采用综合方法治疗。治疗原则是:抗病毒,防止继发感染,消除肾肿,调整水和酸碱平衡,增强机体抵抗力。

抗病毒可选用阳性血清、干扰素、卵黄抗体等药物,还可选择清热解毒的中草药制剂。可采用法氏囊抗血清或高免卵黄抗体,每只鸡抗血清注射0.5～1毫升,高免卵黄抗体注射1～2毫升,使用2～3次才可见效。可选用抗生素防止继发感染。

消除肾肿是重要的治疗措施。可选用肾肿解毒药促进尿酸盐的排除,减轻肾脏肿胀,以利于肾脏功能的恢复。调整水和酸碱平衡可用5‰口服补液盐溶液饮水,具有防脱水和纠正酸中毒的作用。适当运用多种维生素,可调节代谢,增强机体抵抗力。

第九节　病毒性关节炎

鸡病毒性关节炎(AVA)是由禽呼肠孤病毒引起的主要发生于幼龄肉鸡的一种传染病。

【流行病学】　本病主要感染鸡、火鸡、鸭、鹅及其他野鸟等多种禽类,以1日龄雏鸡最易感,自然病例主要发生于4～6周龄,鸡龄越大易感性越低,16周龄以后显著降低。传播途径有垂直传播与水平传播两种方式,病毒可随种蛋垂直传播,通常较低(约1.7%),导致孵化率低,死胚增多,初生雏带毒,引起循环传播。水平传播是主要的传播途径,经口、消化道、足垫伤口、粪便作为主要传播媒介,使病毒在鸡群、鸡舍之间横向传播,鸡群连续不断地被感染而不易清除。

【临床症状】 由于宿主类型、年龄、机体状态的不同,病毒毒力上的差异,加上环境因素,以及免疫抑制所致的继发/合并感染,往往使呼肠孤病毒感染的临床症状和流行方式表现多样化和复杂化。

1. 吸收障碍型 病鸡以体弱,精神不振,羽毛生长不良和腿弱及跛行为特征。1~3周龄雏鸡症状包括色素沉着不良、羽毛异常、生长不均、骨质疏松、腹泻、粪便中有未消化的饲料、死亡率增加等。发病率为5%~20%,病死率一般为12%~15%。

2. 关节炎/腱鞘炎型 多发于4~7周龄肉鸡。表现跗关节上方胫骨和腱束双侧肿大,腱移动受限,有不同程度的跛行,继而出现腓肠肌腱断裂。1~7日龄雏鸡可见肝炎、心肌炎。病鸡可能在1~3周内由急性期恢复,但也可能变为慢性。病程稍长时,患肢多向外扭转,步态蹒跚。这种症状多见于大雏或成年鸡。同时,病鸡发育不良,且长期不能恢复。发病率高达100%,但死亡率不到6%。

3. 吸收障碍和/或关节炎(腱鞘炎)型 本病型主要见于番鸭,雏番鸭最易感,一般10天至6周龄的番鸭发病较多。发病率较高(30%),死亡率为10%~50%。病鸭体况下降、腹泻,耐过鸭生长迟缓。夏季多发,应激或混合感染时发病率高达90%以上。病鸭精神委顿、软脚、排绿色带黏液稀便,部分病鸭趾关节或跗关节有不同程度的肿胀。

【病理变化】 鸡病毒性关节炎自然感染的肉鸡,其病变是趾层肌腱和跖伸肌腱肿胀,爪垫和跗关节一般不出现肿胀。感染早期跗关节和跖关节腱鞘有明显水肿。跗关节内经常有点状出血。肝、脾出现小白点，俗称花肝病或肝白点病。腱部炎症可发展为以腱鞘硬化、粘连和关节软骨增生等为特征的慢性型病变。

【诊　断】　对于鸡病毒性关节炎的诊断方法有很多。通过观察临床上出现的跛行、胫关节、趾关节、跗关节及连接的肌腱发生肿胀等主要症状及剖检时出现跗关节关节囊内有少量较透明、呈草黄色或带血色的渗出液，以及心肌、肝的病理变化等可做出初步诊断，实验室诊断包括病毒的分离、鉴定及应用血清学方法进行诊断。目前，国内外最常用的实验室诊断方法有琼脂扩散试验、中和试验、免疫荧光试验、酶联免疫吸附试验。

【预防和控制】　由于本病毒以水平和垂直方式传播，病毒广泛分布并具有较高的抵抗力，因此防治本病有一定难度。为此，加强综合防治和饲养管理显得十分重要。

1. 综合防治措施　避免各种应激因素，提供全价饲料。加强鸡舍消毒和卫生管理，对鸡舍彻底清洗并采用 2% 氢氧化钠溶液和 0.5% 有机碘溶液彻底消毒，这样可杜绝病毒的水平传播。应防止引进带毒鸡胚或污染病毒的疫苗，使用抗菌药物控制细菌合并或继发感染。如果没有有效疫苗进行防疫时，发病初期注射自制高免卵黄抗体有一定的效果。

2. 免疫接种　合理选用疫苗和制定免疫程序是影响预防效果的关键因素。目前预防鸡病毒性关节炎可用的疫苗有弱毒苗和灭活苗 2 种。由于各流行毒株存在血清型的差异，不同血清型之间不能提供交叉保护作用，故应选用同型疫苗。每个地区鸡场及养殖户的饲养水平、疾病流行情况不尽相同，可根据当地病情及养殖实际情况，来制定合理的免疫程序。

（1）肉用仔鸡　5～7 日龄用鸡病毒性关节炎 S1133 株或 ZJS 株活疫苗 1 羽份注射。

（2）父母代肉种鸡　5～7 日龄用鸡病毒性关节炎 S1133 株或

ZJS 株活疫苗 1 羽份注射;8～10 周龄注射新城疫-病毒性关节炎二联油苗,0.5 毫升/只,同时用鸡病毒性关节炎 S1133 株或 ZJS 株活疫苗 1.5 羽份注射;16～18 周龄注射新城疫-传染性支气管炎-法氏囊病-病毒性关节炎四联油苗,0.5 毫升/只。

(3)商品蛋鸡及蛋种鸡　3～5 日龄用鸡病毒性关节炎 S1133 株或 ZJS 株活疫苗 1 羽份注射;30～40 日龄用鸡病毒性关节炎 S1133 株或 ZJS 株活疫苗 1.5 羽份注射;70～90 日龄用鸡病毒性关节炎 S1133 株或 ZJS 株活疫苗 1.5 羽份注射。

蛋种鸡在 125～135 日龄注射新城疫-传染性支气管炎-法氏囊氏-病毒性关节炎四联油苗,0.5 毫升/只。

第十节　禽脑脊髓炎

禽脑脊髓炎(AE)又称流行性震颤,是由禽脑脊髓炎病毒(AEV)引起的一种主要危害 4 周龄以下雏鸡,以侵害雏鸡中枢神经系统引起雏鸡非化脓性脑炎为主要病理特征的病毒性传染病。

【流行病学】　禽脑脊髓炎病毒的易感动物有火鸡、山鸡、雉鸡、鹌鹑等。各种年龄的鸡都可被感染,但出现明显症状的多为 3 周龄以下的雏鸡。1 月龄以上的鸡发病时,症状不明显。

1. 传播方式　垂直传播是禽脑脊髓炎对养殖业危害最为严重的传播方式,感染禽脑脊髓炎的母鸡产出的蛋一般是带毒的,病毒可在种蛋中存活大约 3 周。用这些种蛋进行孵化,孵化率往往很低,孵出的雏鸡一般也会在 2 周内表现出临床症状,并通过粪便大量排毒,使禽脑脊髓炎病毒在鸡群中扩散。

而鸡舍由于管理不善,鸡舍环境差,3 周龄左右的雏鸡会在饮水或采食过程中感染本病。嗜肠道型的野毒株通过粪便排到外界环境中,引起垫料、孵化器等的污染,这成为水平传播的重要污染源。

2. 发病率和死亡率　本病一年四季均可发生，无明显的季节性，在春季和冬季鸡群被感染的可能性略高。雏鸡感染本病后引起 50％ 左右的鸡发病，死亡率最高可达 50％，产蛋鸡感染后死亡病例几乎没有。

3. 潜伏期　通过水平传播方式感染的雏鸡，其潜伏期一般为 2～4 周；通过垂直传播方式感染的雏鸡，潜伏期一般不超过 1 周。

【临床症状】　病雏初期目光呆滞，继而表现为渐进性共济失调，当强迫病鸡运动时这种症状尤为明显。病重鸡开始出现头和颈部无规律的快速震颤，当用手轻轻拨动病雏头部时，震颤更为明显。随着病情的加重，雏鸡无法正常行走，严重者躺卧在地，最终因无法饮水、采食而死亡。产蛋鸡感染后不表现出神经症状，仅是轻微的产蛋下降，半个月后基本恢复到下降前的水平。

【病理变化】　剖检病变一般不明显，偶尔能看到脑组织有不同程度的充血，有时可在重症病鸡胃壁肌层看到灰白色病灶。病变主要发生在中枢神经系统和内脏器官，而周围神经系统无任何病变。非化脓性、弥散性脑脊髓炎是中枢神经系统的特征性病变，通常可见淋巴细胞浸润小血管，浸润的淋巴细胞可在小脑的神经核内积累形成明显的血管套；胶质细胞包围或吞噬坏死变形的神经细胞，这一病理变化是禽脑脊髓炎病变所特有的，胶质细胞的这种病变仅限于小脑分子层。肝、肾、肌胃和胰腺等器官中通常可观察到淋巴细胞增多的变化。

【诊　断】　对于自然发病的病例，根据其发病规律及特点，结合临床症状和病理组织学的特征性变化即可做出初步诊断，确诊应进行病原分离和血清学诊断等实验室诊断。

【预防和控制】

1. 免疫　通过建立合理的免疫程序，可以有效地控制本病。目前，有市售禽脑脊髓炎弱毒苗和油乳剂灭活苗。值得注意的是，禽脑脊髓炎弱毒苗不能用于 8 周龄以下的雏鸡和处于产蛋期的种鸡群，必要时只能用于 10 周龄以上至开产前 4 周的后备种鸡，即于 70～120 日龄之间接种。活毒苗一般选择翅下刺种的方式免疫鸡群，这种方式可有效防止禽脑脊髓炎病毒的垂直传播。油乳剂灭活苗适用于无脑脊髓炎病史的鸡群，可于种鸡开产前 18～20 周接种。灭活苗一般采用皮下或肌内注射的方式接种，接种后 2～3 周可产生特异性抗体，免疫保护期一般超过 9 个月。种鸡接种疫苗能有效防止病毒经蛋传播，雏鸡在高母源抗体的保护下，才能抵御禽脑脊髓炎病毒的攻击，安全度过 2～3 周龄这段高危、易感期。养殖场一般选择在种鸡产蛋前 1～2 个月接种禽脑脊髓炎病疫苗，子代雏鸡可获得高效价的母源抗体，以有效保护子代雏鸡在出壳后 6 周内免受禽脑脊髓炎病毒的侵染。产蛋鸡也可通过这种方式避免本病引起的间歇性产蛋下降。

2. 防控　引进种鸡或种蛋时需特别谨慎，引进前认真调查该地区是否为禽脑脊髓炎疫区，因为病毒在粪便中可长时间存活，故引进的雏鸡需隔离饲养一段时间进行观察。严禁从疫区或疫场引入病鸡、带毒鸡或种蛋，尤其注意不要从有明显减蛋病史的种鸡群引进种苗。对非疫区，应加强检疫，杜绝引种时带入病原。

因为禽脑脊髓炎病毒可通过水平传播的方式在鸡群中传播，因此要加强鸡舍的卫生管理，对鸡舍要进行严格的消毒，加强对鸡群抗体的监测。

研究表明，禽脑脊髓炎病毒可在鸡胚之间传递，因此对孵化器等相关器械进行严格消毒显得尤为重要。

日龄不同的鸡必须进行隔离饲养，并严格执行全进全出的饲养制度，饲养的品种尽量单一化，并禁止用弱毒苗免疫接种，以防散毒。

一旦暴发禽脑脊髓炎，如果疫情非常严重，应该考虑全群淘汰，彻底消毒，重新进鸡。

【治　疗】　目前本病尚无特效治疗药物，对商业价值较高的鸡群,可采用下列方法进行治疗:感染本病的鸡群立即用百毒杀(1:400~1:500倍稀释)带鸡喷雾消毒,并用黄芪多糖饮水,提高雏鸡机体免疫力;用抗禽脑脊髓炎高免血清肌内注射紧急接种,每只雏鸡0.2~0.5毫升,每天1次,连用3天;用抗禽脑脊髓炎卵黄抗体肌内注射,每只1毫升,连用3天。

第十一节　产蛋下降综合征

鸡产蛋下降综合征(EDS-76)是由腺病毒Ⅲ型引起的商品产蛋鸡和种鸡产蛋率下降的传染性疾病。

【流行病学】 本病除鸡易感外,自然宿主为鸭、鹅和野鸡,不同品种的鸡对产蛋下降综合征病毒的易感性有差异,产褐壳蛋的母鸡最易感,肉鸡较蛋鸡易感。任何年龄的鸡均可感染,主要侵害26~32周龄的鸡,35周龄以上的鸡较少发病,幼龄鸡感染后不呈现症状,血清中也查不出抗体,在性成熟开始产蛋后,血清才转为阳性。本病的传播途径主要有:①病鸡通过种蛋直接传给后代,病毒在鸡体内潜伏,直到开产后鸡群产蛋率达80%至产蛋高峰期,才开始向外排出大量病毒;②鸡体间的横向传播,病毒通过病鸡污染的饲料、饮水及用具等传给健康鸡。

【临床症状】 感染鸡的临床表现为鸡群突然产蛋下降,产蛋率比正常鸡下降20%~40%,甚至高达50%以上。病初蛋壳色泽变淡,产沙粒样畸形蛋,蛋壳变薄易破损,软壳蛋、畸形蛋、个头变小的蛋增多,占15%以上。蛋黄颜色变淡,蛋清呈水样或混有血丝或异物。随后病鸡精神沉郁,采食量下降,羽毛杂乱蓬松,排绿色稀便,后期出现呼吸困难,鸡冠发绀,有零星死亡,病程一般持续4~10周。

【病理变化】 可发现卵巢变小或出血、萎缩,子宫和输卵管发生出血和卡他性炎症,输卵管腺体水肿,肝脏和脾脏肿胀,生殖器官可见输卵管萎缩，卵巢纤维化或有时有出血。

【诊　断】　如产蛋鸡群产蛋量突然下降，同时出现薄壳蛋、无壳软蛋及其他异常蛋，根据鸡群发病的年龄，发病前后产蛋量的统计，并结合流行病学、临床症状和病理变化可初步诊断为产蛋下降综合征，进一步确诊需做实验室诊断。

目前，病原学和血清学诊断方法主要有病毒的分离与鉴定、血凝和血凝抑制试验、血清中和试验、琼脂扩散试验、斑点酶联免疫吸附试验、乳胶凝集试验、全血平板凝集试验等。近年来，随着现代生物技术的发展，分子生物学技术已被应用于鸡产蛋下降综合征的快速诊断，如生物素化重组质粒探针、聚合酶链式反应技术和核酸探针技术等。近来在临床实验诊断技术领域新发展起来的胶体金快速诊断试纸条已成为临床实验室诊断发展的一个新方向，在发达国家已得到广泛应用。

【预防和控制】　本病尚无完全成功的治疗办法。主要采取综合防治措施，严格执行兽医卫生安全制度，做好抗体监测。应从非感染鸡群引入种蛋或鸡苗，做到鸡、鸭分开饲养。加强对鸡群的饲养管理，提供全价日粮。防止水平传播，鸡场内要搞好兽医卫生和消毒工作，不用患病鸡群的种蛋进行孵化。

预防接种是本病主要的防治措施。目前主要用灭活苗进行预防接种，各国使用的疫苗有单价灭活苗和二联或三联疫苗，近年来，国外已研制出亚单位疫苗。

油乳剂灭活苗具有良好的保护作用，免疫 7 天能检测到相应抗体，2～5 周时达到抗体峰值，免疫力至少持续 6 个月。商品蛋鸡在 16～18 周龄时，肌内注射鸡产蛋下降综合征灭活苗，每只鸡 0.5～1 毫升，2 周后便可产生抗体，种鸡应在 35 周龄时再接种 1 次。

第十二节　禽　痘

禽痘是由痘病毒引起的以家禽皮肤或黏膜发生痘疹为特征的急性高度接触性传染病。

【流行病学】　本病主要发生于鸡、火鸡、幼鸽,鸭、鹅等水禽易感性很低。金丝雀、鹌鹑也可发生。各种野鸟对禽痘易感。各种年龄、性别和品种的禽都能够感染,但以雏禽和中年禽最常发病,雏禽死亡多。一年四季都能发生,秋、冬两季最易流行,一般秋季和冬初多发生皮肤型鸡痘,冬季则以黏膜型鸡痘为多。主要是通过皮肤或黏膜的伤口感染,不经健康皮肤和黏膜感染,亦不能经口感染。库蚊、伊蚊和按蚊以及双翅目的鸡皮刺螨、蝉、虱等吸血昆虫,特别是蚊子,在传播本病中起着重要的媒介作用。蚊虫吮吸过病灶部的血液之后即带毒,带毒时间可长达 10～30 天。期间易感染的鸡经带毒的蚊虫刺吸后即被感染,这是夏、秋季流行鸡痘的重要传播途径。由于禽痘病毒耐干燥,在外界存活时间较长,其毒力可保存几个月,因此人、物品和车辆等在传播病原上应予以重视。争斗、啄毛、交配等造成外伤,鸡群过分拥挤,鸡舍阴暗、潮湿、通风不良,体外寄生虫、营养不良、缺乏维生素及饲养管理太差等,均可促使本病发生和病情加剧,造成大批死亡。

【临床症状】　鸡和火鸡的潜伏期为 4～10 天,鸽和金丝雀约为 4 天。病毒侵入破损的皮肤或黏膜后,在这些部位的上皮细胞内繁殖,引起细胞增生,形成结节。一些病毒进入血液,并随血液侵入肝脏和骨髓,最后再侵入皮肤和黏膜繁殖,形成特征性痘痂。某些细菌侵入这些痘痂进行繁殖,使痘疱变成脓疱,最后结痂。根据病禽的症状和病变,可分为皮肤型、黏膜型和混合型 3 种病型。

1. 皮肤型　皮肤型鸡痘主要发生在鸡体的无毛或少毛部分,特别是在冠、髯、眼睑和喙角等部位,亦可出现于泄殖腔周围、翼下、腿部及腹部等处，生出一种灰白色的小结节，渐次成为带红色的小丘疹，很快增大为绿豆大小的丘疹，呈黄色或灰黄色凹凸不平的干硬结节，有时和邻近的痘疹相互融合，形成干燥、粗糙、呈棕褐色的大的疣状结节，突出于皮肤表面。痘痂皮存留 3～4 周之久，以后逐渐脱落，留下一个平滑的灰白色瘢痕，轻症病鸡也可能没有瘢痕。皮肤型鸡痘一般症状比较轻微，没有全身症状，但在严重病鸡中，尤其是幼雏，可表现出精神委靡、食欲消失、体重减轻等症状，甚至引起死亡，产蛋鸡则表现产蛋量显著减少或完全停产。

2. 黏膜型 黏膜型鸡痘的病变主要在口腔、咽喉和气管等黏膜的表面。初为鼻炎症状，2～3 天后先在黏膜上生成一种黄白色的小结节，稍突出于黏膜表面，以后小结节逐渐增大并相互融合在一起，形成一层黄白色干酪样假膜，覆盖在黏膜表面，这层假膜是由坏死的黏膜组织和炎性渗出物凝固而形成，很像人的"白喉"，故称白喉型鸡痘为鸡白喉。如果用镊子撕去假膜，则露出红色的溃疡面。随着病情的发展，假膜逐渐扩大和增厚，阻塞在口腔和咽喉部分，使病鸡尤以幼雏呼吸和吞咽受到障碍，严重时嘴也无法闭合，病鸡往往张口呼吸，发出"嘎嘎"的声音。病鸡由于采食困难，体重迅速减轻，精神委靡，最后窒息死亡。此型多发生于小鸡和中鸡，死亡率高，严重时可达 50%。

3. 混合型 混合型鸡痘是指口腔黏膜和皮肤同时发生病变，病情严重，死亡率高。鸡痘的发病率高低不一，由少数到全群发病，死亡率也不同，这取决于病毒的强弱、饲养管理条件和防治措施是否及时得当，一般是成年鸡死亡率低，中雏死亡率约 5%，幼雏死亡率可达 10% 以上，特别是鸡群拥挤、卫生条件差、饲料不足或是混合型病例时死亡率增高，最严重病例可达 50% 以上。

【病理变化】 病死鸡眼部肿胀，眼周围形成近似圆形的肿胀区，眼角有黏液或脓性分泌物。有的在眶下窦有干酪样物，口腔、咽喉部及气管黏膜上有黄白色干酪样的假膜,不易剥脱。鸡冠、肉垂、爪等皮肤有丘疹、结痂,病鸡有轻微的呼吸道症状,其他无明显的眼观病变。黏膜型和皮肤型混合发病的鸡剖检病变表现为喉头有针尖大小的出血点,喉头气管内有黏液,气管充血或出血;腺胃乳头少量出血,有卡他性炎症;十二指肠、小肠黏膜有点状出血和溃疡灶;肾脏有时肿大,表面有出血点,肾脏内纤维素性渗出,肾脏的颜色发黄或发暗,如有尿酸盐沉积,则表现为花斑肾。

【诊　断】　鸡痘在临床上由于有特征性病变,一旦发病根据症状就很容易诊断。确诊需进行病毒分离,应用鸡胚或细胞培养分离病毒并进行中和试验。也可应用琼脂扩散、补体结合试验测定抗体。

【预防和控制】　商品肉鸡可于 10 日龄左右用鹌鹑化鸡痘弱毒苗 1.5 羽份刺种,流行季节可以提前到 1 日龄。蛋鸡预防鸡痘可以参考以下 2 种程序:①在 30 日龄用鹌鹑化鸡痘弱毒苗 1.5 羽份首免,90 日龄用鹌鹑化鸡痘弱毒苗 2 羽份二免。②在鸡痘流行季节,1 日龄用鸡痘弱毒苗 1.5 羽份首免,30 日龄用鹌鹑化鸡痘弱毒苗 2 羽份二免。

加强饲养管理,搞好环境卫生,严格消毒措施,定期用不同种类的消毒药消毒,减少传播概率。饲喂全价营养饲料,减少应激反应,提高鸡体抵抗力。适时调整鸡群密度,避免鸡舍拥挤和外伤,注意通风换气,保持鸡舍清洁干燥,防止病原菌从伤口侵入,搞好鸡舍卫生,在鸡舍周围喷洒杀虫药物,消灭蚊子等传播媒介,才能有效地控制本病的发生与流行。

【治　疗】　目前尚无特效治疗药物,主要采用对症治疗,以减轻病鸡的症状和防止并发症。皮肤型鸡痘一般不治疗,如果发病数量较少,或有必要时,可用清洁的镊子小心剥离痂皮,伤口涂碘酊、红汞或紫药水。发生白喉型鸡痘时,可将咽喉部黏膜上的假膜用镊子剥掉,用 0.1% 高锰酸钾溶液清洗后,用碘甘油、鱼肝油涂擦。病鸡眼部如果发生肿胀,眼球尚未损坏,可将眼部蓄积的干酪样物挤出,然后用 2％硼酸溶液或 0.1％高锰酸钾溶液冲洗,再滴入 5％蛋白银溶液。剥离下的假膜、痘痂或干酪样物质都应集中烧掉,严禁乱丢,以防散毒。在饮水中加入抗生素对防止继发感染有一定作用。在饲料中补充维生素 A、鱼肝油等,有利于组织和黏膜的新生,促进食欲,提高禽体对病毒的抵抗力。

中草药治疗可将雄黄、冰片、硫黄等量研磨至粉末状,并混合均匀,加入适量的碘甘油,涂敷于患处。也可以在饲料中加入鱼腥草,用量为每只成年鸡每天 1 克,连续用药 5 天。

第十三节　鸭　瘟

鸭瘟(DP)是由鸭瘟病毒(DPV)引起的鸭、鹅和天鹅等水禽的一种急性接触性传染病,其特征是流行广泛、传播迅速、发病率和死亡率高,严重威胁养鸭业的发展。

【流行病学】　鸭瘟主要发生于鸭,对不同日龄、性别和品种的鸭都有易感性,以番鸭、麻鸭易感性较高,北京鸭次之,鹅、野鸭和雁也能感染发病,30 日龄以内雏鸭较少发病。在人工感染时小鸭较大鸭易感,自然感染则多见于大鸭,尤其是产蛋的母鸭。但近年来鸭瘟的发病出现低龄化,最早发病可在 7 日龄内。流行呈现一定的周期性,若成年鸭感染,其发病率及死亡率较高,患病雏鸭的死亡率可达 95％以上。

病鸭、潜伏期感染鸭及病愈不久的鸭(至少带毒 3 个月)是本病的传染源。可通过禽与禽的接触而直接传播,也可通过与污染环境的接触而间接传播。被污染的水源、鸭舍、用具、饲料、饮水是本病的主要传播媒介。某些野生水禽感染后可成为传播本病的自然疫源和媒介,节肢动物(如吸血昆虫)也是本病的传播媒介。调运病鸭可造成疫情扩散。

本病一年四季均可发生,但以春、秋季流行较为严重。当鸭瘟病毒传入易感鸭群后,一般 3～7 天开始出现零星病鸭,再经 3～5 天陆续出现大批病鸭,疾病进入流行发展期和流行盛期。鸭群整个流行过程一般为 2～6 周。如果鸭群中有免疫鸭或耐过鸭时,可延至 2～3 个月或更长。

【临床症状】　病鸭体温升高至 43℃ 以上,且持续不退,精神沉郁,食欲减退甚至废绝。羽毛松乱,两翅下垂,两腿麻痹无力,行动缓慢,甚至伏卧不起。病鸭流泪,眼睑水肿,病初流出浆液性分泌物,使眼睑周围羽毛湿润,而后变成黏稠或脓样,常造成眼睑粘连、水肿,甚至外翻,眼结膜充血或有小点状出血,甚至形成小溃疡。病鸭鼻中流出稀薄或黏稠分泌物,呼吸困难,咳嗽。病鸭排出绿色或灰白色稀便,肛门周围的羽毛被玷污或结块。肛门肿胀,重者外翻,翻开肛门可见泄殖腔充血、水肿、有出血点,严重病鸭的黏膜表面覆盖一层假膜,不易剥离。病鸭头和颈部发生不同程度的肿胀,触之有波动感,俗称"大头瘟"。病的末期,病鸭体温下降,很快死亡。急性病程为 2～5 天,亚急性为 6～10 天,死亡率甚高,平均在 90% 以上。

【病理变化】　病变特点是出现急性败血症,全身小血管受损,导致组织出血和体腔溢血,尤其是消化道黏膜出血和形成假膜或溃疡,淋巴组织和实质器官出血、坏死。其中,食道与泄殖腔的病变具有特征性。食道黏膜有纵行排列呈条纹状的灰黄色假膜覆盖或小点状出血,假膜易剥离并留下溃疡斑痕。泄殖腔黏膜病变与食道相似,即有出血斑点和不易剥离的假膜与溃疡。肝表面和切面有大小不等的灰黄色或灰白色坏死点,少数坏死点中间有小出血点。食道膨大部分与腺胃交界处有一条灰黄色坏死带或出血带,肌胃角质膜下层充血和出血。肠黏膜充血、出血,以直肠和十二指肠最为严重。胸腺有大量出血点和黄色病灶区,在其外表或切面均可见到。产蛋母鸭的卵巢滤泡增大,卵泡的形态不整齐,有的皱缩、充血、出血,有的发生破裂而引起卵黄性腹膜炎。皮下组织发生不同程度的炎性水肿,在"大头瘟"型病例,可见头和颈部皮肤肿胀、紧张,切开时流出淡黄色的透明液体。

【诊　断】　在综合分析流行病学、临床症状、剖检变化和病理变化后可做出初步诊断,但由于本病临床症状日趋表现温和并出现非典型化,与其他许多病原引起的疾病有相似之处,特别是有细菌性或病毒性继发或混合感染时,增加了临床诊断工作的难度,进一步确诊需借助于实验室诊断方法,主要包括病原的分离鉴定、血清学诊断及近年来发展迅速的分子生物学诊断。

【预　防】

1. 综合性措施　加强和重视鸭群的日常饲养管理和生物安全措施,如保持合理的饲养密度,提供清洁的饮水、良好的环境卫生及适宜的温度、通风和垫料,严格消毒制度,减少氨浓度、尘埃量等各种应激,这对于减少疾病的发生有重要作用。

2. 免疫预防　在综合防治的基础上,进行疫苗预防,可获得坚强的免疫力,对病毒攻击呈现完全保护。免疫持续时间很长,可能是终生的。注射免疫血清的健康鸭,对于强毒攻击同样呈现完全保护,表明中和抗体具有对抗病毒和防止感染的作用。从世界各地分离的毒株,具有共同的免疫原性,均能产生交互免疫,这给疫苗的研制和应用带来了便利。

目前,国内外广泛使用的疫苗有鸭瘟鸡胚化弱毒苗、鸭瘟鸡胚化弱毒细胞苗、鸭瘟自然弱毒苗。首次免疫时间为 28～30 日龄,二免时间为产蛋前,即 23～24 周龄,这样在 60 周龄内可使种鸭和下一代雏鸭不发生鸭瘟。

【治　疗】　目前对鸭瘟尚无特效药物治疗,在流行区对染上疫病而症状表现尚轻的鸭群和可疑鸭群均可采用倍量疫苗进行紧急注射;高免血清疗法也很有效,可用免疫鸭血清和高免血清 2～4 毫升/千克体重肌内注射;高免卵黄疗法,即用高免疫的种鸭所产的鲜蛋制成蛋黄液注射病鸭群，可达到有病治病、无病防病的效果；一些中草药方剂对鸭瘟病毒感染也有部分疗效。

第十四节　鸭病毒性肝炎

鸭病毒性肝炎（DVH）是由鸭肝炎病毒（DHV）引起的主要侵害 3 周龄以下雏鸭的传染性疾病，其特征是致死率高、传播快。

【流行病学】 在自然条件下，Ⅰ型鸭肝炎病毒仅发生于雏鸭，成年鸭可感染但无临床症状，产蛋鸭即使在污染的环境中也无临床症状，且不影响其产蛋率，但血清与蛋黄中含有中和抗体，主要通过粪便排毒。Ⅱ型鸭肝炎病毒只感染鸭，成年鸭对其有抵抗力，未观察到其有野生储存宿主或媒介，Ⅱ型鸭肝炎病毒可通过口腔、泄殖腔和皮下感染，雏鸭感染后 1～4 天死亡，且通常幸存鸭感染后至少排毒 1 周，生长正常，没有发育迟缓的迹象；死亡鸭通常营养状态良好，死亡时间和死亡率（10%～50%）都与鸭的日龄有关。Ⅲ型鸭肝炎病毒一般只感染雏鸭，Ⅲ型鸭肝炎病毒不如Ⅰ型鸭肝炎病毒感染严重，可由皮下、肌内和静脉注射感染，雏鸭的死亡率很少超过 30%。

本病的发生无明显的季节性，但多发于雏鸭孵化季节。在易感雏鸭中，本病传染性强，传播快，潜伏期短，且死亡率高，未执行免疫接种的鸭场，一旦发病，发病率可高达 100%。死亡率则与鸭龄期有关，一般来说，小于 1 周龄的雏鸭死亡率可达 95%，而 1～3 周龄雏鸭的死亡率为 50% 或更低，随着日龄不断增大，易感性逐渐降低，甚至不发病或不死亡。

鸭病毒性肝炎的主要传染源是病鸭、感染后的康复鸭和成年鸭，鸡、火鸡、雏野鸭、雏鹅、鹌鹑、幼鸽等禽类可作为其宿主。鸭舍中的鼠类和野禽可作为病毒的储存宿主或媒介。病毒可通过消化道和呼吸道传播，不能通过种蛋垂直传播，媒介昆虫也不是传播途径。野生鸟类可作为短距离的机械带毒者。

【临床症状】

1. Ⅰ型鸭病毒性肝炎　发生和传播很快,雏鸭感染表现精神委靡,缩颈,翅下垂,不爱活动,嗜睡,行动呆滞或跟不上群,厌食,停止运动,蹲伏并半闭眼,腹泻。发病后 12～24 小时,约有 90% 的患病鸭出现神经症状,病鸭身体侧卧,两腿痉挛性后踢,发生全身性抽搐,有时在地上旋转,抽搐 10 分钟至几小时后死亡,死亡时呈角弓反张姿势。少数病雏鸭排黄白色或绿色稀便。死亡常在 3～5 天内,随即死亡迅速减少以至停止死亡。死亡雏鸭的喙端和爪尖淤血,呈暗紫色。发病急的雏鸭往往突然倒毙,看不到任何症状。

2. Ⅱ型鸭病毒性肝炎　病鸭表现烦渴、腹泻、尿酸盐分泌过量等症状,时有抽搐和角弓反张症状,且常在出现症状后 1～2 小时内死亡。

3. Ⅲ型鸭病毒性肝炎　病鸭症状与Ⅰ型鸭病毒性肝炎典型症状相似,即两腿向后伸和角弓反张。该型引起的雏鸭死亡率较低,一般不超过 30%。

4. 新型鸭病毒性肝炎　临床表现和Ⅰ型鸭病毒性肝炎引起的临床症状极为相似,主要表现为雏鸭发病突然,有明显的神经症状,抽搐并很快死亡,雏鸭死后呈角弓反张姿势。

【病理变化】

1. Ⅰ型鸭病毒性肝炎　病变集中在肝脏,肝脏肿大,质脆易碎,肝脏表面有出血点或出血斑,肝脏颜色暗淡或发黄,表面呈斑驳状;胆囊肿大并充满墨绿色胆汁;脾脏肿大,有时呈斑驳状;胰脏肿胀而无光泽,部分会出现小的白色病灶;肾脏肿大,表面血管充血,呈树枝状,切面隆起,边缘外翻;脑膜水肿、充血、出血。部分病例还可见心肌呈淡灰色,质软有淤血,似沸水煮样,心房扩张,充满不凝固的血液;喉、气管、支气管等有轻度卡他性炎症等现象。

2. Ⅱ型鸭病毒性肝炎　病毒的靶器官主要为肝脏和肾脏。肝脏肿大呈浅粉红色，表面有许多小点状出血，这种出血点常融合成带状；脾脏肿大，表面弥散的白色病灶形成"西米样"外观；肾脏肿胀，血管充血并凸于肾脏表面；消化道内通常没有食物，偶尔肠壁和心冠脂肪上有小出血点。

3. Ⅲ型鸭病毒性肝炎　剖检病变与Ⅰ型鸭病毒性肝炎相似。

4. 新型鸭病毒性肝炎　剖检变化与Ⅰ型鸭病毒性肝炎极为相似，主要表现为肝脏肿大，肝表面有大量的出血点及出血斑，并且随着死亡发生时间的延长，出血表现越为明显，肾脏轻度淤血。

【诊　断】　鸭病毒性肝炎的诊断主要是从流行病学、病原检测和组织病理学等方面进行综合性判断。

【预防和控制】　在饲养过程中，应加强饲养管理，科学喂养，根据具体饲养条件和以往发病情况制定切实可行的免疫及药物预防程序，做好疫苗接种等特异性预防，严格执行卫生消毒措施，以获得高效的免疫和治疗效果。

1. 加强管理　防治本病应注意从健康鸭群引进种苗；严格执行消毒制度。鸭场门口应设消毒池和消毒间，进出车辆和进场人员要经过消毒池消毒，消毒液要定期更换。外来人员不应随意进出生产区，特殊情况下，参观人员在淋浴和消毒后穿戴保护服才可进入，车辆喷雾消毒后方可进入场区。为减少病原体的存在和扩散，定期对料槽、饮水器、加料车等用具进行消毒，每天至少消毒 1 次，消毒药可用 0.1% 新洁尔灭溶液。

饲养设备应具备良好的卫生条件并经过卫生检测和消毒。严禁饲喂腐烂变质饲料，饲喂全价日粮可提高雏鸭对疫病的抵抗力，供水要保证充足、清洁卫生。要严格按照饲养操作规程进行管理，注意鸭群精神状态、行为表现、采食情况及粪便形态，发现异常及时采取相应措施。

严格隔离,特别是雏鸭在最初 4～5 周龄时隔离饲养,可防止Ⅰ型病毒性肝炎的发生。然而在疾病流行地区,很难做到所需程度的隔离。

2. 免疫接种 目前常用的方法是使用弱毒苗。欧洲常用的弱毒苗来源于已用鸡胚传 53～55 代的分离物;美国则使用传至 89 代的鸡胚适应毒作为弱毒苗。目前,我国也有针对本病的弱毒苗在使用,如 BAU-1、QL79、E85、DHV-54 等。种鸭也可以通过反复免疫弱毒苗刺激机体产生抗体,使其后代雏鸭获得被动免疫。

种鸭的免疫方法是:在种鸭开产前 2～4 周注射疫苗,以 1 周为间隔进行 2 次免疫注射,抗体经卵传给雏鸭,雏鸭于 3 周内可获得母源抗体保护,一般免疫期 6 个月,5～6 个月应考虑第二次免疫。

雏鸭的免疫方法是:在出壳后 1～2 日龄皮下注射雏鸭病毒性肝炎弱毒苗免疫。3～7 天可产生免疫力,但母源抗体可影响免疫效果。

【治　疗】

1. 高免血清与高免卵黄抗体治疗 通常在早期可用鸭病毒性肝炎卵黄抗体、康复鸭血清或高免血清进行紧急预防或治疗,可使雏鸭获得被动免疫,减少死亡并防止疫病扩散。每只雏鸭可皮下或肌内注射康复鸭血清或高免蛋黄液 1 毫升,必要时第二天可再注射 1 次,有较好的预防和治疗效果。

2. 中草药治疗 中草药具有药性缓和、作用持久、无毒副作用、药残低以及抗热应激效果好等特点,以中药或中西药合剂预防和治疗鸭病毒肝炎取得明显的效果。研究表明,板蓝根、黄芩、黄连、茵陈、金银花、连翘、龙胆草、柴胡等中草药对雏鸭病毒性肝炎有显著的预防作用。

方剂 1:鲜大青叶根、白马骨根各 250 克,算盘子根、栀子根各 100 克,新鲜药根洗净切片,加水 2 升,用文火煎至 1 升药液,每只鸭灌服 1～2 毫升。未出现症状的雏鸭，断水数小时后再让其饮服。

方剂 2：黄芩、黄柏、黄连、连翘、金银花、紫金牛、茵陈、枳壳、甘草各 25 克（此为 500 只雏鸭用量），煎汁拌料饲喂。不食的雏鸭，将药汁滴服，每天 3 次，连用 2 天。

方剂 3：板蓝根、大青叶、紫草各 50 克，升麻 40 克，葛根 30 克，柴胡 30 克，栀子 30 克，大黄 25 克，枯矾 20 克，甘草 40 克，以上用量为 200 只雏鸭用量。各药研细末或煎汁拌料喂服，每天 1 剂，每隔 2～3 小时喂 1 次，连用 3～5 天，疗效显著。

第十五节　鸭细小病毒病

鸭细小病毒病是由鸭细小病毒（DPV）引起的一种急性病毒性传染病，以雏鸭最易感，病鸭出现气喘、脚软等症状，死亡率为 50％～80％。

【流行病学】　雏番鸭是唯一自然感染发病的动物，麻鸭、半番鸭、北京鸭、樱桃谷鸭、鹅和鸡未有发病报道。发病率和死亡率与日龄关系密切，日龄越小发病率和死亡率越高，雏番鸭开始发病为 7～14 日龄，3～4 天后为死亡高峰。3 周龄以内的雏番鸭发病率为 20％～60％，病死率为 20％～40％。30 日龄以上的番鸭也可发病，但发病率和死亡率较低，病鸭往往成为僵鸭。病鸭通过排泄物特别是通过粪便排出大量病毒，污染饲料、饮水、用具、人员和周围环境造成病毒传播。如果病鸭的排泄物污染种蛋外壳，则引起孵化室内污染，使出壳的雏番鸭成批发病。本病全年均可发生，无明显的季节性，但冬、春季发病率最高。而在夏季发病率低，在通风较好的情况下，发病率一般为 20％～30％。

【临床症状】　本病的潜伏期为 4～9 天，病程为 2～7 天，病程长短与发病日龄密切相关。根据病程长短可分为最急性型、急性型和亚急性型 3 种类型。

1. 最急性型 多发生于 6 天以内的病雏,病势凶猛,病程很短,只有数小时,多数病例不表现前驱症状即衰竭,倒地死亡,此型的病雏喙短,偶见羽毛直立、蓬松。临死时两脚呈游泳状,头颈向一侧扭曲。本型发病率低,占所有病雏数的 4%~6%。

2. 急性型 主要见于 7~14 日龄雏番鸭,主要表现为精神委顿,羽毛蓬松,两翅下垂,尾端向下弯曲,两脚无力,懒于走动,厌食、离群;有不同程度的腹泻,排出灰白色或淡绿色稀便,并黏附于肛门周围;呼吸困难,喙端发绀,后期常蹲伏,张口呼吸。多数病鸭流鼻液、甩头,部分有流泪痕迹。病程一般为 2~4 天,濒死前两肢麻痹,倒地抽搐,头颈后仰,衰竭死亡。

3. 亚急性型 多见于发病日龄较大的雏鸭,主要表现为精神委顿,喜蹲伏,两脚无力,行走缓慢,排黄绿色或灰白色稀便,并黏附于肛门周围。病程 5~7 天,病死率低,大部分病愈鸭颈部、尾部脱毛,嘴变短,生长发育受阻,成为僵鸭。

另外,还有一种新型番鸭细小病毒病,病鸭表现张口呼吸、软脚、腹泻、不愿活动,幸存的番鸭继续饲养后表现生长迟缓、体重轻、翅和脚易断、变短,多达 53%。高达 83% 的鸭成为僵鸭。20日龄内感染新型番鸭细小病毒的雏半番鸭或台湾白改鸭,其发病率为 10%~35%,病死率低于 2%,病雏半番鸭表现张口呼吸、软脚、轻度腹泻、不愿活动,幸存的半番鸭继续饲养后表现生长迟缓、体重轻,翅脚易断、上喙变短的鸭占 20%~30%,至出栏时残次鸭比例高达 60%。1 月龄以上番鸭或 20 日龄以上半番鸭或台湾白改鸭感染新型番鸭细小病毒后,其发病率、病死率均较低,甚至未见感染鸭死亡,但继续饲养后有部分鸭也表现生长迟缓、体重变轻、翅脚易折断、上喙变短,最后成为残次鸭,只是异常程度和比例不如雏(半)番鸭感染后严重。

【病理变化】 病鸭的胰腺、肝脏和肠道病变显著。胰腺肿大,表面散布针尖大灰白色坏死灶,有的表面密布大小不等的出血点。肝脏稍肿大,胆囊充盈,偶见灰白色坏死点。整个肠道呈卡他性炎症或黏膜有不同程度的充血和点状出血,尤以十二指肠、空肠和直肠后段黏膜为甚,少数病例盲肠黏膜也有出血。肠黏膜常伴有不同程度的脱落,肠壁稍薄,肠内容物为淡白色或灰黄色带有粒状的液体,回肠后段可见大量炎性渗出物,其中混有脱落的肠黏膜,偶见形成假性"栓子"。心壁松弛,心肌色淡,少数病例心包积液。肺多呈单侧性淤血。肾充血,表面有灰白色条纹。

【诊　断】　番鸭细小病毒病可以根据流行病学、临床症状和剖检变化做出诊断。在非典型时易与雏鸭病毒性肝炎混淆,故对本病的确诊主要依靠病原学和血清学检查。目前应用的诊断方法主要有血清学诊断和分子生物学诊断技术。

【预防和控制】

1. 综合性措施　临床上缺乏有效治疗方法,重在预防,采取综合防治措施,加强饲养管理。对种蛋、孵化室和育雏舍进行严格的出入和消毒管理,改善育雏舍通风条件和温湿度,禁止从疫区引进种蛋和鸭苗。当发生疫情时,及时隔离消毒,对鸭舍周围环境、用具彻底消毒,切断传播途径。对可能接触的污染的垫料、饲料及人员衣物进行更换消毒,并在饮水中增加维生素、电解质和葡萄糖,提高体质,增加疾病抵抗力。

2. 免疫接种　目前,采用弱毒苗和灭活苗来预防和控制鸭细小病毒病。灭活苗主要有蜂胶组织灭活苗、铝胶细胞灭活苗和油佐剂灭活苗3种。出壳后的雏鸭应在48小时内皮下接种番鸭细小病毒病弱毒苗0.2毫升/只,之后隔离饲养7天。或者应用番鸭细小病毒病弱毒苗,对1～5日龄雏番鸭每只皮下注射0.3～0.5毫升,可使雏番鸭获得理想的主动免疫效果。种番鸭在产蛋前15天左右用番鸭胚化种鸭弱毒苗进行皮下或肌内注射。在免疫12天至4个月内,番鸭群所产蛋孵化的雏番鸭群能抵抗人工及自然病毒的感染。种番鸭免疫4个月以后,雏番鸭的保护率下降,种番鸭必须再次进行免疫,以达到较佳的保护率。在已感染的雏番鸭群做紧急预防,保护率达 50％左右;已被感染发病的雏番鸭进行免疫注射无明显防治效果。

【治　疗】　目前对本病无特异性治疗方法,对患病鸭注射高免血清或卵黄抗体 1～1.5 毫升/只,隔日重复注射 1 次,治愈率达 85％以上。为防止和减少继发细菌和真菌感染,可适当应用抗生素和磺胺类药物。

也可使用中药进行控制,方剂如下:板蓝根 120 克,连翘 120 克,蒲公英 120 克,茵陈 120 克,荆芥 120 克,防风 120 克,陈皮 100 克,桂枝 100 克,金银花 100 克,蛇床子 100 克,甘草 100 克,加水适量(供 1 200 只饮用),用文火煎沸 10 分钟,过滤去渣,然后用清水加适量红糖冲服。用药前鸭群停水 2 小时。每天 1 剂,每剂分上、下午各煎 1 次(药渣拌料),连用 3 天。

第十六节　小　鹅　瘟

小鹅瘟(GP)是由鹅细小病毒(GPV)感染引起的,会造成雏鹅或雏番鸭急性、亚急性败血性疾病。

【流行病学】　各品系的雏鹅和雏番鸭均可感染本病,但其他禽类不会感染。1 周龄内的雏鹅感染后死亡率很高,一般只感染 30 日龄以内的鹅,10 日龄以内的雏鹅发病率和死亡率常常高达 95％～100％,10 日龄以上者死亡率一般不超过 60％,20 日龄以上的发病率低,而 1 月龄以上则极少发病。感染的成年鹅不表现任何临床症状,但是会通过排泄物和各种分泌物排毒,散播到环境中,污染饲料和水等,因此患病鹅和带毒鹅是小鹅瘟最主要的传染源。本病可通过直接或间接接触的方式传播,消化道是主要的感染途径。可通过垂直传播感染雏鹅。本病通常一次大流行后,会在一年或几年内不发或很少发病,形成一定的周期性。

本病的潜伏期依据感染时的年龄而定,1 日龄感染者为 3～5 天,2～3 周龄感染者为 5～10 天。

【临床症状】　皮肤色泽变暗,眼结膜干燥,全身有脱水征象,病程一般为 2 天左右,有些临死前出现神经症状。急性型常发于 1～2 周龄的雏鹅,表现为食欲减少或丧失,行动迟缓,无力,站立不稳,喜蹲卧,多饮水。排出黄白色或黄绿色稀便,内含气泡或纤维碎片。张口呼吸,鼻孔有棕褐色或绿褐色分泌物,喙端发绀。亚急性型多见于流行后期,2 周龄以上雏鹅多发,表现为精神委顿,消瘦,腹泻,少食或拒食,鼻孔周围沾污多量分泌物和饲料碎片。病程一般为 3～7 天。

【病理变化】　本病的特征性病变是小肠(空肠和回肠部分)呈急性卡他性、纤维素性坏死性肠炎。典型变化在小肠中下端,整片肠黏膜坏死脱落,与凝固的纤维素性渗出物形成栓子,肠内容物表面包裹被膜,堵塞肠腔。剖检时见回盲部肠段膨大、质地坚实,长 2～5 厘米,状如香肠,淡灰色或淡黄色的栓子将肠管全部塞满。肠壁变薄、不形成溃疡。部分肠黏膜表面附着散在的纤维素性凝块而不形成条带或栓子。

1. 最急性型　病理变化不明显,除肠道有急性卡他性炎症外,其他器官的病变一般无明显变化。

2. 急性型　最典型的病变为小肠中、下段黏膜发炎,形成管状假膜,肠黏膜成片坏死脱落,呈带状,与纤维素性渗出物凝固,形成栓子,或形成假膜包裹在肠内容物表面,堵塞肠腔。剖检时可见小肠与回盲部肠段外观异常膨大,质地坚硬。切开肠壁,可见淡灰色或淡黄色栓子堵塞肠管。病变较轻者,仅见肠管中有带状凝固物或在黏膜上附有散在的纤维素性凝片。

3. 亚急性型　以上病变更明显。病鹅心肌壁松弛,心房扩张,心力衰竭。肝脏肿大淤血,质脆。脾脏肿胀,呈暗红色,偶尔可见针尖大小的灰白色结节。

【诊　断】　现阶段兽医临床诊断小鹅瘟一般根据流行特点、临床症状和病理剖检变化做出初步诊断。小鹅瘟一旦与其他疾病混合感染,病鹅一般不会表现出特征性的病理变化,靠临床诊断很难区分。因此,本病确诊要进一步采用实验室诊断技术检测出小鹅瘟病毒的存在,这样就可以结合症状和病理变化做出正确诊断。

【预防和控制】

1. 综合性措施　本病重在预防。一旦发现有感染小鹅瘟的现象,一切设备都要进行严格消毒。严禁从疫区购买种蛋、种鹅和雏鹅,尽量做到自繁自养。平时加强饲养管理,对用具、器械、场地经常消毒,搞好鹅舍内外卫生,切断传染源和传播途径。据流行病学和临床症状确定为小鹅瘟的病鹅,应立即隔离,对饲养场地进行清理和消毒,杜绝车辆、人员、器械及各种动物散播病毒。

2. 对症治疗　采用中西医结合治疗的方法,在饲料里添加2%的大青叶、板蓝根、黄连、黄芩、栀子、茵陈等。同时,在饲料里添加一定量的利巴韦林、金刚烷胺等。根据其他症状对症治疗,如使用小鹅瘟抗血清,对感染小鹅瘟及受威胁的雏群可达到治疗和预防作用。治疗用剂量为每只每次 2～3 毫升,对刚受感染的雏鹅,保护率可达 80%～90%,对刚发病的雏鹅保护率为 40%～50%。同时,大剂量补充维生素、矿物质。通过这些措施可以有效控制病情,如果在发病初期就可以确诊,再采取正确的应对措施,可以有效降低损失。

3. 接种疫苗　疫苗在防控动物疫病中起着巨大的作用,有计划地接种小鹅瘟疫苗可以有效控制鹅细小病毒感染,现今小鹅瘟疫苗主要分三大类,即活苗、灭活苗和基因工程苗。

(1)活苗　方定一先生于 1961 年分离到鹅细小病毒后研制出了用于种鹅免疫的强毒苗。在母鹅开产前 1 个月免疫,能保护整个产蛋期孵出的雏鹅。该疫苗推广使用后,有效控制了小鹅瘟的流行。1972 年陈伯伦等研制的小鹅瘟鹅胚化强毒苗,使广东省及其周边地区的小鹅瘟得到了有效的控制。1980 年周阳生等研制的小鹅瘟弱毒苗 SYG21,安全性比强毒苗好,当然其保护效果也较好。1980 年末陈伯伦等研制出小鹅瘟鸭胚弱化弱毒苗,通过田间试验,证实了其安全性和有效性。

(2)灭活苗 国外有报道称用鹅细小病毒感染的组织或培养物制成的灭活苗,成功地使鹅群获得免疫保护。但是由于灭活苗的特殊操作工艺,会有一定的毒副作用,因此得不到广泛应用。

(3)基因工程疫苗 基因工程疫苗作为分子生物技术发展的产物已成为动物疫苗发展的新方向。基因工程疫苗采用基因缺失、插入或基因突变等手段,研制成基因突变或缺失疫苗;或者是利用分子克隆技术获得带有抗原保护性表位的基因,并利用工程菌表达系统,获得保护性抗原,最终经过相关工艺加工制成疫苗。

基因工程疫苗还有两个突出优点:一是可以区分自然感染与免疫动物;二是可研究多价疫苗。基因工程疫苗由于研制技术路线和疫苗的组成不同,可分为四大类:基因缺失或突变疫苗、基因工程亚单位疫苗、活载体疫苗、DNA 疫苗或基因疫苗等。

第四章　家禽细菌性传染病的防治

第一节　禽沙门氏菌病

禽沙门氏菌病是由沙门氏菌属中一个或多个成员引起禽的一种急性或慢性疾病。依据病原体抗原结构，禽沙门氏菌病主要分为 3 种：禽白痢、禽伤寒和禽副伤寒。

【流行病学】

1. 禽白痢　禽白痢是由禽白痢沙门氏菌引起的急性系统性疾病，多发生于幼禽，伴有地域性间歇死亡或以高死亡率、产蛋下降为特征暴发。本菌可感染各品种和各年龄的禽。2 周龄内禽的发病率和死亡率最高，4 周龄后发病率和死亡率明显下降。成年禽感染后，常存在于睾丸、卵泡和输卵管中，呈慢性经过或隐性感染。于应激条件或机体抵抗力下降时，则出现临床症状。

感染禽、苍蝇、鼠类和野生鸟类是本菌传播和流行的重要媒介。带菌禽可通过互啄和啄食带菌蛋等途径传播本菌。带菌禽的粪便、被污染的饲料和饮水也是本菌的传播源。如果消毒不严格，饲养员等来往于禽舍、禽场间的人员也会成为传播本菌的媒介。感染禽类不仅可水平传播本菌，还可经卵污染下一代导致垂直传播。垂直传播分为两类，一类是在母禽排卵前，卵泡中已感染本菌；另一类是在成年禽类性成熟时，生殖道中感染大量本菌，导致蛋从母禽体内排出时感染本菌。母禽即便能够耐过本病，也将长期带菌并在成年后产出带菌卵。鸡是白痢沙门氏菌的自然宿主，但在自然条件下，麻雀、珍珠鸡、鹌鹑、火鸡等也可感染白痢沙门氏菌。鸭对本菌有一定的抵抗能力,白痢沙门氏菌很少感染人类。

2. 禽伤寒　本病主要发生在鸡和火鸡,鹅和鸽有一定的抵抗力。一般呈散发,不同品种、日龄的鸡,均易感,以 2～4 月龄青年鸡最易感,雏鸡和成年鸡时有发生,雏鸡病死率较高,最高可达 50％。病鸡和带菌鸡是本病的主要传染源,染病鸡和带菌鸡不断从粪便中排出病菌,污染土壤、饲料、饮水及用具等经消化道传染,也可通过眼结膜等途径感染。被污染的种蛋也能引起传染,雏鸡感染本病多由于种蛋带菌,在孵化器内相互传染。同时,也可以在孵化后与病鸡或带病鸡直接或间接接触发生感染。野禽、其他动物和苍蝇以及饲养人员、饲料袋等也可以机械地传播本病。雏鸡可以经过从呼吸道吸入带菌飞沫及尘埃而感染,公、母鸡交配也能相互传染。

3. 禽副伤寒　禽副伤寒是由鼠伤寒沙门氏菌等引起的一种传染病,主要侵害幼禽,造成幼禽死亡,并使家禽受精率、产蛋率、孵化率下降。本病常呈散发或地方性流行,各种家禽都易感染。被感染的鸡多在 14 日龄发病,其死亡率为 10％～20％,严重者可达 80％。成年鸡多为慢性或隐性感染。雏鸭和雏鹅也能感染本病,10 日龄雏鸭发病率很高。本病可经卵及消化道、呼吸道、皮肤伤口引起感染传播。病菌可经卵巢污染卵及经蛋壳侵入胚胎,被污染卵所孵出的病禽可感染其他健康雏禽。此外,被病禽粪便污染的饲料、饮水、用具等可经消化道感染健康家禽,带菌的飞沫可经呼吸道引起传播。禽舍潮湿、通风不良、密度过大,饲料供给不足或饲喂低质饲料等均可引发本病。未处理的鱼粉等动物性饲料及豆饼类谷物饲料常含此类细菌。许多飞禽、家畜和野生动物也是传染源,人也是本病的易感者和传播者。

【临床症状】

1. 禽白痢　病雏精神沉郁、嗜睡、怕冷、身体蜷缩、少食或不食,突出的表现是下痢,排出白色似石灰浆状的稀便,并黏附于肛门周围的羽毛上。排便次数多,使直肠被黏糊封锁,影响排便,病雏排便时因疼痛而发出尖叫声,肛门常可见硬结粪块。有的病雏呼吸困难,张口伸颈。有的可见关节肿大,行走不便,跛行,有的出现眼盲。成年禽临床症状不明显,多呈隐性带菌感染。开产后的鸡感染禽白痢沙门氏菌后,症状多为隐性或慢性,常见输卵管炎,影响产蛋率。

胚胎感染后,通常在孵化后期或出雏器中可见到已死亡的胚胎或垂死的弱雏。胚胎感染出壳后的雏鸡,通常在出壳后表现瘦弱、嗜睡、腹部膨大、食欲丧失,绝大部分经 1～2 天死亡。新生禽出雏后 2 周内是死亡高峰期,死亡率可高达 100%。长途运输会增加感染禽的发病率和死亡率,通常发病率比死亡率更高。

2. 禽伤寒　本病潜伏期为 4～5 天。病鸡精神沉郁、呆立、眼半闭、头下垂。急性病例冠和肉髯呈暗红色,病程稍长则冠、髯苍白并萎缩,食欲废绝,喜饮水,体温达 43℃～44℃,呼吸加快,粪便呈黄色或黄绿色,有时排血便。慢性病例消瘦、贫血,病禽于昏迷中死亡。有的康复后成为带菌者。雏鸡的病情同鸡白痢。

3. 禽副伤寒　急性病例呈败血型变化,常见于幼禽,慢性病例多见于成年禽。潜伏期 12～18 小时,最急性病例常无症状即死亡,多是卵内或孵化器内感染造成的。病禽精神沉郁,食欲减退或停食,口渴喜饮,呼吸增数,头翅下垂,羽毛蓬乱,嗜睡,畏冷挤成堆,排水样白色稀便,肛门周围被粪便污染。病禽因脓性结膜炎而造成眼睑粘连,头部肿胀。病雏鸭倒地,头向后仰,角弓反张或间歇性痉挛,常于发病 3～5 天内死亡。成年家禽感染后常不表现症状而成为带菌者,偶见食欲减退,下痢,粪便中带血,关节肿大及出现肺炎、死亡等症状。

【病理变化】

1. 禽白痢　剖检可见肾脏、脾脏、肝脏充血肿大,有时有条纹状出血；心脏和肝脏有时可见白色坏死灶，心包液增多，心包增厚；胆囊扩张充满胆汁；脾脏肿大，质地脆弱；肺可见坏死点或灰白色结节；肾充血或贫血，输尿管明显膨大，有时在肾小管中有尿酸盐沉积。病程较长的雏禽卵黄吸收不良，卵黄囊及其内容物可能有变性的现象；但病程稍长的病例，其卵黄吸收不良，卵黄囊内容物可能呈奶油状或干酪样黏稠物。肠道可见出血点，盲肠肿大，部分内容物可形成干酪样栓子。部分病禽表现关节肿大，且关节腔内含有黄色黏液。跗关节病变在关节型禽白痢中较为常见。本菌感染成年禽后主要侵袭生殖器官。公禽表现为睾丸炎，母禽则表现为卵泡变形、输卵管炎等。严重时，母禽卵巢破裂，公禽睾丸极度萎缩，最终导致感染禽死亡。

2. 禽伤寒　病程稍长者，可视黏膜苍白，冠及肉髯苍白。肝脏肿大，表面有一层血凝块，其色泽苍白或稍带绿色，质脆，被膜下实质有针头大或粟粒大的坏死灶。胆囊肿大，脾肿大，呈灰红色，肾肿大、充血。有的病例心外膜有小出血点。卵黄膜充血或出血，卵黄破裂，引起腹膜炎。公鸡睾丸和附睾肿胀。

3. 禽副伤寒　雏禽最急性病例，常没有任何症状和病变而突然死亡。急性和亚急性病例卵黄凝固，肝、脾脏充血、肿大，有条纹状或针尖状出血点和坏死灶。肺、肾充血，心包炎和心包粘连，出血性肠炎，盲肠内有干酪样物。患病雏鸭的肝呈青铜色，有灰色坏死灶，盲肠内形成干酪样物，直肠肿大，有出血点，还有心包炎、心外膜和心肌炎。成年禽肝、脾、肾充血、肿胀、出血或有坏死性肠炎、心包炎及腹膜炎。产蛋鸡可见到卵巢坏死及化脓，常发展为广泛性腹膜炎，成年鸡患慢性病，肠道呈坏死性溃疡，肝、脾、肾肿大。

【诊　断】　诊断禽沙门氏菌病，可以根据禽群发病史、临床症状、死亡率和病变特征进行初步诊断，然而禽类疾病较多且复杂，易造成混淆，所以以分离病原、微生物鉴定甚至分子生物学技术等实验室诊断方法进行确诊。目前,国内外对禽沙门氏菌病的诊断技术已经展开大量研究工作,取得了很大进展,建立了一系列快速而有效的检测方法。

【预　防】

1. 综合性措施　控制禽沙门氏菌感染的一般措施包括加强饲养管理和环境卫生消毒,制定禽沙门氏菌病监测计划,规范禽沙门氏菌病诊断和检测方法,控制禽屠宰和处理场所,制定严格的生物安全措施,实施鸡白痢-伤寒净化措施和疫苗免疫等。净化鸡场,建立无禽沙门氏菌病禽群尤为重要,对3～4月龄的后备种鸡群用凝集试验进行检疫,以后每隔1个月检查1次,连续进行3次,彻底淘汰阳性鸡。保证饲料和饮水安全、清洁,加强鸡舍的卫生管理,提供干净无污染的环境。进行科学的饲养管理,运用合理的管理方案。

(1)建立和健全饲养管理体制　由于沙门氏菌病在禽群中既可垂直传播,又可水平传播,因此必须构建健康的饲养环境,完善环境卫生消毒程序,加强饲养管理,树立坚定净化疾病的信念。

(2)严格做好引种前的检疫工作　禽沙门氏菌病作为种鸡常发和危害严重的细菌病之一,做好引种前的检疫工作,并强化种禽场沙门氏菌病检疫淘汰制度实为必要。因此,建议开产前用禽沙门氏菌全血平板凝集试验对全部种鸡进行检疫,淘汰阳性个体,严禁阳性种鸡引入鸡场。同时,定期对全群进行感染筛查,一旦发现阳性或可疑个体,立即剔除出种用群。

2. 疫苗接种预防　使用疫苗对鸡群进行免疫,同时对商品鸡群进行沙门氏菌病的筛选和检测,是目前控制禽沙门氏菌病的有效措施,不仅可以防止产蛋鸡群感染沙门氏菌,还可以阻止感染沙门氏菌的鸡进入产蛋鸡群,从而使鸡蛋保持最清洁的状态,避免病原从鸡群传给人群。

禽沙门氏菌病疫苗主要分为灭活苗、亚单位疫苗和弱毒活疫苗。灭活苗诱导产生的免疫力出现慢,且免疫期短;活疫苗存在一定的安全隐患,如对出现免疫抑制、老龄、新生的鸡只具有感染性。尽管如此,疫苗在禽沙门氏菌病预防和控制方面仍起到了非常重要的作用。

(1)灭活苗　禽沙门氏菌病灭活苗的研究始于 19 世纪中后期,最早成功应用的灭活苗是由甲醛灭活、明矾沉淀的流产沙门氏菌病疫苗。该疫苗对接种小鼠能提供 86% 的保护率,而热灭活、石炭酸处理得到的灭活苗仅能提供 50% 的保护率。之后,随着佐剂的使用,不仅提高了禽沙门氏菌病灭活苗的免疫力,还延长了免疫持续期。此外,通过增加免疫剂量也可以提高疫苗的免疫力。

(2)活疫苗　活疫苗和减毒活疫苗已经在全世界应用,它们的效果已经通过攻毒实验验证。减毒活疫苗的目标是在降低细菌毒力的同时保持其免疫原性。截至目前,多个已知突变位点或未知突变位点的禽沙门氏菌病弱毒活疫苗已经在禽体内得到广泛应用。

(3)亚单位疫苗　禽沙门氏菌病亚单位疫苗的研究始于 19 世纪末,用于制备亚单位疫苗的抗原成分主要有外膜蛋白(OMP)、孔蛋白、毒素和核糖体片段等。截至目前,禽沙门氏菌病亚单位疫苗在多种动物体内进行了大量研究,并取得一定效果。亚单位疫苗,像外膜蛋白、孔蛋白和核糖体片段等已经被试验是否可以预防沙门氏菌的感染,这些产品的功效在没有佐剂时不是很理想。

【治　疗】　抗生素在动物上的应用非常多,而且使用非常广泛,在沙门氏菌病的治疗中,相继出现耐药菌株,且耐药图谱在不断增大,治疗效果大不如从前。因此,在防治鸡白痢沙门氏菌病时,应经常分离致病性耐药菌株,通过药敏试验确定最佳用药,并且应减少某一种抗生素的使用,选取新药交叉使用。抗菌药物,如磺胺嘧啶、磺胺甲基嘧啶和磺胺二甲基嘧啶为首选药,在饲料中添加不超过 0.5%,饮水中添加量为 0.1%~0.2%,连续使用 5 天后,停药 3 天,再连续使用 2~3 次。金霉素、土霉素、四环素、庆大霉素、卡那霉素、诺氟沙星等均有效,常用 0.01%~0.02% 环丙沙星拌料投喂 5~6 天,或用庆大霉素针剂饮水,雏鸡每天 2 次,每次用量 1 000~1 500 单位,连饮 4 天,可收到较好的治疗效果。

近年来的研究结果显示,越来越多的微生态制剂和中草药制剂得到人们的认同。禽病宁、黄连止痢散等中草药制剂及微生态制剂等,在对防治鸡白痢沙门氏菌感染的临床应用中提供了新的思路。

方剂 1:白头翁、白术、茯苓各等份,共研细末,每只幼雏每天 0.1~0.3 克,中雏每天 0.3~0.5 克,拌入饲料,连喂 10 天,治疗雏鸡白痢疗效较好,病鸡在 3~5 天内病情得到控制而痊愈。

方剂 2:黄连、黄芩、苦参、金银花、白头翁、陈皮各等份,共研细末,拌匀,按每只雏鸡每天 0.3 克拌料,防治雏鸡白痢的效果优于抗生素。

方剂 3:白头翁、蒲公英、葛根、乌梅各 40 克,黄芩、金银花、黄柏、甘草各 30 克,粉碎混匀,按 15% 添加于雏鸡日粮中,防治雏鸡白痢效果较好。

第二节　禽巴氏杆菌病(禽霍乱)

禽巴氏杆菌病是由单一的禽多杀性巴氏杆菌(Pm)感染引起的,又称为禽霍乱或禽出血性败血症,本病在多数国家呈散发性或地方性流行,急性过程呈现败血症变化,其发病率和死亡率均高。

【流行病学】　本病家禽和野禽都易感,并且一种家禽感染后会传染给其他品种的家禽。传播途径主要是通过呼吸道、消化道和皮肤外伤的感染,禽类的尸体、分泌物以及被污染的水、土壤都是传播本病的主要媒介。一年四季都可能流行,在夏季高温多雨的天气容易引起发病,而在春季和秋季,由于气候变化无常,本病更容易发生。

【临床症状】　禽霍乱的潜伏期为 2～9 天或者更长,家禽由于对致病菌的抵抗力不同,所表现出来的临床症状也不同,在临床上根据病程长短分为急性型和慢性型。

1. 急性型　病鸡体温高达 43℃,离群独栖,羽毛松乱,精神沉郁,闭目呆立不动,弓背、缩头或将头藏在翅膀下,口、鼻流出淡黄色带泡沫的分泌物,排便呈黄色、灰黄色甚至污绿色,有时伴有血液,鸡冠及肉髯发绀,呼吸急促并时常摇头,又称摇头瘟。患病蛋鸡停止产蛋,1～3 天后衰竭,昏迷痉挛而死。

2. 慢性型　多见于禽巴氏杆菌病流行后期,通常由急性型转变而来,表现为慢性呼吸道炎症和慢性肠炎。病鸡精神不振,鼻孔流出黏液分泌物而影响呼吸,鸡体消瘦并有腹泻,鸡冠和肉髯苍白且切开后可以看见脓性或者干酪样渗出物,部分鸡患有关节炎,关节肿大、疼痛、跛行。病程至少 1 个月,死亡率并不高。幼鸡感染时,生长发育停滞,成年蛋鸡感染时,停止产蛋。

鸭巴氏杆菌病的症状与鸡类似,多呈急性型,病鸭全身衰弱,怕水,打寒战,粪便较稀并伴有腥臭味,食欲废绝,饮欲增加,除患关节炎外,鸭掌部肿胀变硬。

鹅巴氏杆菌病的症状与鸭类似,仔鹅的发病率和死亡率比成年鹅高,多呈现急性型。病鹅精神不佳,食欲不振,病程一般 1～2 天。

对野禽来说,禽巴氏杆菌病一般发生在雁行目的鸭科动物,表现多呈急性型,迅速死亡,也有一些感染禽巴氏杆菌病的野禽表现失明现象。

【病理变化】

1. 最急性型　最急性型死亡的病鸡没有特殊病变,有时能看到心外膜有少量出血点。

2. 急性型 病禽的腹腔浆膜表面和脂肪有淤斑和出血点,最明显的是心脏表面、肺、十二指肠,肝脏表面有灰白色的局部坏死区。在产蛋鸡卵巢中,肉眼可见卵泡的形状发生变化,而且看不清鸡卵巢表面的血管。

3. 慢性型 病禽多数是个别器官表现病变。呼吸道病变表现为鼻腔、支气管内部黏性分泌物增加。病禽关节肿大、变形,有混浊渗出物,有些还有肉髯肿胀。腹腔器官表面有卵黄样的物质,慢性感染的蛋鸡卵黄破裂,卵巢出血,卵黄样物质覆在腹腔器官表面。鸭的病理变化与鸡类似,心包膜内有许多出血斑,鼻腔黏膜出血,肝脏有出血点和坏死点。

【诊　断】 通常诊断禽霍乱是根据其流行病学特性,即病原的形态及理化特性、患病动物的组织病理变化、临床症状、血清学检查方法及细菌学检查方法等方面进行综合判断。

【预　防】

1. 综合性措施 加强饲料管理,每天按时、定点、适量饲喂,更换饲料要逐步进行,且饲养密度要适宜。引种时严格检疫,新引进的种禽应隔离单独饲养 2 周,防止带入本病。做好药物预防工作,可在禽霍乱多发季节用诺氟沙星、恩诺沙星等药物预防。从育雏到上市应采用全进全出的饲养管理模式,饲养人员要固定,在出入禽舍时要更衣、换鞋和洗手。尽可能消除可能降低抵抗力的各种因素,如长途运输、过分挤压、透气差、空气污浊、阴雨潮湿、天气突变、禽舍潮湿、高温、寒冷、转群及惊群等。在疫情发生区,立即封锁养殖区,用 10% 新鲜石灰乳对养殖场进行消毒,加强应急处理,疫情严重时要按照《中华人民共和国动物防疫法》相关规定,扑杀患病家禽及同群家禽,并深埋或焚烧处理,对已排出的粪便要进行堆积无害化处理,禽舍、场地及用具都要彻底消毒,尽快扑灭疫情。

2. 免疫接种

（1）灭活苗　油乳剂灭活苗对禽安全，免疫期 4 个月，并且油乳剂灭活苗在存放 500 天后依然具有良好的保护力；蜂胶佐剂制成的灭活苗，免疫期在 6 个月以上，免疫保护率为 90%～96.5%。灭活苗一般做颈下部皮下注射，用于 2 月龄以上禽只，每只 0.5毫升，4～6 周后再进行 1 次加强接种。

（2）弱毒苗　弱毒苗是用筛选的自然弱毒株和人工培养致病菌株研制成的。现在应用的活菌疫苗有 731 禽霍乱弱毒苗（鹅源）、833 禽霍乱弱毒苗（兔源）和 G190E40 禽霍乱弱毒苗（鸡源）。弱毒苗的优点是免疫原性好，3～5 天就可以产生强免疫力，生产成本低，免疫谱广，免疫力为 60%～90%；缺点是安全性不能得到保障。

弱毒苗用于预防 3 月龄以上鸡、鸭、鹅的多杀性巴氏杆菌病，肌内注射。使用时按瓶签注明羽份，用 20% 铝胶生理盐水稀释，每只接种 0.5 毫升（1 羽份）。

【治　疗】

1. 抗生素治疗　采用抗生素治疗时，通常采用双抗交叉用药，且在用药前尽量先通过药敏试验选用最敏感的药物。青霉素5 万单位/千克体重、链霉素 3 万单位/千克体重，每日 1 次，连用 3天；磺胺嘧啶、磺胺二甲嘧啶以 0.5%～1% 拌料投喂；土霉素以0.2%～0.4% 比例加入饲料内，同时用 0.2% 红霉素液饮水；诺氟沙星以 0.5 克/千克拌料投喂 3～4 天，通常可在 2～3 天内控制疫情。尽管应用抗生素可以控制发病率，但停药后本病极易复发，而且抗生素在动物体中的残留，会间接影响人类健康。

2. 中草药治疗　中草药具有毒副作用低、无耐药性和药物残留的优势，可以在饲料中长期添加。

第三节 禽支原体病

禽支原体病是由致病性支原体引起的疾病,其中鸡毒支原体(MG)和滑液支原体(MS)是最主要的病原,对鸡和火鸡致病;还有火鸡支原体(Mm),对火鸡致病;伊阿华支原体(Mi),致死火鸡胚胎。本节重点介绍鸡毒支原体和滑液支原体,鸡毒支原体感染发生在鸡上通常被称为慢性呼吸道病,在火鸡上则为传染性窦炎。当与病毒混合感染时,滑液支原体可以引起气囊病变,滑液囊感染也可引起滑液囊炎。

【流行病学】

1. 鸡毒支原体病 本病在世界范围内流行,血清学调查感染率平均在70%~80%。只有鸡和火鸡敏感,以1~2日龄者最易感,成年鸡多为隐性感染。品种鸡比土种鸡易感。病鸡和带菌鸡是主要传染源,其分泌物、排泄物带有大量病原。可通过蛋从亲代家禽传给子代,也可通过相互间的直接或间接接触而在个体之间传播。直接与间接传播、水平与垂直传播,可通过空气、饮水、饲料、交配等经呼吸道、消化道、黏膜等多途径感染。冬、春寒冷季节多发。发病易受环境因素影响,如雏鸡的气雾免疫、卫生状况差、饲养管理不良、应激、其他病激发等可诱发本病。本病通常在鸡场长期存在、反复发生、流行缓慢,很难根除。

2. 鸡滑液支原体病 自然情况下仅感染鸡、火鸡和珍珠鸡,人工感染可致野鸡、鹅、鸭和虎皮鹦鹉发病。四季均可发生,但夏、秋季节易发。各种日龄鸡只均易感,1日龄和较大的火鸡可发生气囊炎,雏鸡易感性比成年鸡要高,抵抗力随年龄的增长而加强,外来引进品种或品系发病率高于本地品种。经卵黄囊接种18日龄的鸡胚可引起雏鸡发生滑膜炎和气囊炎。一般情况下,3~16周龄鸡和10~24周龄火鸡、成年鸡易发生急性感染,急性感染期之后出现的慢性感染可持续终生。

滑液支原体主要通过接触传播,带菌鸡、隐性感染鸡和病鸡是本病的传染源。可通过呼吸道传染,感染通常可达 100%。还可发生垂直传播,通过感染鸡或火鸡经蛋传播给子代,感染初期,经卵传播率较高。

【临床症状】

1. 鸡毒支原体病 成年鸡感染多呈亚临床(症状温和)表现,但雏鸡感染或混合感染时症状较典型。病初表现全身症状,精神沉郁、减食、缩颈、垂翅、羽松、体弱。随后出现典型症状,先流鼻液、摇头、吞咽、鼻孔周围污染,冒气泡,流泪。进而咳嗽,打喷嚏,张口呼吸,有啰音,近耳可听见呼噜音。眼结膜发炎、红肿、闭目,内有干酪样物,严重时呈干硬状物,突出眼外,似金鱼眼,因眶下窦有干酪样物蓄积,故表现颜面部肿胀。病程 1 个月以上,无并发症时死亡率仅在 10%左右,但病鸡发育迟滞。若继发感染则死亡率可达 60%。产蛋鸡感染后主要表现产蛋下降,种蛋的受精率和孵化率降低,孵出的弱雏多,易发病死亡。

2. 鸡滑液支原体病 鸡滑液支原体可引起呼吸道和传染性滑膜炎症状。经呼吸道感染的鸡在 4～6 天时出现轻度啰音,呈现慢性亚临床症状。呼吸型的鸡滑液支原体主要引起各种年龄的鸡发生气囊炎,多发生在寒冷季节。发病初期,鸡冠苍白,跛行,采食量下降,随着病情的发展,鸡群出现羽毛粗乱,鸡冠萎缩,大部分鸡关节、爪垫肿胀,胸部有水疱,尤其是肉鸡,关节炎症状明显,严重影响生产力。蛋鸡慢性感染表现关节肿大、腿瘫症状并不明显,病鸡呈现消瘦、脱水、生长缓慢,部分鸡排泄物中可见大量尿酸或绿色的尿酸盐沉积。

火鸡的主要症状是关节肿胀,跛行,一个或多个关节常见发热和肿胀,少数表现为胸骨滑液囊增大,严重感染的火鸡主要表现为体重下降,症状较轻的火鸡,适时隔离单独饲养并不影响其生长,而火鸡的呼吸道症状不常见,产蛋量和蛋品质变化不大,死亡率很低。

【病理变化】

1. 鸡毒支原体病 主要表现呼吸道渗出性炎症,尤其是气囊炎明显。气囊炎有 3 个标志:厚度增加,变混浊,有纤维素或干酪样渗出物,呈痘斑或念珠状。呼吸道的鼻孔、鼻窦、气管和肺中出现比较多的黏性液体或卡他性分泌物,气管壁略水肿。随着感染的发展,气囊逐渐混浊,气囊壁上出现干酪状渗出物,开始时如珠状,严重时成堆成块。眶下窦出现炎症,在火鸡眶下窦呈现黏性和干酪状渗出物。有时出现心包炎和肝周炎变化。出现关节症状时,关节周围组织肿胀水肿,关节液增多,开始时清亮而后浑浊,最后呈奶油状。

2. 鸡滑液支原体病 病禽腱鞘呈现滑膜炎、滑液囊肿胀及靠近末端处有水疱样肿胀,水疱腔内渗出的液体呈白色或淡黄色,清亮透明,关节、爪垫肿胀,剖开肿胀部位可见大量黏稠渗出液。随着病情的加重,切开肿胀部位常流出大量液体,有的可见黄白色干酪样或黏稠黄色胶冻样物质。病鸡肝、脾、肾肿大,鼻腔、气管常无肉眼病变。有时可见到轻微的气囊炎,部分鸡可见胸腹气囊囊膜增厚,有气囊炎现象。

【诊　断】 根据临床症状和病理变化进行禽支原体的实验室诊断是非常必要的,通常禽支原体病的实验室诊断方法包括病原的培养和分离鉴定、血清学诊断以及分子生物学方法。

【预　防】

1. 综合性措施 采取改善饲养环境、提高卫生水平,强化饲养管理等综合性的生物安全措施在本病的防治上尤为重要。还要加强祖代和父母代种禽群支原体病的流行病学监测,坚持预防为主、加强管理、综合防治的原则,从源头控制本病的发生和流行,致力于无支原体感染种鸡群的培育。实行全进全出的饲养模式,增加批间间隔,加强消毒和检疫,减少鸡群应激反应。

经卵传播是鸡毒支原体的一条重要传播途径,阻断这条途径是培育无支原体鸡群的基础。采用抗生素处理法与加热法处理种蛋可以降低或消除卵内的支原体。

2. 免疫接种　疫苗接种是一种减少支原体感染的有效方法。目前禽支原体疫苗主要有弱毒苗如 F36 株、F(MGF)株、6/85 株、TS-11 株和灭活苗 2 种。

(1)弱毒苗　目前国际上和国内使用的活疫苗是 F 株疫苗。F 株致病力极轻微,给 1 日龄、3 日龄和 20 日龄雏鸡点眼接种不引起任何可见症状或气囊的变化,并且不影响增重。

(2)灭活苗　用鸡毒支原体国际标准株 R 株和 S6 株制成油乳剂灭活苗,经临床应用后,免疫期达 6 个月以上。免疫程序:6～20 日龄用支原体弱毒活疫苗点眼免疫,一般免疫 1 次即可,10～16 周龄也可再用活疫苗补免 1 次。种鸡在开产前最好用油乳剂支原体灭活苗免疫。

目前用于预防鸡滑液囊支原体病的疫苗主要有澳大利亚亚临床分离株经过突变提选出一种活的温度敏感型 MS 疫苗(MS-H),其有效性和安全性在实验室和临床上已经得到证实。

3. 培育无支原体感染鸡群　①种鸡抗生素保健,降低母鸡的支原体带菌率和带菌强度,从而降低蛋的污染率和污染强度。②用 45℃经 14 小时处理种蛋,消灭蛋中的支原体。③种蛋小批量孵化,每批 100～200 只,减少孵出雏鸡相互之间可能的传染机会。④小群分群饲养,定期进行血清学检查,一旦出现阳性反应鸡,立即将小群淘汰。⑤做好孵化箱、孵化室、用具、房舍等的消毒和隔离工作,防止外来感染进入群内。

按以上程序育成的鸡群,在产蛋前全部进行一次血清学检查,必须是无阳性反应群才能用作种鸡。当完全阴性反应亲代鸡群所产的蛋,不经过药物或热力处理孵出的子代鸡群,经过几次检测都未出现一只阳性反应鸡后,可以认为已建立成无支原体感染群。

【治 疗】 药物治疗能有效地减轻支原体病的感染,根据药敏试验结果,选用高敏感药物对发病鸡群进行治疗。禽支原体病敏感药物包括泰乐菌素、恩诺沙星、泰妙菌素、多西环素、土霉素、四环素、林可霉素和氟苯尼考等,拌料、饮水均可。

第四节 禽大肠杆菌病

禽大肠杆菌病是由禽致病性大肠埃希氏菌所引起的传染病,包括大肠杆菌性败血症、肉芽肿、心包炎、肝周炎、气囊炎、蜂窝织炎、输卵管炎等。本病在雏禽、肉禽和产蛋禽开产阶段中经常发生,发病快、死亡率高,严重威胁养禽业的发展。

【流行病学】 本病一年四季均可发生,以冬末春初和气温多变季节多发。在自然条件下,可发生在不同日龄的禽,3～6周龄幼雏和中雏最易感,鸡胚及1日龄雏鸡均可感染,导致孵化后期鸡胚死亡,出壳弱雏增多,孵化率及育雏率降低。产蛋鸡亦可发病,常引起生产性能下降、死亡率增加或继发感染其他疾病而导致严重的经济损失。

本病多呈地方性流行或散发,发病率在 30％～70％,死亡率在 4％～75％。本病的传染源是带菌鸡和病鸡,鸡场环境中和病死鸡体内存在大量大肠杆菌。病原主要是通过被病原污染的蛋壳、排泄物、饮水、患病鸡的分泌物及被污染的饲料、食具、垫料及粉尘而传播。

【临床症状和病理变化】 主要表现为精神沉郁、食欲下降、羽毛粗乱、消瘦。侵害呼吸道会出现呼吸困难,黏膜发绀;侵害消化道后出现腹泻,排黄色、白色、绿色稀便;患卵黄性腹膜炎与卵黄囊炎脐炎者,腹部膨胀下坠;患关节炎者表现为跗关节或趾关节肿大,在关节附近有大小不一的水疱和脓疱;患眼炎者表现为眼前房蓄脓,有黄白色渗出物,有些病鸡一侧眼睑肿胀,眼睛呈一细缝,严重者上、下眼睑粘连甚至失明;患脑炎者表现为头颈震颤,角弓反张,呈阵发性发作,有的鸡双脚干瘪,不能站立或单脚跛行,发病后期严重脱水,衰竭死亡。

1. 急性败血型　病鸡突然死亡,症状不明显;部分病鸡离群呆立,或挤堆,羽毛松乱,食欲减退或废绝,排黄白色稀便,肛门周围羽毛污染,发病率和死亡率较高。病理变化为纤维素性心包炎,表现为心包积液,心包膜混浊、增厚、不透明,内有纤维素性渗出物,与心肌相粘连;纤维素性肝周炎,表现为肝脏不同程度肿大,表面有不同程度的纤维素性渗出物,整个肝脏被一层纤维素性薄膜所包裹;纤维素性腹膜炎,表现为腹腔有数量不等的积液,混有纤维素性渗出物,或纤维素性渗出物充斥于腹腔肠道和脏器间。

2. 卵黄性腹膜炎　又称"蛋子瘟",这是笼养蛋鸡的一种重要疾病。病死母鸡外观腹部膨胀、重坠,剖检可见腹腔积有大量卵黄,呈广泛性腹膜炎症状,肠道或脏器间相互粘连。输卵管产生炎症,炎症产物使输卵管伞部粘连,漏斗部的喇叭口在排卵时不能打开,卵泡因此不能进入输卵管而跌入腹腔,引起本病发生。

3. 输卵管炎　多见于产蛋期母鸡,产蛋鸡常发生慢性输卵管炎,其特征是输卵管高度扩张,充血和出血,内有多量分泌物,管腔内有蛋白和纤维素凝块,严重时塞满凝固的蛋白和卵黄,管壁表面不光滑,产畸形蛋和内含大肠杆菌的带菌蛋,严重者减蛋或停止产蛋。

4. 肉芽肿　病鸡肛门下方羽毛潮湿、污秽、粘连,这是本菌引起腹泻的一种征兆。部分成年鸡感染大肠杆菌后,常在肠道等处产生大肠杆菌性肉芽肿,十二指肠和盲肠等部位及偶尔在肝和脾脏产生肉芽肿,病变可从很小的结节到大块组织坏死,结节切面呈黄白色,呈现放射状、环状波纹或多层性。

5. 生殖器官病 患病母鸡卵泡膜充血,卵泡囊肿、变性、变形,局部或整个卵泡呈红褐色或黑褐色,有的硬变,有的卵黄变稀,有的卵泡破裂,输卵管黏膜有出血斑和黄色絮状或块状的干酪样物;公鸡睾丸膜充血,生殖器充血、肿胀。

6. 关节炎或足垫肿 幼、中雏感染居多,一般呈慢性经过,病鸡关节肿胀,跛行,表现纤维素性化脓性关节炎,主要在于跗关节和趾关节,发炎关节肿大,关节囊肥厚,关节液浑浊且有豆腐乳样黄白色渗出物,从关节和足垫中可分离到大肠杆菌。

7. 卵黄囊炎和脐炎 指幼鸡的卵黄囊、脐部及其周围组织的炎症。主要发生于孵化后期的胚胎及 1～2 周龄的雏鸡,死亡率为 3%～10%,甚者高达 40%。

8. 眼球炎 常发生于败血型的流行后期,一般仅一只眼发炎。病鸡眼睛呈灰白色,角膜混浊,眼前房蓄脓,有干酪样渗出物,眼结膜潮红,常因全眼球炎而失明。全眼都有异嗜性粒细胞和单核细胞浸润,脉络膜充血,视网膜完全被破坏。

9. 气囊病(呼吸道感染) 主要发生于 5～12 周龄的雏鸡,以 6～9 周龄发病率最高。本病通常是大肠杆菌和其他病原微生物如支原体、传染性支气管炎病毒、新城疫病毒等混合感染所致。气囊发炎时,气囊混浊,不均匀增厚。气囊表面和腔内有黄白色纤维素性渗出物。死亡主要发生在发病的前 5 天,丧失食欲的病鸡消瘦,最后死亡。

10. 鸡胚与幼雏早期死亡 产蛋鸡患输卵管炎和卵巢炎时,或者蛋壳受到粪便污染时,致病性大肠杆菌侵入蛋内,在孵化时期大量增殖,使种蛋孵化率降低,鸡胚在孵化后期或临出壳时死亡。鸡胚卵黄囊内容物变为干酪样或黄棕色的水样物质。蛋内未死的鸡胚,出壳后活力差,发生脐炎,排黄绿色、灰白色泥土样粪便,多在 2～3 天内死亡,存活 4 天以上的雏鸡经常发生心包炎和卵黄感染。

【诊 断】 根据流行病学、临床症状和病理变化可做出大体诊断,但其他种类的微生物也可引起类似于大肠杆菌引起的病变,应注意鉴别。

【预 防】 目前,禽大肠杆菌病防治存在的主要问题是：①禽致病性大肠杆菌血清型众多,我国现已报道的鸡致病性大肠杆菌血清型有 70 多种,现有的疫苗不能有效防治；②由于抗菌药物的大量使用,大肠杆菌耐药性的广泛产生,发病后药物治疗效果不理想；③养禽场综合防治措施不完善,饲养管理水平不高,为禽大肠杆菌病的发生和传播提供了外界条件。

1. 引种检疫 引进种鸡,严格检疫,及时检蛋,入孵前彻底清洗消毒种蛋。加强孵化厅、孵化用具的消毒卫生管理。坚持自繁自养,应从正规的、有质量保证的种鸡场进雏。

2. 加强饲养管理和卫生消毒 加强饲养管理,给鸡群提供全价优质饲料,保证足量的维生素、矿物质和电解质,充分满足鸡只的营养需求。做好环境的卫生消毒工作,在生产中各个环节严格执行卫生防疫措施。消除各种发病诱因,加强环境控制,如保温、通风、湿度、垫料、饮水、卫生条件、断喙、转群、运输、设备维修、异常噪声等方面的管理,减少或防止诱因的出现和发生,为鸡群创造一个良好的生存环境,使鸡群保持良好的生长、生产状态。应及时清扫鸡舍内的粪便,实行全进全出,定期消毒禽舍及其周围环境。

3. 疫苗免疫 接种大肠杆菌疫苗可在一定程度上控制本病的发生,但因大肠杆菌血清型较多,其效果并不十分理想。大肠杆菌疫苗只对同血清型的菌株产生较好的保护作用,对不同血清型的菌株保护力很低,甚至不产生交叉保护,因此在进行疫苗防治之前应进行当地的血清型鉴定。

【治 疗】

1. 噬菌体治疗 噬菌体是一类细菌依赖性的病毒,又称为细菌病毒,能在菌体内快速增殖并最终裂解细菌,从而达到抗菌效果。噬菌体可以随宿主菌的增殖而增殖,并在细菌感染的整个过程中发挥作用,副作用小,不会影响禽大肠中的微生态环境,具有对特定菌型的高度特异性,能靶向到达细菌表面受体,从而弱化耐药突变,较少发生耐药性,故噬菌体可以单独使用,也可以与其他抗生素联合使用以减少耐药性问题。

目前,噬菌体治疗尚有局限性,如噬菌体宿主特异性强,治疗的宿主谱很窄。噬菌体治疗的最佳时间和剂量不易掌握。噬菌体在体内存留时间短,作为异源性物质,噬菌体可刺激机体免疫系统产生免疫应答,产生的抗体可能抑制噬菌体与相应宿主菌的结合,从而抑制其抗菌作用,而且噬菌体还会被机体防御系统快速清除。噬菌体携带某些毒素基因,编码大肠杆菌不耐热肠毒素的基因就是由噬菌体介导的。因此,现阶段噬菌体大规模治疗禽大肠杆菌病还不成熟。

2. 抗生素治疗 抗生素与化学抗菌药物是治疗鸡大肠杆菌病的有效药物,β-内酰胺类、氨基糖苷类、四环素类、氟喹诺酮类药物均被广泛应用于临床。传统的抗生素在临床上治疗大肠杆菌病均有不同程度的疗效,但均因耐药菌株的出现,疗效不断降低而被淘汰。而新药因其广谱、毒副作用小、高效等特点,得到了较为广泛的应用,但仍然摆脱不了耐药性的问题。按照目前的科研水平,新药的开发速度远远不如细菌产生耐药性的速度,因此要想有效地控制大肠杆菌引起的疾病,必须合理使用目前已推出的抗菌药物。

3. 微生态制剂治疗 微生态制剂是一种含有大量有益菌的活菌制剂。试验表明,微生态制剂对预防和治疗鸡大肠杆菌病有一定效果,其中预防效果优于治疗效果,微生态制剂的治疗效果不理想。

4. 免疫球蛋白疗法 用经过大肠杆菌疫苗免疫过的健康鸡

血清中获得的免疫球蛋白制剂用于雏鸡,可以大大提高雏鸡对大肠杆菌病的抗病力,其保护率可达 90％以上。

5. 中药治疗　中草药在治疗大肠杆菌病方面别具一格,集清热、解毒、杀菌、促进免疫于一体,标本兼治,效果确实。其作用机制是中药对细菌菌株的抑菌杀菌作用、中药抗内毒素的作用与抗炎抗损伤作用、中药及中药复方对耐药菌株耐药性的消除作用等 3 个方面。

民间验方:黄连 30 克,黄芩 100 克,地榆 100 克,赤芍 50 克,牡丹皮 50 克,栀子 50 克,木通 60 克,知母 50 克,肉桂 20 克,板蓝根 100 克,紫花地丁 100 克,以上药量为 1 000 只鸡一次用量,混合研末后拌料投喂,连用 2～3 天,可取得良好的防治效果。

第五节　鸡葡萄球菌病

鸡葡萄球菌病是由致病性金黄色葡萄球菌引起的一种急性、败血性或慢性传染病。

【流行病学】　金黄色葡萄球菌可侵害各种禽类,鸡和火鸡最易感染,不同日龄的鸡群、鸡胚都可感染,以 28～80 日龄的鸡只发病率最高。通过皮肤和黏膜创伤进行传播,也可通过直接接触和空气传播,雏鸡脐带感染是最常见的传播途径,刮伤、刺伤、扭伤、断喙、啄伤、戴翅号等都会给本病的传播创造有利条件。本病一年四季均可发生,特别是在每年 8～11 月份阴雨潮湿的季节发生较多。

【临床症状】

1. 急性败血型　多发生于中雏。病鸡出现全身症状,精神沉郁,羽毛松乱,不愿走动,双翅下垂,缩颈呆立,眼半闭呈嗜睡状态,体温升高,食欲减退或废绝。个别鸡有下痢现象,粪便呈灰白色稀便。在濒死期或死后可见胸、腹部和大腿内侧皮下呈紫红色或紫黑色,触摸有明显波动感,局部羽毛用手轻轻一摸即可脱落;有些病鸡有数量不等的血样渗出液,或皮肤可自然破溃,破溃后流出褐色或紫红色液体,并与周围羽毛发生粘连;有些病鸡可见头、颈、翅膀、颜面、肉髯、腿、背部等出现大小不等的出血斑,局部发炎、坏死或有暗紫色干燥结痂。最终病鸡站立不稳,倒地,病程多为 2~5 天,可在 1~2 天内死亡。

2. 关节炎型 多发生于成年鸡或肉种鸡的育成阶段,表现多个关节发生炎性肿胀,特别是跗关节和跖关节较为多见,关节有热痛感,局部呈紫红色或紫黑色,可见外伤或破溃;个别病鸡还出现趾瘤,脚底肿大,有的病鸡趾端坏疽、干脱,跛行,双翅下垂,不愿走动,常蹲伏或侧卧在水槽或料槽附近,虽然能采食和饮水,但因采食困难,呈渐进性消瘦,最后因机体衰竭而死亡。

3. 脐炎型 主要发生于出壳不久的雏鸡,病鸡除了全身症状外,可见脐孔发炎肿胀、潮湿,腹部膨大,局部呈黄红色或紫黑色,触之质硬,临床上又称"大肚脐"。患脐炎的雏鸡,一般在出壳 2~5 天内死亡。

4. 眼型 病程长的病鸡,可见头部肿大,上、下眼睑肿胀,闭眼,眼内有脓性分泌物,并可见肉芽肿,眼球下陷、失明。

【病理变化】

1. 急性败血型 全身症状明显,病死鸡胸部、腹部羽毛脱落,皮肤呈紫黑色。剖检后可见整个腹腔皮下充血、溶血,有大量胶冻样红色或粉红色水肿液。两腿内侧都有水肿,肌肉有出血斑点或条纹。肝脏肿大,呈花斑样或紫红色,有白色坏死点。脾脏、肾脏肿大,并有黄白色坏死点,心包液半透明,呈黄红色。个别病例可见肠炎,肠内容物呈水样。

2. 慢性关节炎型 剖检可见关节炎和滑膜炎症状,滑膜增厚,充血和出血,关节腔内有浆性、纤维素性或黏液性渗出物。病程较长者,后期渗出物变成脓性和干酪样坏死,关节周围组织增生导致关节畸形。

3. 脐炎型　脐部肿大、发炎,呈紫黑色,并有暗红色或黄红色液体,时间略久则为脓性或干酪样渗出物。

4. 眼型　病鸡眼结膜发炎、充血、出血等,眼睛半闭,流出黄色脓性分泌液,严重的病例,眼眶下窦肿胀突出,若病程较长,眼球则下陷干缩。

【诊　断】　根据流行特点、临床症状、病理变化等可以做出初步诊断,确诊需进行实验室诊断。无菌采集病鸡的血液、皮下渗出液、腱鞘液、肝、脾、雏鸡卵黄液等病料进行涂片,经革兰氏染色后镜检,可发现大量葡萄球菌。同时,进行细菌的分离培养和鉴定,最终方可确诊。

【预　防】　避免发生外伤,消除感染隐患。鸡舍内安装的网架结构要安全合理,地板网安装要整齐严密,不要有过大的缝隙。网眼要合适,若网眼过大,在育雏或育成早期,应用塑料网覆盖。捆扎地板网或塑料网的铁丝断端不应有"毛刺",脱焊的地板网应及时维修。

坚持定期消毒,加强孵化控制,降低感染率和发病率。

加强饲养管理,提高鸡群抗病力。供给全价平衡饲料,特别注意补充维生素和矿物质,以提高鸡群健康水平。经常保持鸡舍通风干燥,合理安排饲养密度,防止因拥挤而发生外伤。光照要强弱适中,适时断缘,防止相互啄羽、啄肛而造成感染。

【治　疗】

1. 西药治疗　氨苄青霉素可溶性粉,每100升水加100克,混饮,每天1次,连用3～5天。在混饮药物的同时,加饮电解多维,用量为每100升水加50毫升。严重病例可肌内注射硫酸庆大霉素,前2天剂量为6 000～12 000单位/千克体重,后2天剂量为3 000～8 000单位/千克体重,每天2次,4天为1个疗程;同时,用麦迪霉素拌料投喂,剂量为每35千克饲料用40毫克,隔日

1次,连用5次。

2. 中药治疗 地骨皮10份,白头翁10份,紫草10份,桉叶10份,黄柏10份,野荞麦10份,黄芩5份,龙胆草5份,紫花地丁5份,茜草5份,五味子3份,石榴皮3份,车前子3份,白矾3份,焦大黄3份,甘草3份。将上述中药粉碎,充分浸泡,取药液供鸡群饮用。

第六节　鸡传染性鼻炎

鸡传染性鼻炎(IC)是由副鸡嗜血杆菌引起鸡的以流鼻液及发生鼻窦炎为特征的传染病。

【流行病学】 本病主要发生于鸡,各种年龄和品种的鸡均可发病,火鸡、雉鸡、鹌鹑、珍珠鸡偶然发病。主要传播方式是呼吸道和消化道传播,也可通过空气中的带菌飞沫,以及污染的饲料、饮水和料槽等设备传播。本病一年四季均可发生,但以秋、冬寒冷季节多发。现在养殖硬件设施得到明显改善,因此本病的暴发一般与管理有很大关系,环境不良(通风系统设计不合理、鸡群饲养密度过大、不同日龄批次鸡群混合饲养等)是诱导本病发生的主要因素之一。

【临床症状】 病鸡最初的症状是发热,食欲减退,流稀薄鼻液,有些病鸡可能看不到流鼻液,但在挤压鼻腔时,会有鼻液流出。嗜睡,精神沉郁,离群发呆,打喷嚏,发生轻微呼噜声。发病3~5天后,病鸡颜面肿胀或水肿,有眼结膜炎、眼睑肿胀,出现眼睛流泪、流鼻液,先为浆液性,后为脓性,其中混有泡沫,呼吸困难,出现呼噜声和奇怪的咳嗽声,同时出现排白色、黄色、绿色稀便现象。病鸡频频甩头,打喷嚏,欲将呼吸道内的黏液排出,这一现象在采食以及遇到冷空气时尤其明显。后期一侧眼肿,颜面部肿胀,单眼失明,同时两鼻孔中流鼻液,患眼的同一侧鼻孔被鼻液形成的黄色结痂堵塞，另一鼻孔中的鼻液随呼吸而形成气泡，且散发有特殊的刺鼻性气味。仔鸡生长不良，成年母鸡产蛋减少，产蛋率及采食量下降，软壳蛋增加。公鸡肉髯常见肿大。

【病理变化】　剖检可见颜面部、眼睑、肉髯明显水肿，有时眼、鼻流出恶臭的黏性、脓性分泌物，并在鼻孔周围形成痂皮。鼻腔和窦黏膜呈急性卡他性炎，充血肿胀，表面覆有大量黏液、窦内有渗出物凝块，后成为干酪样坏死物。常见卡他性结膜炎，结膜充血肿胀，脸部及肉髯皮下水肿，发生结膜炎时，结膜充血肿胀，内也有干酪样物，严重的可引起眼睛失明。病程较长时，可见尸体消瘦，胸骨突出，多数消化道内空虚无食物。鼻窦、眶下窦内积有多量的黄色干酪样物。气管和支气管可见渗出物，严重者因干酪样物质阻塞呼吸道而造成肺炎和气囊炎。其他器官如心、肺、肝、肾、胃、肠等均无严重病变。产蛋鸡输卵管内有黄色干酪样分泌物，卵泡松软、血肿、坏死或萎缩，有腹膜炎。公鸡睾丸萎缩。

【诊　断】　根据流行病学、临床症状、病理变化可以做出初步诊断，确诊则有赖于实验室方法。

【预防和治疗】

1. 管理预防措施

（1）鸡群净化　病鸡和康复带菌鸡是本病的主要传染源，凡是发生本病的鸡场要淘汰病愈鸡和带菌鸡，更新鸡群，严格执行"全进全出"的净化制度，保持健康种群。引种时要确认种鸡场近期有无鸡传染性鼻炎的发生。

（2）卫生消毒　对可疑或者确诊感染鸡传染性鼻炎的鸡群，应严格执行隔离制度，并且对鸡舍、用具和饲养设备进行彻底清洗和消毒灭菌。

（3）消除致病诱因　加强饲养管理，消除诱导因素。气温突变、高温高湿、鸡群过分拥挤、鸡舍通风效果不佳、环境卫生较差、外来人员出入频繁及消毒不及时均可能成为本病的诱因。

2. 药物治疗及预防　本病病原对许多抗菌药物均敏感，如磺胺嘧啶、链霉素、红霉素、土霉素、金霉素、壮观霉素、林可霉素、环丙沙星、诺氟沙星、恩诺沙星等，在发病早期及时在饲料或饮水中添加一些敏感抗菌药物，能取得良好的治疗效果。用药物治疗鸡传染性鼻炎，最佳方式是联合用药，要考虑鸡群给药途径和食品安全问题，具体选择何种途径，要根据鸡群采食或饮水情况决定。通常采用局部用药（滴鼻、点眼）与全身用药相结合的方法，肌内注射效果最好。

现在养殖生产中使用兽药比较多，很容易造成过度用药，导致鸡群耐药性增强。最好的解决方法是做药敏试验，根据药敏试验结果正确选择最敏感的药物。同时，还要注意正确使用抗生素，防止产生耐药性。

中草药治疗可用白芷、益母草、乌梅、防风、诃子、泽泻、猪苓各 100 克，黄芩、半夏、生姜、甘草、桔梗、辛夷、葶苈子各 80 克，混匀粉碎，拌料饲喂，该方为 100 只鸡 3 天的药量，即每只鸡每天 4.2 克，连用 5 天。

3. 疫苗免疫预防　用疫苗免疫预防是防治本病的关键。目前市售的疫苗种类繁多，因佐剂不同分为油苗、水苗（氢氧化铝）和蜂胶苗，因所选疫苗菌株不同分为单苗或双价、三价苗。一般首免可安排在 50～60 日龄，二免安排在 120～130 日龄，必要时过 3～4 个月再接种 1 次。接种途径可以是皮下或皮内注射。

第七节　鸭传染性浆膜炎

鸭传染性浆膜炎又称为鸭疫里默氏杆菌病（RAI）、鸭疫综合征、鸭疫巴氏杆菌病等，是由鸭疫里默氏杆菌（RA）引起的一种主要侵害鸭、火鸡和其他鸟类的接触性传染病。

【流行病学】　鸭传染性浆膜炎呈世界性分布，在所有集约化养鸭国家均有发生,主要发生于家鸭,1～8 周龄的小鸭最易感。主要经呼吸道、皮肤伤口尤其是脚部皮肤感染而发病。饲养环境恶劣及饲料中缺乏维生素或微量元素,蛋白质水平过低等均易造成或发生并发症。在污染鸭群中,感染率可高达 90％以上,受多种因素的影响,死亡率差异很大。经静脉、皮下、脚蹼及气管途径感染均可以复制本病,但经口接种感染复制本病未能成功。本病潜伏期一般为 2～5 天。

【临床症状】　最急性病例出现在禽群刚开始发病时,通常看不到任何明显症状即突然死亡。急性病例多见于 2～3 周龄的雏禽,病程一般为 1～3 天。4～7 周龄雏禽多呈亚急性或慢性经过,病程可达 7 天或 7 天以上。病鸭表现倦怠,缩颈,腿软无力,不愿行走,常伏卧,步态不稳,运动失调,甚至瘫痪。排白色稀便,少数为绿便。部分病鸭有呼吸道症状,咳嗽,打喷嚏。眼、鼻分泌物增多,有浆性、黏性或脓性分泌物,常使眼眶周围的羽毛粘连,民间称"戴眼镜"。分泌物凝结后常堵塞鼻孔,使病鸭表现呼吸困难。临死前表现神经症状,精神沉郁,颈震颤,点头,角弓反张,摇尾抽搐,阵发性痉挛。病鸭生长缓慢,发育不良,死亡率在 5％～75％不等,而发病率往往比较高。

【病理变化】　病变最明显的特征是浆膜炎症的全身化,广泛性的纤维素性渗出物可发生于全身浆膜面,故本病又有"传染性浆膜炎"之称。以心包、肝脏表面和气囊最为明显,构成纤维素性心包炎、肝周炎、气囊炎,渗出物中除纤维素外,尚有少量炎性细胞,随着时间延长,渗出物可有部分机化和干酪化。中枢神经系统感染可出现纤维素性脑膜炎,从而表现不同程度的神经症状。病程较长者,则心包囊有淡黄色纤维素充填,使心包膜与心外膜粘连。心包膜与胸膜粘连,较难剥离,渗出物已经干燥,机化或干酪化。心肌变性,横纹消失,间质炎性水肿导致肌纤维束松散。肝、脾多有肿大,少数病例可见输卵管炎,输卵管中有干酪样渗出物。

【诊　断】　根据本病的流行情况、临床症状和病理变化，一般可做出初步诊断，但确诊必须依赖于实验室手段，需要进行鸭疫里默氏杆菌的分离和鉴定。血清学诊断中，免疫荧光技术可用于检查病鸭组织或渗出物中的病原。

【预　防】　保持良好的环境卫生，严格执行隔离消毒制度。加强饲养管理，不从有本病流行的禽场引进种蛋和雏禽，采用"全进全出"的饲养制度，使用全价日粮，提高抵抗力。要注意改善环境条件，特别是鸭舍要通风透气、降低舍内湿度，饲养密度要合理，雏鸭要勤换干净（或经消毒）的垫料，经常清除粪便和做好场地消毒，尽量避免强应激因素的影响，对于发病的禽场，应对禽舍、场地及各种用具进行彻底、严格的清洗和消毒，必要时应当全场停养2～4周。

【治　疗】

1. 西药治疗　药敏试验表明，鸭疫里默氏杆菌对林可霉素、羟苄青霉素、氨苄青霉素、丁胺卡那霉素、硫酸新霉素高度敏感，对恩诺沙星高敏，对诺氟沙星、环丙沙星、红霉素、庆大霉素中度敏感，对青霉素、土霉素不敏感。鸭疫里默氏杆菌菌株耐药谱很广，但对头孢类药物（如头孢拉啶、头孢克洛等）和利福平却普遍高度敏感。

各地分离的菌株对各种抗菌药物的敏感性不尽相同，可能是鸭疫里默氏杆菌极易产生耐药性的缘故，因此应交替使用各种抗生素，用药前最好先进行药敏试验，根据药敏试验结果选择敏感药物。

2. 抗菌中药及其提取物治疗　中草药及中药复方制剂对鸭传染性浆膜炎有较好的防治效果，并具有残留低、治愈率高、无耐药性等特点。研究表明，黄连、大黄、黄柏、板蓝根、石榴皮、蒲公英等均对鸭疫里默氏杆菌有较强的抑制作用。牛至油是一种从自然界植物牛至中提取的挥发油，是一种新型动物保健药物。其主要成分有香芹酚、麝香草酚、百里酚等。牛至油在稀释至 4 000～5 000 倍时仍具有较强的抗菌活性，并对多种细菌有效。因此，牛至油是今后用于治疗鸭传染性浆膜炎，尤其是治疗耐药广泛的鸭疫里默氏杆菌菌株感染的重要中药。

3. 免疫接种　免疫预防是一种高效而经济的手段，对雏鸭进行免疫接种是控制本病的一种发展方向。国内研制了菌素苗、铝胶和蜂胶佐剂苗、油乳佐剂苗及含有大肠杆菌的二联苗等多种形式的疫苗。传染性浆膜炎铝胶苗对 1 周龄雏鸭进行免疫，可保护 4 周龄以内鸭群不发病；对 4 周龄以后仍有发病的鸭场，可在首免后 1～2 周时进行二免，则能保护肉鸭至上市日龄。有人用鸭传染性浆膜炎-大肠杆菌多价蜂胶复合佐剂二联苗免疫，雏鸭（7～10 日龄）每只皮下注射 0.3 毫升，成年鸭每只皮下注射 0.5 毫升，获得良好的效果。有人使用油乳佐剂灭活苗的免疫程序为 8 日龄时每只颈背部皮下注射 1 毫升，21 日龄时进行二免，每只颈背部皮下注射 1 毫升。

第八节　禽曲霉菌病

禽曲霉菌病是由真菌中的曲霉菌引起多种禽类的真菌病，主要特征是呼吸道发生炎症，特别是在肺和气囊发生广泛的炎症和小结节，故又称曲霉菌性肺炎。

【流行病学】　禽类对曲霉菌的感染无品种和性别的差异，各种禽类都有易感性，尤以幼禽易感性最强。传播途径主要是经呼吸道将孢子吸入气管内，引起肺和气囊的感染，也可通过眼睛和孵化期间曲霉菌穿透蛋壳感染。主要传播媒介是被曲霉菌污染的垫料和发霉饲料。本病一年四季均可发生，特别是在夏、秋阴雨季节最易发生，主要发生于 1～4 周龄的幼雏，特别是 20 日龄以下的雏鸡，多呈急性暴发和群发性发生，发病率和死亡率极高。

随着日龄的增加,发病率逐渐减少,3周龄以上雏鸡发病基本不出现死亡,成年鸡多呈散发、慢性经过,对规模化养鸡场危害较大。

【临床症状】 发病初期,雏鸡表现精神沉郁,羽毛松乱,食欲减退,不爱运动,双翅下垂,嗜睡,冠、肉髯变紫,随后出现呼吸困难,张口喘气,病鸡头颈向上伸,将雏鸡放在耳边可听到沙哑的水泡声响,有时打喷嚏、摇头、甩鼻,个别鸡眼、鼻流黏液。发病后期可出现下痢现象,最后倒地,头向后弯曲死亡,病程一般在2~7天。有些雏鸡可发生曲霉菌性眼炎,一侧眼结膜充血、肿胀,并有浆液性分泌物,个别严重病例眼睑下有干酪样凝块,致使眼睑鼓起。成年鸡主要表现为慢性经过,鸡发育不良,羽毛松乱无光泽,消瘦,产蛋量下降,慢性病例病程可达数天或自行康复。

【病理变化】 病变主要在肺和气囊,肺脏肿大,肺、气囊和腹腔膜上有小米至大豆或绿豆大小的霉菌结节,结节呈黄白色或淡黄色,触之柔软且有弹性,切面呈干酪样,胸、腹部气囊膜增厚,呈云雾状混浊。在肺、气囊和腹腔浆膜上有肉眼可见的成团霉菌斑,较大的菌斑呈深褐色,用手拨动时,可见到粉状物飞扬。

【诊　断】 根据流行特点、临床症状及病理变化等可初步确诊为鸡曲霉菌病。确诊需采取病鸡肺、气囊上的结节病灶,置于载玻片上,加1滴生理盐水或10％氢氧化钠(或氢氧化钾)溶液少许,然后用无菌针头划碎病料,加盖玻片后镜检,见到特征性的曲霉菌菌丝和孢子,即可确诊。若检测不到曲霉菌,就必须采取结节病灶接种在沙堡氏或查氏培养基上,进一步做霉菌分离培养,观察菌落颜色、形态及结构,然后进行检查鉴定,最终确诊。

【治　疗】 将病雏从原育雏室转出精心治疗、饲养,并将污染的垫料和饲料清除干净。用20％石灰乳彻底消毒后,换入新的垫料,并饲喂质量好的饲料。每天给鸡群用1∶2 000~3 000的硫酸铜溶液来代替饮水,连用3天,可以控制本病的发生和发展。对病鸡使用碘化钾来治疗,每升水中加入5~10克碘化钾饮水,效果很好。制霉菌素对本病有一定的疗效,雏鸡 3～5 毫克,成年鸡 15～20 毫克,混在饲料中饲喂,连用 3～5 天。

也可用以下中草药方剂治疗。

方剂 1:鱼腥草 60 克,蒲公英 30 克,筋骨草 15 克,桔梗 15 克,山海螺 30 克。煎汁代替饮水,可以供给 100 只 10～20 日龄的幼雏 1 天饮用,连用 1 周。

方剂 2:肺形草 48 克,鱼腥草 48 克,蒲公英 15 克,筋骨草 9 克,桔梗 15 克,山海螺 15 克,煎汁代替饮水,可以供给 100 只 10～20 日龄的幼雏 1 天饮用,连用 1 周。

第九节　禽链球菌病

禽链球菌病是由链球菌感染引起的一种急性败血性或慢性传染病。

【流行病学】　禽类链球菌病在世界各地均有发生,在我国亦普遍存在。易感动物有家兔、小鼠、火鸡、鸽、鸡、七彩山鸡、鸭和鹅等。链球菌主要通过口腔和气雾传播,也可通过皮肤伤口传播,有时吸血昆虫也可间接传播,肠道菌株能通过种蛋传染给雏鸡,成年鸡则通过采食被污染的饲料和饮水而发病,由于健康禽的上呼吸道黏膜及肠道中存在链球菌,所以当机体抵抗力下降时可导致本病的发生和蔓延。兽疫链球菌的气雾传播可导致鸡发生急性败血症。本病潜伏期从 1 天至几周,通常为 5～21 天。

【临床症状】　病禽精神倦怠、食欲减退或废绝、缩颈怕冷,腹侧体表被粪便污染,组织充血,头部羽毛蓬乱,排黄色稀便,消瘦,冠和肉髯苍白。牛链球菌感染鸽可引起急性死亡,偶尔伴有呼吸急促、跛行、厌食、消瘦、多尿、排绿色稀便等。

1. 鸡　鸡链球菌病又称睡眠病,是由非化脓性、有荚膜链球菌所引起的一种急性败血性传染病,其特征为急性败血症和慢性纤维素性炎症。

（1）急性败血症型　多发生于雏鸡，常不表现任何症状或在出现某些临床症状后很短时间内突然死亡。雏鸡突然发病，倒地不起，驱赶时步态不稳。病雏嗜睡，食欲废绝，腹泻，排黄白色或淡黄色稀便，个别病雏死前两肢做划水样动作，大多数病雏出现症状后4～10小时内死亡。

（2）慢性型　多见于青年肉鸡或成年鸡，根据临床表现，慢性型分为3种。

①睡眠型　病鸡精神沉郁，常闭眼，嗜睡，停食，流出黏液性口水，步态蹒跚。有时呈高度昏睡，故称睡眠病。胫骨下关节红肿或趾端发绀，有的腿发软，不能站立，有的以趾关节着地，1～3天内死亡。

②神经型　做阵发性转圈运动，角弓反张，两翼下垂，足麻痹、痉挛，肌间隙和胸、腹壁水肿。个别病鸡出现结膜炎，眼睑肿胀，有纤维性渗出物，严重的闭眼或失明。多于3～5天死亡。

③呼吸型　病鸡呼吸道症状明显，甩头，咳嗽，打喷嚏，呼吸困难，有呼噜声，伸颈，张口呼吸，部分病程较长的还伴发神经症状。

产蛋鸡链球菌病除见有以上症状外，还可见病鸡冠髯发绀或水肿，伴随产蛋率大幅度下降，有的下降80%～90%，且出现零星死亡。另外，蛋鸡发生综合性腹水症状，占发病鸡的75%～80%，体温高达43.5℃～44.8℃，腹部呈青紫色，增大，闭眼昏睡，食欲减少，冠髯苍白，消瘦腹泻，粪便呈淡黄色或褐色。

2. 鸭　鸭链球菌病不常见，但近年来也有增多的趋势。一般表现为病鸭突然发病死亡，有的病鸭仅出现数分钟抽搐即死亡。多数病鸭精神委顿，呈嗜睡或昏睡状态，羽毛松乱无光泽，体温升高达42.1℃～42.5℃，缩颈怕冷，易惊恐。食欲初期减退，后期废绝，饮欲较强，但饮量不多。两肢软弱，步态蹒跚，驱赶时容易跌倒。腹围膨胀，排黄绿色或黄白色稀便，肛门周围羽毛污染严重。

濒死鸭出现痉挛或角弓反张等症状。病程稍长的出现跛行或站立不稳,蹲伏、消瘦,有的出现下痢、眼炎或痉挛、麻痹等神经症状。喙和蹼色泽苍白,间有淡红色斑。病程多为 2～3 天。雏鸭多发生急性败血症,发病急,死亡率高达 100%。

3. 鹅　雏鹅发生较多,青年鹅相对较少,临床表现为发病急,死亡率高。病鹅精神沉郁,食欲减少或不食,羽毛松乱、无光泽,嗜睡,以嘴触地,强行驱赶时步态蹒跚,共济失调,有的角弓反张。排绿色或灰白色稀便。病程为 1～2 天。

4. 火鸡　火鸡链球菌病以败血症、发绀、下痢为特征。临床症状和鸡类似,分为急性型、慢性型和神经型等类型。急性病例体温升高,昏睡或抽搐。发绀,头部有出血点,下痢,死亡率较高。慢性病例精神不振,嗜睡冷漠,食欲减少或废绝,羽毛蓬乱无光泽,怕冷,头藏翅下,呼吸困难,冠及肉髯苍白,持续性下痢,体况消瘦,产蛋量下降。濒死火鸡出现痉挛或角弓反张等症状。病程稍长的出现跛行或站立不稳,蹲伏,消瘦,有的出现眼炎或痉挛、麻痹等神经症状。

【病理变化】

1. 鸡　急性病例剖检可见病鸡皮下、浆膜、肌肉出血水肿,有血红色积液或黄色胶冻样渗出物。肌肉有点状出血。肝脏明显肿大、淤血,呈暗紫色,表面出现红色、黄褐色或白色的坏死点或有灰白色的坏死状条纹及出血状条纹,切面结构模糊不清;有的肝脂肪变性;胆囊充盈,胆汁黏稠。心包积液,冠状脂肪出血,心肌浆膜、表面和心内膜出血。脾肿大出血,质地脆弱,密布针尖大小的出血点及坏死点。肺脏出血,呈卡他性炎症,坏死;气管、支气管黏膜充血,有黏性分泌物。胰脏呈淡红色,有出血点。肾脏充血、水肿且表面有密集的红色坏死点。肠腔积液,肠壁变薄,无弹性,十二指肠弥漫性出血。泄殖腔黏膜出血,法氏囊水肿,盲肠扁桃体肿大、出血。

病程较长的蛋鸡还可见到纤维素性关节炎、腱鞘炎、输卵管炎、心肌炎和肝周炎等，以坏死性心肌炎和心瓣膜炎为特征，瓣膜上的疣状赘生物常呈黄色、白色或黄褐色。脚软组织坏死，羽翅坏死，肿胀腐败。少数脾破裂出血，肝质脆，边缘有坏死灶，部分发生肝硬化，有的肝被膜破裂、出血，被膜下有血凝块。腹腔内有多量血液样液体，不凝固。心肌松弛苍白，心包积有纤维素样液体。卵巢发炎，卵泡出血，输卵管发炎，内有豆腐渣样物质。肿胀的关节内有浆液性渗出，病后期有干酪样物质或关节增生。

2. 鸭 皮下、浆膜、肌肉水肿，心包、腹腔内有浆液性、出血性或纤维素性渗出物，胸肌、腿肌有淤血斑块。心内、外膜有出血点，心肌表面略有黄色斑块。肝稍肿大，质脆，呈暗紫色，表面有黄白色针尖状至粟粒样大小的坏死点。胆囊肿大。脾脏充血、肿大，呈圆球状，有出血点和坏死灶。肾充血、淤血，稍肿大。有的病例在气管、喉头黏膜可见到出血点和坏死灶，表面有黏性分泌物，有的发生气囊炎，气囊混浊、增厚，肺充血、淤血、出血、水肿。多数病例有卡他性肠炎病变或肠壁增厚、黏膜出血等变化。病程长的出现纤维素性关节炎、卵黄性腹膜炎和纤维素性心包炎变化，肝、脾、心肌等实质器官出现坏死灶。

3. 鹅 雏鹅肠道无明显变化，肝脏肿大呈紫黑色，有出血斑点，结构模糊不清。胆囊胀满、胆汁外溢。脾脏肿大，表面可见局灶性密集的小出血点或出血斑，质地脆弱。心包腔内有淡黄色液体，心冠脂肪、心内外膜有小出血点，有的心瓣膜上有赘生物。肾脏肿大、出血。胸腔有纤维素性渗出物，黏膜充血，喉头有出血点。卵黄吸收不全，脐部发炎。

青年鹅肝脏上分布有灰白色坏死灶，比禽霍乱的坏死灶大而稀疏，且肝脏不脆。心肌和冠状脂肪出血，呈纤维素性心包炎，坏死性心肌炎，心包积液。直肠充血、出血。肾肿大，有尿酸盐沉积。

4. 火鸡 火鸡的病理变化以败血症变化为主。皮下及全身浆膜、肌肉水肿、出血。心包及腹腔内有浆液性、出血性或纤维素性渗出物，心外膜有出血点。肺脏发炎并充血、出血。脾肿大充血，肾肿大充血，有尿酸盐沉积。肝肿大，脂肪变性，呈淡黄色，并见有坏死灶。肠壁肥厚，偶见出血性肠炎。输卵管发炎。有的病例在气管、喉头黏膜可见到出血点和坏死灶，表面有黏性分泌物，有的发生气囊炎，气囊混浊、增厚。病程长的出现纤维素性关节炎、卵黄性腹膜炎和纤维素性心包炎变化，心、肝、脾等实质器官出现变性、坏死病灶。

【诊　断】　禽链球菌病的临床诊断不能仅根据临床症状和病理变化进行判断，必须进行细菌的分离培养与鉴定，才能与易混淆的细菌病相鉴别，从而进行及时正确的治疗，加上临床中多出现本病病原菌与其他病原的混合感染病例，为本病的诊断带来更大的困难和挑战。因此，发病禽必须进行细菌的分离鉴定，加以区分，并即刻采取相应措施以减少损失。

【预　防】

1. 减少应激因素　保持环境安静，减少应激因素，有助于减少本病的发生。由于链球菌病在禽体肠道内和自然环境中普遍存在，是一种条件性致病菌，故本病的发生往往同相应的应激因素有关，如气候变化、温度偏低、潮湿拥挤、饲养不当、不清洁的饮水及劣质的饲料等，均可诱导本病的发生。

2. 搞好环境卫生消毒　搞好禽舍的环境卫生，抓好定期的带禽消毒工作，减少和消灭环境中的病原菌。保持饮水器具清洁卫生，定期清洗、消毒。种蛋入孵前，必须及时进行清洁和消毒，被粪便污染的蛋一律不能留作种用，并且认真执行孵化室消毒制度，严禁无关的工作人员出入孵化车间，以防鸡胚和雏鸡的早期感染。

【治　疗】　本病的病原菌易产生耐药性，不同养殖场甚至同一养殖场不同时期分离的菌株血清型不一定相同，其药物敏感性也不尽相同,所以为了减少药物的使用量,降低病原菌产生耐药性的概率,达到有效治疗链球菌病的效果,治疗时应根据药敏试验结果,选用高敏药物治疗,以达到事半功倍的效果。

急性和亚急性感染可用青霉素、红霉素、新霉素、土霉素、金霉素、四环素、林可霉素、恩诺沙星、阿莫西林进行治疗,且感染早期用药效果较好。对患细菌性心内膜炎的家禽无法治疗。

中草药防治,能收到标本兼治的效果。可用金银花、荞麦根、广木香、紫花地丁、连翘、板蓝根、黄芩、黄柏、猪苓、白药子各 80 克,茵陈 70 克,藕节炭 100 克,血余炭、鸡内金、仙鹤草各 100 克,大蓟、穿心莲各 90 克,以上为 2 000 只鸡的用量。水煎至药液浓缩成 2.5 升。临用前给鸡断水 2 小时,然后将药液按 1:70 稀释后给鸡饮用,每天 2 次,连用 5 天为 1 个疗程,对病重鸡可每只滴服原药汁 2 毫升,鸡舍每天带鸡消毒 1 次。

第十节　鸡绿脓杆菌病

鸡绿脓杆菌病是指由假单胞菌属的绿脓杆菌引起的雏禽或青年家禽的局部或全身感染性疾病。

【流行病学】　鸡绿脓杆菌属于条件性致病菌,广泛分布于土壤、水、空气中,在孵化室、育雏舍、鸡舍、肠道和羽毛上普遍存在。一年四季均可发病,各年龄的鸡均可感染,主要以 1～5 日龄的雏鸡易感,随着日龄增加,鸡的抵抗力逐渐增强。绿脓杆菌污染的种蛋在孵化过程中出现爆裂,致使孵化器受污染,可引起出壳雏鸡整群感染。本病的发生主要与营养不良、温度过低、通风不良、长途运输等应激因素有关,多因疫苗接种时,疫苗或器械被污染所引起,死亡率很高,2～3 日龄出现死亡高峰。

【临床症状】　病鸡精神沉郁,采食量减少或废绝,怕冷扎堆。羽毛杂乱、无光泽。双翅下垂,站立不稳,呆立,跗关节肿大。眼睑、喙部及鼻孔周围有脓性分泌物。有的病雏腹部明显膨大，手压柔软。鸡群表现不同程度的下痢，排白色或黄绿色稀便，严重时粪便中带有血丝。病鸡后期呼吸困难，眼、颜面部有不同程度的水肿，眼半闭或全闭。个别鸡胸部皮下水肿，严重时蔓延至两腿内侧，有些鸡腹部及腿部皮肤呈绿色，有的病鸡脚部肿胀，运动失调，最后极度衰竭，突然震颤倒地，抽搐死亡，死亡雏鸡喙尖及脚爪发绀。

【病理变化】　病鸡颅骨骨膜充血和出血，头颈部和脐部皮下有胶冻样渗出物、淤血或溃烂。心冠脂肪出血，有胶冻样浸润，心肌内外膜有出血点。腺胃和肌胃黏膜脱落，肌胃黏膜有出血斑。肝脏呈土黄色，表面有散在的出血点，肝脏脆且肿大。脾脏肿大。肺脏有出血点，气囊混浊、增厚。肾脏肿大，表面有小出血点。胆囊充盈，肌肉和胸肌有点状或斑状出血，腹腔有淡黄色清亮的积液，到了发病后期腹水呈红色。小肠黏膜充血或出血。个别病鸡卵黄吸收不良，呈黄绿色水样，有恶臭气味。

【诊　断】　结合流行病学特点、临床症状及病理剖检变化，可做出初步诊断，确诊需进行实验室诊断。采集病料进行细菌分离，在培养基上，可见到菌落湿润、光滑并带有蓝绿色荧光，边缘呈伞状，有特殊的芳香气味，即可做出确诊。

【预　防】

1. 加强饲养管理，做好清洁和消毒工作　及时清扫鸡舍内的粪便和异物，认真清洗和消毒饲养工具。可用百毒杀或碘伏等消毒液定期带鸡喷雾消毒，鸡舍过道或养殖场内外用 4‰氢氧化钠溶液进行消毒。控制鸡群饲养密度，加强通风换气，尽量保持鸡舍干燥。对孵化器进行严格清洗和消毒，保管好种蛋，一旦发现有破损蛋，立即清理。同时，要对注射或接种用的针头进行严格消毒，这也是预防本病的重要途径。另外，也要注意防止注射或接种用的稀释液受到绿脓杆菌的污染。

2. 减少各种应激的发生 若需要从外地购进雏鸡,应先了解该养殖场的发病史,在确保无病的情况下,方可引进。运输时间不宜过长,距离不宜过远。天气骤变时,要注意防寒保暖。免疫接种前后,应在饮水中添加抗应激药物。饲养人员要固定,避免穿颜色艳丽的衣服,在进入鸡舍时动作要轻,以免给鸡群带来惊吓。

3. 防治继发感染 目前对本病尚无疫苗可供使用,故为了预防继发感染,应注意加强对其他细菌病如沙门氏菌病、大肠杆菌病以及葡萄球菌病的预防。同时,还应做好新城疫、传染性法氏囊病、传染性支气管炎等病毒病的免疫接种工作。

【治　疗】　有条件的养殖场,可先进行病原菌分离,经过药敏试验,选出敏感的治疗药物进行治疗。若没有条件,经初步诊断后,可用卡那霉素、庆大霉素、环丙沙星、链霉素等药物进行治疗。

全群用多维菌素和氟苯尼考饮水,连用 3～5 天,个别症状较重的鸡可用阿米卡星注射液,按 10 毫克/千克体重的剂量肌内注射,每日 1 次,连用 3～5 天。

中药治疗可用郁金 100 克,白头翁 100 克,黄芩 50 克,栀子 50 克,黄连 50 克,白芍 50 克,诃子 50 克,黄柏 100 克,大黄 50 克,木通 50 克,甘草 50 克,藿香 50 克,柴胡 50 克,车前子 50 克,鱼腥草 50 克,金银花 50 克。以上诸药合用,煎汁 3 次,将 3 次药液混合,添加到水槽内,全天随饮至痊愈。重症不食者取原药液灌服,雏鸡每只 2～5 毫升,成年鸡每只 5～10 毫升,每日 2 次,连用 3 天则愈。

第十一节　禽念珠菌病

白色念珠菌病又名霉菌性口炎,俗称鹅口疮、酸臭嗉囊病,是由白色念珠菌引起的消化道传染病。

【流行病学】　本病的发生与饲料及卫生有密切关系。食入沾染病菌的饲料、饮水或与被污染的周围环境接触,都可传染本病。病原菌在污染的水槽中能很快传播,但禽与禽之间不直接传染。念珠菌在谷物上能生长,因此霉变结块的饲料也能将本病传入鸡群。各种日龄的鸡都有易感性,肉鸡、蛋鸡、乌骨鸡、珍珠鸡等均易染病。尤其在潮湿季节多发,主要危害幼雏鸡,其发病率和病死率都比大、中鸡为高。饲养管理条件不好,如鸡舍内密度过大、卫生不良,饲料配合不当和维生素缺乏导致抵抗力降低,以及天气湿热等,都是促使本病发生和流行的因素。

【临床症状】　幼雏鸡患病后表现为精神沉郁,减食消瘦,生长发育不良,不爱活动,嗉囊积食,逐渐增大并下垂,触摸松软,压迫有疼痛感(鸡鸣叫和挣扎)。张口有酸臭味,将鸡倒提常有大量带酸败气味的液体从口腔流出,呼吸急促,腹泻,最后因脱水、痉挛而死。病程 3～15 天,死亡率为 10%～50%。大、中鸡感染发病后,表现为减食或停食,嗉囊胀大松弛,精神不振,喜卧,消瘦,大多呈慢性经过。有的病鸡在眼睑、口角部位出现痂皮。开产鸡产蛋率低,达不到高峰标准。产蛋鸡一般出现缓慢的、不明原因的产蛋下降。

【病理变化】　剖检病死鸡可见口腔、食道、嗉囊黏膜有灰白色的薄膜,嗉囊黏膜增厚,黏膜上带有白色圆形隆起的溃疡灶,表面有剥离的倾向。黏膜上常见有假膜和易于除去的坏死物,类似豆腐渣样。轻者可见到菌落样的白色小点,嗉囊混浊不透明,呈白色。病重者在喉头、腭裂有黄白色结痂样物附着,容易剥落。腺胃出现白色增厚区,有时表现为出血性溃疡。肌胃有糜烂或溃疡。其他脏器少见有明显的肉眼病变。

【诊　断】　由于白色念珠菌可从健康鸡体中分离到,因此本病的诊断应以流行病学、临床症状及病理变化等综合资料为依据,并结合病原学检查,如病料涂片染色镜检可见革兰氏染色阳性酵母菌样的菌体和假菌丝,分离培养时出现多量的白色念珠菌菌落,则可做出诊断。必要时取培养物,皮下耳静脉接种于家兔进行动物试验。

【预　防】

1. 不饲喂霉变饲料　防止饲料原料霉变,加强通风。饲料里添加 0.05％硫酸铜、0.07％白霉净和每千克 50 万单位制霉菌素,连用 3 天。上午用 0.05％硫酸铜溶液饮水,下午用微生态制剂和多维饮水,连用 5 天。减少抗生素用量和次数,多用益生素,补充维生素,调节禽类正常菌群平衡。引进雏禽前对禽舍彻底消毒,尤其对水管、水箱,用 0.4％食醋溶液浸泡 4 小时以上后彻底冲洗。

2. 加强垫料管理　进雏禽前对垫料熏蒸消毒,防止供水系统漏水,及时清理过湿板结的垫料,降低禽舍湿度。平时每周 2 次使用 0.1％硫酸铜溶液对垫料、料桶、水桶等进行消毒。防止垫料潮湿霉变,加强通风管理。对于霉变垫料不能翻动,防止霉菌孢子飞扬感染呼吸道,更换新垫料。对舍内垫料、棚架、笼具和料槽用 0.05％硫酸铜溶液喷洒消毒。

【治　疗】　对于健康鸡群,通过定期投喂"真菌通治"等生物制剂可以起到很好的预防作用,这一类药物可以改善消化系统的微生态平衡,促进消化,增强体质。对假定健康鸡,在饲料中添加 5％大蒜饲喂,饮用 0.05％甲紫溶液,连用 1 周。发病时,喂服制霉菌素,剂量为每只 10 万单位,每日 2 次。个别治疗,可将病鸡口腔内的假膜剥去,涂搽碘甘油,嗉囊内可直接滴入 2％硼酸溶液 2~6 毫升。

加强饲养管理,饲养密度要适宜,改善环境卫生,减少应激。发现病禽应马上隔离,对地面、用具、工作服等进行彻底消毒,保持室内干燥,通风良好。做好人身防护工作,由于本病为人兽共患病,易引起人的鹅口疮、阴道炎、肺念珠菌病和皮炎等,所以在禽舍的工作人员一定做好人身防护工作,上班要穿工作服,戴帽子和口罩,并要定期消毒。

第十二节　禽衣原体病

禽衣原体病(AC)是由鹦鹉热嗜性衣原体感染禽类引起的一种接触性传染病,同义名有鹦鹉热、鸟疫。

【流行病学】　禽衣原体病是一种全球性疫病,几乎所有的禽种均可感染。已发现 18 个目所属的 190 余种禽鸟自然感染衣原体,其中包括与人类生活密切相关的家禽如鸡、鸭、鹅、火鸡、鸽、鹌鹑等。一般患禽衣原体病后,成年家禽死亡率较低,幼龄雏的发病率和死亡率较高。

本病常呈地方性流行,病畜、病禽和带菌者是主要传染源。通过粪便、尿液、乳汁以及流产的胎儿、胎衣和羊水排出病原体,污染水源和饲料,经消化道、呼吸道或眼结膜感染,也可以通过交配、蚊虫叮咬等直接或间接接触等途径传染。

本病发病季节性不明显,以秋、冬季多发,是典型的群居性疾病,在饲养管理差、密度大、通风不良、卫生条件恶劣、运输、营养缺乏等应激因子的不利影响下,可以促发本病或加重病情。湿度高(空气相对湿度在 85％以上)有利于本病的传播。

【临床症状和病理变化】

1. 观赏鸟　常表现厌食,体重下降,腹泻,排黄色稀便,有窦炎和呼吸困难。但老龄鸟多不表现症状,但会在相当长的时期内排菌。剖检病(死)鸟常见肝、脾肿大,纤维素性气囊炎、心包炎和腹膜炎病变。

2. 火鸡　发病火鸡表现恶病质,厌食,高热,排出黄绿色胶状粪便,产蛋量锐减,呼吸困难,表现典型的鼻气管炎症状。发生结膜炎,眶下窦肿胀,常打喷嚏,腹泻。尸体剖检可见肝、脾肿大,在呼吸道、腹膜和心外膜分布有纤维素性脓性渗出物。

3. 鸭、鹅　病鸭表现头震颤,步态蹒跚,流泪,结膜炎,鼻炎,有时发生全眼球炎，排出浆液性或脓性鼻液，下痢排出淡绿色硫黄样水便，明显消瘦，病后期出现肢麻痹，痉挛，最后衰竭死亡。尸体剖检常见脾肿大，肝脏局灶性坏死，胸肌萎缩，多数有浆膜炎和肺炎。常伴随浆液性或浆液纤维素性心包炎，肝肿大，肝周炎。近几年，出现一种温和性鸭衣原体病，其症状轻微或不表现症状。如发生死亡多与应激性刺激或感染了其他疾病相关。

鹅的临床症状和肉眼变化与鸭相似，精神委顿，不食，眼、鼻有分泌物，腹泻，后期脱水、消瘦，幼鹅发生死亡。

4. 鸡　主要表现输卵管炎，腹膜炎，产蛋量下降，幼龄雏鸡急性死亡，结膜炎，腹膜炎，喜蹲卧或呈企鹅姿势站立。腹泻，排出绿色稀便。精神沉郁、呼吸困难、渐进性消瘦，最后衰竭死亡。尸体剖检以纤维素性心包炎、气囊炎、肝肿大、肝周炎和脾肿大为特征。可见脾肿大呈深红色，有白色斑点；肝肿大呈棕黄色，肝实质散在灰白色斑点；卵巢充血、出血，输卵管水肿出血，腹腔内积有大量渗出液。

5. 鸽　表现精神不振，独处一隅，食欲下降，饮水增多，腹泻，消瘦，结膜炎，鼻炎，眼睑肿胀，流泪，鼻孔流出多量分泌物，张口呼吸，甩头，死亡增加。剖检可见肝肿大出血，有白色坏死灶；脾肿大；腹腔积液；肠内容物呈黄绿色胶冻状或水样。

【诊　断】　根据流行病学特点、临床症状和病理变化仅能怀疑为本病，确诊需进行病原体的分离培养和血清学检验。实验室诊断方法主要为抗原诊断和抗体诊断。

【预　防】

1. 加强饲养管理　给予家禽全价饲料，尤其应注意维生素、微量元素和青绿饲料的补充。给予家禽充足、清洁的饮水，保持饲养密度合理，温、湿度适宜，舍内通风良好。及时清理禽粪并进行无害化处理，规模化养殖场尽量做到全进全出，防止新老家禽相互接触感染。减少和消除应激因素对家禽的影响。

严格遵守卫生防疫制度,养殖场生产区与职工生活区严格分开,场区环境保持清洁卫生,入口处应有清洗、消毒、更衣设施,非工作人员不能进入生产区。禽舍门口应有洗手消毒设备,养禽场的大门及禽舍门口应设消毒池,并经常更换消毒液。舍外环境每半个月消毒 1 次,舍内每周消毒 1 次,消毒可用 2% 甲醛溶液、3% 煤酚皂溶液、0.5% 过氧乙酸溶液、1% 次氯酸钠溶液等,舍内带禽消毒时消毒浓度应适当降低。

2. 自繁自养和定期检疫　坚持自繁自养,必须引种的,要经当地兽医部门批准并从非疫区购入,购回的家禽要按规定进行隔离检疫,应淘汰衣原体阳性家禽,逐步净化养禽场。

3. 药物预防　在家禽饲料中添加抗生素是预防本病的重要手段,如用林可霉素、恩诺沙星按 0.015%～0.02% 比例与饲料混匀后投喂。蛋禽产蛋前在饲料中添加 0.02%～0.04% 的四环素或新霉素,饲喂 5～7 天。

【治　疗】　目前尚未研制出禽衣原体病的商品疫苗。对禽衣原体病的防治主要采用衣原体敏感的药物,如金霉素、四环素、多西环素和喹诺酮等。

病禽及时隔离治疗。可通过药敏试验选用敏感抗生素治疗本病,首选四环素、金霉素等。如用盐酸四环素,每千克饲料添加 1～2 克或每立方米饮水投入 3～4 克让禽服入;或用精制硫氰酸盐基红霉素 0.6 克混于 5 升水中让家禽自由饮用,每日 2 次,连用 5～7 天。此外,中草药穿心莲、野菊花、鱼腥草、金银花等对病原微生物有抑制作用,能改善机体的免疫功能和抗病能力,可适当使用。

第十三节　坏死性肠炎

坏死性肠炎是一种由产气荚膜梭状芽孢杆菌引起的消化道疾病。

【流行病学】　自然感染 2 周龄至 6 月龄的鸡,以 2～5 周龄的地面平养肉鸡多发,3～6月龄的蛋鸡也可感染。发病率为1.3%～37%不等,多为散发。病原菌主要存在于粪便、土壤、灰尘以及被污染的饲料、垫料和肠内容物中。带菌鸡、病鸡及发病耐过的鸡为重要传染源,被污染的饲料、垫料及器具对本病的传播起着重要的媒介作用。经消化道感染发病,球虫感染及肠黏膜损伤是引起本病发生的一个重要因素。饲料中蛋白质含量增加,滥用抗菌药物,高纤维性垫料或环境中病原菌增多等各种内外应激因素,均可促使本病的发生。

【临床症状】 患病鸡突然发病,多数病鸡未表现出任何临床症状就在1～3天内死亡。病鸡体况中等或偏瘦,精神沉郁,羽毛粗乱,食欲不振,怕冷,喜扎堆,双翅下垂,运动失调,嗉囊肿胀。腹泻,排红色或黑褐色煤焦油样粪便,有的粪便中混有血液、肠黏膜组织。慢性病鸡生长发育迟缓,体重下降,排白色稀便,并逐渐衰竭死亡。耐过鸡生长发育不良,肛门周围常沾有粪便等污物。蛋鸡产蛋量下降,蛋重减轻。本病的死亡率,在不同鸡群中因并发疾病不同所表现的死亡率也不尽相同,一般在1%～50%不等。

【病理变化】 剖开病死鸡的腹腔,即闻到一股极浓的腐尸臭味。可见小肠后段特别是空肠和回肠部分明显增粗,为正常肠管的2～3倍。肠壁增厚,肠腔内容物为混有血液的褐色或黑色稀便,肠壁充血,有出血点。肠壁脆落、扩张、充满气体。肠黏膜上附着疏松或致密的黄色或绿色假膜,有的可见肠壁出血。肠管因坏死而失去固有弹性,稍微用力即可使肠管断裂。

【诊 断】 根据流行病学特征、临床症状及病理变化,可对鸡坏死性肠炎做出初步诊断。确诊尚依赖于实验室诊断,需要注意的是,单凭检出少量病原菌是不能诊断为本病的。

【预 防】 按照预防为主、防治结合的原则,提前对坏死性肠炎进行预防可以产生很好的效果。

1. 消毒 空舍消毒过程中,消毒剂一定要达到鸡舍各个角落。在对空鸡舍进行常规消毒后，还可以用试剂熏蒸，或者用火焰对金属器具进行消毒。饲喂用具最好用消毒液进行浸泡。出入鸡场的车辆及人员要严格消毒，杜绝外来人员参观。

2. 推广网上平养模式　网上平养使鸡群几乎没有直接与病原微生物接触的机会，因而可大大减少坏死性肠炎的发生。

3. 加强地面平养垫料的管理　地面平养的鸡群要加强对垫料的管理，每隔 5～7 天更换一次垫料可有效减少病原菌数量。新的垫料要在直射阳光下暴晒 2～3 天，保证垫料松软、干燥、无霉变、吸水性好。鸡舍保持清洁干燥，搞好舍内卫生，要使鸡舍内温度适宜、阳光充足、通风良好。

4. 加强饲养管理　供给雏鸡富含维生素的饲料，以增强鸡只的抵抗力，在饲料或饮水内要增加维生素 A 和维生素 K，这样可增强抗病力，减少死亡。使用玉米为主要成分的饲料，要控制饲料中蛋白质和脂肪的含量。严格控制鸡舍湿度，炎热的夏季慎用喷雾法降温。

【治　疗】

1. 抗生素治疗　常用治疗药物主要以抗生素为主，如林可霉素、土霉素、杆菌肽、青霉素等，均有良好的治疗作用。饮水中加入 0.03% 痢菌净，每日 2 次，连用 3～5 天；杆菌肽，雏鸡每次 0.6～0.7 毫克/只，青年鸡 3.6～7.2 毫克/只，成年鸡 8 毫克/只，拌料饲喂，每日 3 次，连用 5 天；林可霉素，15～30 克/千克体重，每日 1 次，连用 3～5 天。饮水给药和拌料给药同时进行，效果最佳。

2. 中草药治疗　止泻散（纯中药制剂）含苍术、木香、黄连、厚朴、茯苓、五味子、甘草等，每袋拌料 100 千克，连喂 4 天，病情可基本得到控制，7 天后可痊愈。

3. 益生菌治疗　目前，越来越多的养殖者倾向于选择益生菌来控制鸡坏死性肠炎。给鸡只饲喂有益菌，特别是乳酸杆菌，可减少产气荚膜梭菌在肠道内的定植，降低坏死性肠炎的发病程度。

第五章 家禽寄生虫性疾病的防治

依据病原体的分类,家禽寄生虫性疾病分为原虫病、吸虫病、绦虫病、线虫病、棘头虫病和外寄生虫病。家禽寄生虫种类很多,分布很广,常以隐蔽方式危害家禽机体健康,不仅影响其生长发育,降低生产性能和产品质量,还可造成大批量死亡,给家禽业发展带来严重影响。因此,家禽寄生虫病的防治越来越受到广泛的重视。

寄生虫病对养鸡场的危害是严重的,各种蠕虫和原虫在体内隐性感染,导致鸡产蛋性能下降、生长缓慢、饲料报酬降低,严重影响规模化养鸡场的整体经济效益;虱、螨虫等外寄生虫感染,短期内会在养鸡场传播蔓延,影响鸡的多项生产指标,严重者引起死亡;一些原虫病还会引起鸡急性发病,导致大批死亡。另外,寄生虫的感染,还会降低鸡的免疫力和抗病力,造成免疫失败或激发其他一些疾病。

规模化蛋鸡场和种鸡场普遍采用笼养,鸡与粪便和土壤接触的机会相对较少,所以一些经口感染的土源性寄生虫明显减少,如鸡蛔虫、异刺线虫和球虫等。由于鸡舍内粪便的大量存在导致鸡舍内各种苍蝇数量增多,鸡吃到苍蝇的机会大大增多,而蝇类是鸡有轮赖利绦虫的中间宿主,所以导致规模化蛋鸡场和种鸡场鸡绦虫病的感染率明显升高。规模化养殖条件下,鸡舍内湿度偏大,导致鸡虱、鸡螨虫等外寄生虫的感染明显加重,加之规模化养殖条件下饲养密度加大,一旦有外寄生虫感染,将在整个鸡场内迅速传播蔓延。因此,对规模化养鸡场而言,绦虫、螨虫、虱 3 种寄生虫应列为优势寄生虫,是重点防控对象。

肉鸡大多数采用网上饲养,虽然粪便能漏到地面,但由于网上面积较大,容易被粪便污染,所以也增加了肉鸡与粪便接触的机会,导致球虫等一些土源性寄生虫的感染仍然很严重。由于肉鸡生产期较短,一般不超过 2 个月,所以鸡蛔虫等一些生活史较长的寄生虫(虫卵外界发育为感染性虫卵,需 17～18 天;进入鸡体内的感染性虫卵发育为成虫需 35～50 天,合计需 42～68 天),肉鸡很少感染,而生活史较短的绦虫同样能够感染(鸡吃到蝇类后 12～14 天发育为成虫),由于鸡舍潮湿,虱等外寄生虫也能感染,所以球虫、绦虫是规模化肉鸡场的优势寄生虫虫种。

第一节　原　虫　病

原虫病是由原生动物寄生于家禽引起的一类寄生虫病,主要有球虫病、隐孢子虫病、住白细胞虫病、组织滴虫病、鸽毛滴虫病等。其中以球虫病的发病率最高、危害最大、分布最广。

一、鸡球虫病

球虫病是多种球虫寄生于家禽肠道中引起的一种原虫病,全世界普遍发生,是严重危害集约化养禽业健康发展的重要疾病之一。

鸡球虫病是由艾美耳属球虫引起的严重危害鸡健康的流行性寄生虫病。10～30 日龄雏鸡或 35～60 日龄青年鸡的发病率和致死率可高达 80%。病愈雏鸡生长受阻,增重缓慢,产蛋能力降低,是传播球虫病的重要病源。

【病　原】　病原为艾美耳科、艾美耳属的球虫。寄生在鸡肠道的有 9 种艾美耳球虫,不同种的球虫,在鸡肠道内寄生部位不一样,致病性亦不相同,常混合感染。柔嫩艾美耳球虫寄生于盲肠,致病力最强,引起盲肠球虫病;毒害艾美耳球虫寄生于小肠中段,致病力强,堆型艾美耳球虫寄生于十二指肠及小肠前段,有一定的致病性,严重感染时引起肠壁增厚和肠道出血;巨型艾美耳球虫、布氏艾美耳球虫、和缓艾美耳球虫、早熟艾美耳球虫、哈氏艾美耳球虫、变位艾美耳球虫等 6 种球虫致病力较弱。

球虫卵囊在外界适宜的温度、湿度等条件下,经 1～2 天发育分裂成含有 4 个孢子囊的感染性卵囊,每个孢子囊含有 2 个具有感染能力的子孢子。鸡吞食感染性卵囊后,子孢子游离出来,钻入肠上皮细胞内发育成裂殖子、配子、合子,然后排入肠道内,随粪便排出体外。球虫卵囊的抵抗力非常强,对恶劣环境条件和消毒剂具有一定的抵抗力。在土壤中可保持活力 4～9 个月,在阴凉处可保持 15～18 个月;对常用消毒药,如 5%氢氧化钾溶液、10%硫酸溶液、5%碘化钾溶液等抵抗力强。

【流行病学】 各品种的鸡对球虫均有易感性,15～50 日龄的鸡发病率和致死率较高,成年鸡有一定的抵抗力。

病鸡及被球虫卵囊污染的饲料、饮水、土壤是主要的传染源。鸡采食感染性卵囊是主要的感染途径,人及其衣服和用具、昆虫等均可成为机械传播者。

饲养管理条件不良,舍内温暖潮湿、拥挤、空气污浊及气温较高的梅雨季节易暴发球虫病,并迅速波及全群。

【临床症状】 病鸡精神沉郁,羽毛蓬松,缩颈闭眼,食欲减退,嗉囊内充满液体,逐渐消瘦。鸡冠和可视黏膜苍白。病初排稀便或料便,继而排红色胡萝卜样粪便,粪便中混有脱落的肠黏膜。若感染柔嫩艾美耳球虫,开始时粪便为咖啡色,以后变为鲜红色。病鸡趾爪干枯、脱水,如不及时采取措施,致死率可达 50%以上。

【病理变化】

1. 盲肠球虫病 盲肠显著肿大,为正常的 3～5 倍,肠壁布满大小不一的圆形出血斑点,外观呈斑驳状,肠腔内充满暗红色或鲜红色血液。

2. 小肠球虫病 小肠肿胀、肠壁增厚，外观有灰白色、暗红色的圆形斑点或斑块；肠内容物黏稠，呈淡灰色、浅褐色或淡红色；肠黏膜有大小不一的出血点或出血斑。

3. 混合感染 若多种球虫混合感染，则肠管粗大，肠黏膜上有大量出血点，肠管内有大量的紫黑色血液。

【诊　断】 依据病鸡精神状态、粪便颜色及病死鸡剖检变化可做出初步诊断。用饱和食盐水漂浮法涂片镜检发现球虫卵囊，或取肠黏膜触片或刮取肠黏膜涂片镜检发现裂殖体、裂殖子或配子体，均可确诊为球虫感染。

【预　防】

1. 改善育雏条件 育雏期间，尤其是 50 日龄以前，由传统的地面散养改为网上平养或育雏笼饲养，及时清理网架上的粪便，减少鸡接触球虫卵囊的机会。

2. 保持良好的环境卫生 鸡舍内保持良好的通风；运动场保持干燥，及时清理鸡粪，运出饲养区，粪便堆积发酵；鸡舍用具每隔 1～3 天用 3%～5% 热氢氧化钠溶液浸泡，并用清水冲刷干净。

3. 疫苗预防 目前，用于鸡场计划免疫的球虫活疫苗有四大类。中熟株球虫疫苗，如美国的 Coccivac 球虫疫苗和加拿大的 Immucox 球虫疫苗，主要用于重型肉鸡和仔鸡；早熟株球虫疫苗，如英国的 Paracox 球虫疫苗和捷克的 Livacox 球虫疫苗，主要用于种鸡和肉鸡；晚熟株球虫疫苗，如中国农业大学的 Eimericox 球虫疫苗；早、中、晚熟球虫联合疫苗，如中国农业大学的 Eimericox Plus 球虫疫苗。

免疫程序：地面散养鸡群，1～10 日龄首次免疫，每只 1 头份；种鸡转群前必须进行二次免疫，每只 1/5 头份。网养或笼养鸡群，1～10 日龄首次免疫，每只 1 头份；二免于首免后 7～15 天，每只 1 头份。

免疫注意事项：只对健康鸡群免疫；疫苗必须在 3℃～7℃ 条

件下保存;疫苗接种前 2 天及接种后 21 天内,禁用任何抗球虫药物;免疫 2 周内添加足量的维生素 A 和维生素 K;免疫后出现轻微的疫苗反应症状,持续时间短,不必治疗,若症状严重可使用抗生素预防继发感染。

4. 药物预防　为降低球虫耐药性的产生,建议交替使用抗球虫药物。

(1)氯苯胍预混剂　以本品计,混饲,每 1 000 千克饲料,鸡用 300～600 克,连续使用 7～14 天。蛋鸡产蛋期禁用。

(2)盐酸氨丙啉可溶性粉　以本品计,混饮,每升水,鸡用 1.2 克,连用 5～7 天。

(3)莫能菌素预混剂　以莫能菌素计,混饲,每 1 000 千克饲料,鸡用 90～110 克,连用 7 天。禁止与泰妙菌素合用,否则有中毒危险。

(4)盐霉素钠预混剂　以盐霉素计,混饲,每 1 000 千克饲料,鸡用 60 克,连用 7 天。禁止用于其他动物,切勿加大使用剂量,混料时必须搅拌均匀。

(5)地克珠利颗粒　混饮,每升水,鸡用 0.17～0.34 克,连用 3～5 天。

(6)马杜米星铵预混剂　以本品计,混饲,每 1 000 千克饲料,鸡用 500 克,连用 7 天。禁止与泰妙菌素合用,否则有中毒危险。预防按 5～6 毫克/千克浓度混饲连用。

(7)尼卡巴嗪预混剂　以本品计,混饲,每 1 000 千克饲料,鸡用 100 克,育雏期可连续给药。夏季高温季节慎用,蛋鸡、种鸡产蛋期禁用。

【治　疗】　治疗鸡球虫病一定要选择敏感药物,适当配合肠炎药和健脾消食的中兽药,补充维生素 A 等均可提高治疗效果。

(1)妥曲珠利溶液　以妥曲珠利计,混饮,每升水,鸡用 25 毫克,连用 2 天。

（2）地克珠利溶液　以地克珠利计，混饮，每升水，鸡用 0.5～1 毫克，连用 3～5 天。

（3）癸氧喹酯溶液　以本品计，混饮，每升水，肉鸡用 0.5～1 毫升，连用 7 天。

（4）复方磺胺喹噁啉钠溶液　混饮，每升水，鸡用 1～2 毫升，连用 3～5 天。连续用药不宜超过 1 周。蛋鸡产蛋期禁用。

（5）中草药　可用常山 500 克，柴胡 75 克，水 5 000 毫升，煎汁饮水，每只鸡每天 1.5～2 毫升，连用 3 天。或用血见愁 60 克，马齿苋 30 克，地锦草 30 克，凤尾草 30 克，车前草 15 克，煎汁饮水，每只鸡每天 1.5～2 毫升，连用 3 天。或用常山、柴胡、苦参、青蒿、地榆炭、白茅根各等量，制成驱球散，煎汁饮水，具驱虫保肝、止血止痢之功效，每只鸡每天 1.5～2 毫升，连用 5～8 天。也可用祛球止痢合剂混饮，每升水用 4～5 毫升，连用 3～5 天。

二、鸭球虫病

鸭球虫病是鸭常见的寄生虫病，发病率和死亡率均很高，主要侵害鸭的小肠引起出血性肠炎。耐过鸭发育受阻，增重缓慢，给养鸭业造成很大的经济损失。

【病　原】　鸭球虫的种类较多，分属于艾美耳科的艾美耳属、毁灭泰泽属、菲莱氏温扬属和等孢属，多寄生于肠道，少数艾美耳属球虫寄生于肾脏。以毁灭泰泽球虫致病力最强，寄生于小肠上皮细胞内，严重感染时，盲肠和直肠也可见有虫体；菲莱氏温扬球虫寄生于卵黄蒂前后肠段、回肠、盲肠和直肠绒毛的上皮细胞内及固有层中。暴发性鸭球虫病多由毁灭泰泽球虫和菲莱氏温扬球虫混合感染所致，等孢属球虫的致病力较弱。

鸭球虫只感染鸭而不感染其他禽类。

【流行病学】　各种日龄的鸭均有易感性，雏鸭发病严重，死亡率高。2～3 周龄的雏鸭对球虫最易感，感染后常引起急性暴发,死亡率一般为 20%～70%,最高可达 80%以上。随着日龄的增大,发病率和死亡率逐渐降低。6 月龄以上的鸭感染后通常不表现明显的症状,仅出现零星死亡,产蛋率略有下降。

发病季节与气温和湿度有着密切的关系,以 7～9 月份发病率最高。

【临床症状】 雏鸭精神委顿,畏寒缩颈,垂翅,呆立。随着病程加剧,病鸭喜卧,饮欲增加,食欲废绝。腹泻,排暗红色或深紫色血便,有时见有灰黄色黏液,气味腥臭。发病当日或 2～3 天出现死亡,死亡率达 80%以上,一般为 20%～70%。耐过病鸭 6 天以后逐渐恢复食欲,死亡停止,但生长发育受阻,增重缓慢。

慢性型一般不显症状,偶见有腹泻,成为散播鸭球虫的病源。

【病理变化】

1. 毁灭泰泽球虫感染 急性死亡的病鸭,小肠呈弥漫性出血性肠炎,尤以卵黄蒂前后肠道的病变最为严重。肠壁肿胀、出血;黏膜上有出血斑或密布针尖大小的出血点,有的见有红白相间的小点,有的黏膜上覆盖一层糠麸状或奶酪状黏液,或有淡红色或深红色胶冻样出血性黏液。

2. 菲莱氏温扬球虫感染 致病性不强,肉眼病变不明显,仅见回肠后部和直肠轻度充血,偶尔在回肠后部黏膜上见有散在的出血点,直肠黏膜弥漫性充血。

【诊 断】 成年鸭和雏鸭的带虫现象极为普遍,不能仅依据粪便中有无卵囊就做出诊断,应根据临床症状、流行病学、病理变化和找到虫体进行综合判断。

1. 急性死亡雏鸭 根据病理变化和存在虫体做出判断。用剪刀刮取病变部位少量黏膜,涂布于载玻片上,加 1～2 滴生理盐水,充分调匀,加盖玻片后,在高倍显微镜下检查,如见有大量球形的像剥皮的橘子似的裂殖体和香蕉形或月牙形的裂殖子和卵囊,即可确诊。

2. 耐过或慢性病鸭　取粪便或鸭圈表土 10～50 克,加入 100～150 毫升清水,搅匀,50 目或 100 目铜筛过滤,滤液以 3 000 转/分离心 10 分钟,取残渣加入 64.4％硫酸镁溶液 20～30 毫升, 3 000 转/分离心 5 分钟,用直径 1 厘米的接种环取离心管表面浮 液,滴于载玻片上,加盖玻片后用高倍镜检查,如见大量球虫卵 囊,即可认为是本病流行。

【预　防】

1. 切实搞好鸭舍的环境卫生　鸭舍应保持清洁干燥,定期清 除粪便,堆积发酵,严防饲料和饮水被鸭粪污染。料槽和饮水用 具等经常消毒,定期更换垫料、垫土。

2. 药物预防　为降低球虫耐药性的产生,建议交替使用抗球 虫药。

(1)氯苯胍预混剂　以本品计,混饲,每 1 000 千克饲料,鸭用 300～600 克,连续使用 7～14 天。蛋鸭产蛋期禁用。

(2)盐酸氨丙啉可溶性粉　以本品计,混饮,每升水,鸭用 1.2 克,连用 5～7 天。

(3)莫能菌素预混剂　以莫能菌素计,混饲,每 1 000 千克饲 料,鸭用 90～110 克,连用 7 天。禁止与泰妙菌素合用,否则有中 毒危险。

(4)盐霉素钠预混剂　以盐霉素计,混饲,每 1 000 千克饲料, 鸭用 60 克,连用 7 天。禁止用于其他动物,切勿加大使用剂量, 混料时必须搅拌均匀。

(5)地克珠利颗粒　混饮,每升水,鸭用 0.17～0.34 克,连用 3～5 天。

(6)尼卡巴嗪预混剂　以本品计,混饲,每 1 000 千克饲料,鸭 用 100 克,育雏期可连续给药。夏季高温季节慎用,蛋鸭、种鸭产 蛋期禁用。

【治　疗】　治疗鸭球虫病一定要选择敏感药物,适当配合肠炎药和健脾消食的中草药,补充维生素 A 等均可提高治疗效果。

(1)妥曲珠利溶液　以妥曲珠利计,混饮,每升水,鸭用 25 毫克,连用 2 天。

(2)地克珠利溶液　以地克珠利计,混饮,每升水,鸭用 0.5～1 毫克,连用 3～5 天。

(3)癸氧喹酯溶液　以本品计,混饮,每升水,肉鸭用 0.5～1 毫升,连用 7 天。

(4)复方磺胺喹噁啉钠溶液　混饮,每升水,鸭用 1～2 毫升,连用 3～5 天。连续用药不宜超过 1 周。蛋鸭产蛋期禁用。

(5)中草药　常山 500 克,柴胡 75 克,水 5 000 克,煎汁饮水,每只鸭每天用 1.5～2 克,连用 3 天。或用血见愁 60 克,马齿苋 30 克,地锦草 30 克,凤尾草 30 克,车前草 15 克,煎汁饮水,每只鸭每天 1.5～2 克,连用 3 天。或用常山、柴胡、苦参、青蒿、地榆炭、白茅根各等量,制成驱球散,具驱虫保肝、止血止痢之功效,每只鸭每天 1.5～2 克,煎汁饮水,连用 5～8 天。也可用祛球止痢合剂混饮,每升水,鸭用 4～5 毫升,连用 3～5 天。

三、鹅球虫病

【病　原】　家鹅和野鹅的球虫种类共有 3 个属 16 种,即艾美耳属、等孢属和泰泽属。其中截形艾美耳球虫致病力最强,寄生于鹅肾脏,其余均寄生于小肠,但无严格的寄生部位,常混合感染。

【流行病学】　各种年龄的鹅都可感染球虫病,雏、幼鹅的易感性最高,发病率和死亡率也最高。1 周龄雏鹅感染发病的死亡率可达 80％以上。2 月龄鹅的发病率也很高,但其死亡率要低得多,为 10％左右。鹅场周围栖息的野生水禽常成为鹅球虫病的传染来源。本病主要发生在阴雨潮湿的季节,每年 5～8 月份为高发季节。

【临床症状】

1. 急性型　3～12 周龄的小鹅常呈急性发病。病鹅精神沉郁,摇头,口流白沫,颈下垂,继而伏地不起。截形艾美耳球虫感染时出现腹泻,粪便中所带白色尿酸盐增多。各种球虫混合感染时,病鹅排出血水样稀便,甚至为褐色的凝血,病鹅肛门松弛,周围羽毛污染。病鹅多在 1～2 天内死亡。

2. 慢性型　病程稍长的病鹅食欲减退,继而废绝,精神委靡,缩颈,翅膀下垂,排稀便或混有红色黏液的粪便,有的排出长条状的腊肠样粪便,表面呈灰色、灰白色或灰黄色。最后衰竭死亡。耐过的病鹅生长和增重均迟缓。

【病理变化】

1. 截形艾美耳球虫感染　肾脏肿大,呈淡灰黑色或红色,有出血斑和针尖大灰白色病灶或条纹,内含灰白色尿酸盐沉积物和大量卵囊。肾小管肿胀,充满卵囊、宿主细胞和尿酸盐。

2. 其他球虫感染　病鹅小肠肿胀,出现出血性肠炎,尤以小肠中段和下段最为严重,肠内充满稀薄的红褐色液体,肠壁上可见大的白色结节或纤维素性渗出物,或形成坚实的灰白色肠芯。

【诊　断】　根据流行特点、临床症状、剖检特征可做出初步诊断。实验室诊断可在急性死亡病鹅的病变肠黏膜上刮取少量黏液,镜检,如见有大量圆球形的裂殖体、香蕉形的裂殖子和卵圆形的卵囊,即可确诊为肠道球虫病。在肾脏中发现各发育阶段的球虫体均可确诊为肾脏球虫病。

【防　治】　本病的预防与治疗方法参照鸡球虫病。

四、隐孢子虫病

隐孢子虫病是由隐孢子虫寄生于家禽呼吸道和消化道黏膜上皮微绒毛而引起的疾病。我国已发现的禽类隐孢子虫有 2 种,即引起鸡、鸭、鹅、火鸡、鹌鹑法氏囊和呼吸道感染的贝氏隐孢子虫,以及引起火鸡、鸡、鹌鹑肠道感染的火鸡隐孢子虫。

【病　原】　禽类隐孢子虫属于隐孢属,包括贝氏隐孢子虫和火鸡隐孢子虫,其孢子化卵囊内均含有 4 个裸露的香蕉形子孢子和 1 个颗粒状残体。贝氏隐孢子虫主要寄生于呼吸道、法氏囊和泄殖腔黏膜的上皮细胞表面,引起严重的呼吸道疾病。火鸡隐孢子虫主要寄生于十二指肠、空肠和回肠,引起家禽腹泻。人工感染实验证实,贝氏隐孢子虫病潜伏期为 3 天,排卵囊时间长达24～35 天;火鸡隐孢子虫病的潜伏期为 3 天,排卵囊时间长达18 天。贝氏隐孢子虫卵囊不需在外界环境中发育,一经排出便具有感染性。

【流行病学】　我国鸡、鸭、鹅的隐孢子虫感染普遍存在,雏禽感染率较高,粪便阳性检出率可高达 50％以上。隐孢子虫可通过消化道和呼吸道感染家禽。感染野禽可作为本病病原的携带者。

【临床症状】　病原体在上部气道寄生时,出现呼吸困难、咳嗽和打喷嚏等呼吸道症状。严重发病者可见呼吸极度困难、伸颈、张口、呼吸次数增加,饮、食欲减少或废绝,精神沉郁,眼半闭,翅下垂,喜卧一隅,多在严重发病后 2～3 天内死亡。

【病理变化】　喉头、气管水肿,有较多的泡沫状渗出物,气管内可见灰白色凝固物,呈干酪样。肺脏腹侧充血严重,表面湿润,常带有灰白色硬斑,切面渗出液较多。气囊混浊,外观呈云雾状。喉头、气管、肺脏、法氏囊和泄殖腔表面可见大量球状虫体,似图钉样附着于黏膜表面。

【诊　断】　主要通过从粪便和呼吸道黏液中鉴定出禽类隐孢子虫卵囊来进行生前诊断。

1. 卵囊收集　饱和糖溶液漂浮法,即用饱和的食用白糖溶液将卵囊浮集起来,用 1 000 倍的显微镜检查。在镜下见有圆形或椭圆形的卵囊,内含 4 个裸露的香蕉形子孢子和 1 个大残体。

2. 肠道和呼吸道黏膜的组织学检查　刮取死亡禽法氏囊、泄殖腔或呼吸道黏膜制成涂片,用姬姆萨液染色。卵囊胞质呈蓝色,内含数个致密的红色颗粒。最好的染色方法是齐-尼氏染色法。本染液由甲液和乙液组成。甲液的成分为:纯复红结晶4克,结晶酚12克,甘油25毫升,95％乙醇25毫升,二甲亚砜25毫升,加蒸馏水160毫升。乙液的成分为:2％孔雀石绿溶液220毫升,99.5％冰乙酸30毫升。配制后静置2周待用。染色前先用甲醇固定涂片10分钟,空气干燥后加甲液染色2分钟,用自来水冲洗;再加乙液染色1分钟,再用自来水冲洗。干燥后即可镜检。在绿色的背景上可见到红色的卵囊,内有一些小颗粒和空泡。

【预防和控制】　大量试验证明,现有的一些抗生素、磺胺类药物和抗球虫药物对本病均无效。最新的一些高效抗球虫药,如地克珠利和马杜霉素等,用于防治鸡的隐孢子虫病均未获得成功。因此,目前只能从加强卫生措施和提高免疫力来控制本病的发生,且尚无可值得推荐的预防方案。

五、住白细胞虫病

住白细胞虫病是由住白细胞虫侵害血液和内脏器官的组织细胞而引起的一种原虫病,又称白冠病。本病在我国南方地区常呈地方性流行,在北方地区呈季节性流行。本病对雏鸡危害严重,常引起大批死亡。

【病　原】　住白细胞虫属疟原虫科、住白细胞原虫属。我国发现的有卡氏住白细胞虫和沙氏住白细胞虫2种。卡氏住白细胞虫致病力较强,沙氏住白细胞虫致病力较轻微。

【流行病学】　本病的流行有明显的季节性,南方地区多发生于4～10月份,北方地区多发生于7～9月份,山东省多发于夏末秋初,而热带和亚热带地区本病全年都可发生。

各日龄的鸡均可感染发病,3～6周龄的雏鸡发病率较高,死亡率高达50％～80％;肉鸡感染后出现消瘦,增重缓慢;产蛋鸡感染后出现产蛋下降,死亡率可达 5%～10%;我国的本地鸡种对本病抵抗力较强,死亡率也较低。沙氏住白细胞虫的传播媒介为蚋类,其流行季节同卡氏住白细胞虫相似,但致病力较轻微。

自然感染病鸡的潜伏期为 6～10 天。

【临床症状】 雏鸡和小鸡症状明显,病初高热,食欲不振,精神沉郁,流口涎,排绿色稀便。鸡冠和肉髯苍白。有些病鸡生长发育迟缓,两肢轻瘫,活动困难,病程为数日,严重感染的小鸡可因出血、咯血、呼吸困难而突然死亡,有时笼具上可见凝固的血液。耐过鸡发育受阻。

沙氏住白细胞虫感染的症状较轻微,发病鸡群一般仅有零星死亡。

中鸡和大鸡死亡率不高,表现鸡冠苍白,排水样的白色或绿色粪便。中鸡发育受阻,成年鸡产蛋下降或停止。

【病理变化】 病鸡表现白冠,全身性皮下出血,肌肉(尤其是胸肌、腿肌、心肌)有大小不等的圆形出血点;各内脏器官上有灰白色或稍带黄色的针尖大至粟粒大、与周围组织有明显界限的结节。内脏器官肿大出血,脾可肿大 1～3 倍,肾、肺出血最严重,在肾包膜内有大量凝固的血块,气管内可见血凝块。

【诊　断】 根据发病季节、临床症状及剖检特征可做出初步诊断,若在病鸡血液涂片及脏器触片中发现虫体即可确诊。

【预　防】

1. 消灭媒介昆虫 消灭库蠓等媒介昆虫是防治本病的重要一环。防止库蠓等进入鸡舍或用杀虫药将它们消灭在鸡舍及周围环境中,对于减少鸡的住白细胞原虫病造成的损失有极其重要的意义。

2. 药物预防 根据当地以往本病发生的历史,掌握其发生规律与流行季节,在本病即将发生或流行初期,进行药物预防,这是目前预防本病发生最有效的和最切实可行的方法。

（1）泰灭净　混饲，每1 000千克饲料添加泰灭净粉剂30克；或用泰灭净钠粉混饮，每升水添加0.03克，作为长期预防。

（2）乙胺嘧啶　混饲，每1 000千克饲料添加25～30克。

（3）磺胺二甲氧嘧啶　混饲或混饮，每千克饲料或每升水添加25～75毫克。

以上药物在流行期可长期服用，但应2种或2种以上药物联合或交替使用，以防产生耐药性，提高药物的预防效果。

【治　疗】

（1）泰灭净　每吨饲料添加泰灭净粉剂100克，连用14天，然后改为每吨饲料添加30克，作为长期预防用；或每升水添加泰灭净钠粉0.1克，连用14天，然后改为每升水添加泰灭净钠粉0.03克作长期预防。

（2）磺胺间甲氧嘧啶预混剂（20％）　以本品计，混饲，每1 000千克饲料，鸡用2.4千克，连用5～7天。首次用量加倍。蛋鸡产蛋期禁用。

（3）复方磺胺间甲氧嘧啶可溶性粉　以本品计，混饮，每升水，鸡用1～2克，连用3～5天。

六、组织滴虫病

组织滴虫病又名盲肠肝炎或黑头病，是由火鸡组织滴虫寄生于禽类盲肠和肝脏而引起的一种原虫病。本病以肝坏死和盲肠溃疡为特征，多发于火鸡雏和雏鸡，成年鸡感染后症状较轻。野雉、孔雀、珍珠鸡和鹌鹑等鸟类也可感染。

【病　原】　火鸡组织滴虫为多样性虫体，大小不一。本虫的连续存在是与异刺线虫（又称盲肠虫）和存在于鸡场土壤中的几种蚯蚓密切相关的。寄生于盲肠内的组织滴虫，可进入异刺线虫体内，在其卵巢中繁殖，并进入其卵内。当异刺线虫虫卵排到外界后，蚯蚓吞食土壤中的鸡异刺线虫虫卵后，组织滴虫随同虫卵进入蚯蚓体内,并进行孵化,新孵出的幼虫在组织内生存到侵袭阶段,当鸡吃到这种蚯蚓时,便可感染组织滴虫病。虽然火鸡和鸡可吞食粪便中活的组织滴虫而直接感染,但由于活的虫体非常脆弱,排出体外后数分钟即发生死亡,因此在生产上直接感染的方法是很难发生的。

【流行病学】 火鸡、鹧鸪和翎鸽、松鸡均可严重感染组织滴虫病,并发生死亡;鸡、孔雀、珍珠鸡、北美鹑和雉也可被感染,不同品种的鸡易感性有所不同,鸡易感性最强的阶段是在 4～6 周龄,火鸡在 3～12 周龄。

本病的发病率和死亡率受易感性和感染方法及感染量的影响。死亡率常在感染后第十七天左右达到高峰,第四周末下降。有人报道,火鸡饲养在受鸡污染的地区时,曾有 89% 的发病率和 70% 的死亡率。易感火鸡人工感染的死亡率可达 90%。虽然鸡组织滴虫病的死亡率一般较低,但也有死亡率超过 30% 的报道。

本病潜伏期为 7～12 天,最短为 5 天,我国鸡的组织滴虫病呈零星散发。

【临床症状】 病鸡精神不振,食欲减少以至废绝,羽毛蓬松,翅膀下垂,闭眼,畏寒,下痢。排淡黄色或淡绿色粪便,严重者粪便中带血,甚至排出大量血液。病末期鸡冠发绀,因而有"黑头病"之称。病程通常为 1～3 周。病愈康复鸡体内仍有组织滴虫,带虫时间可长达数周或数月。成年鸡很少出现症状。

【病理变化】 组织滴虫病的主要病变发生在盲肠和肝脏,引起盲肠炎和肝炎,故有人称本病为盲肠肝炎。

1. 盲肠 一般仅一侧盲肠发生病变,有时为两侧。盲肠壁增厚、充血,盲肠腔充满浆液性和出血性渗出物,肠壁扩张;渗出物逐渐干酪化,形成干酪样的盲肠肠芯,变硬,形似香肠。肠芯呈同心圆层状结构,中心为暗红色的血凝块,外围是淡黄色干酪化的渗出物和坏死物。盲肠黏膜出血、坏死并形成溃疡;盲肠穿孔,引起腹膜炎。

2. 肝脏　肝脏正常或肿大，肝被膜散在或密布黄绿色或黄白色、圆形或不规则、中央凹陷、边缘稍隆起、大小不一的坏死灶，使肝脏呈斑驳状。有时坏死灶相互融合，形成大片融合性坏死灶。

【诊　断】

1. 临床特征与剖检特征　排出特征性硫黄色粪便，剖检可见肝脏典型坏死灶及盲肠的干酪样肠芯和肿大，可作为诊断依据。

2. 虫体检查　采用刚扑杀或刚死亡的病禽肝组织和盲肠黏膜制作悬液标本，在保温的显微镜台上观察，可见大量圆形或卵圆形的虫体，以其特有的急速旋转或钟摆状态运动，虫体一端有鞭毛，若维持在 30℃～40℃ 还可见到虫体的伪足。也可制作肝组织触片检查虫体。肝组织和盲肠石蜡切片，用苏木精-伊红染色，可见着色较淡，以单个、成群或连片形式存在于坏死组织中的虫体，大小为 3～16 微米。

【预　防】　育雏期间采用网上或笼内饲养，减少雏鸡与异刺线虫接触的概率，降低感染机会。

地面散养禽群要及时清除运动场或禽舍内的粪便，运出饲养场堆积发酵。雏禽与成年禽分开饲养，以避免感染本病。

禽类在 3 周龄、14 周龄时驱虫。可用盐酸左旋咪唑，每千克体重 25 毫克，或用芬苯达唑，每千克体重 10～15 毫克，拌料一次投喂。及时清理粪便，地面用 2% 氢氧化钠溶液喷洒消毒。

【治　疗】　可用阿苯达唑粉。以阿苯达唑计，口服，禽每千克体重 10～20 毫克，拌料一次投喂。禽休药期 4 日。

在饲料中补充维生素，每 1 000 千克饲料添加复合多种维生素 200 克，有利于病情的早期治愈。

也可用 10% 阿莫西林可溶性粉，混饮，以本品计，每 100 克兑水 200 升，连续使用 5～7 天。

七、毛滴虫病

毛滴虫病是由禽毛滴虫引起的侵害消化道上段的一种原虫病。本病主要感染幼鸽、小野鸽、鹌鹑、隼和鹰，有时也感染鸡和火鸡。常引起家鸽的溃疡症。随着养鸽规模的不断扩大，所造成的危害越来越大。

【病　原】　毛滴虫病的病原体为毛滴虫，虫体呈梨形，移动迅速，具有 4 根典型的起源于虫体前端毛基体的游离鞭毛，1 根细长的轴刺常延伸至虫体后缘之外，波动膜起始于虫体前端，终止于虫体的后方。寄生于消化道，侵害口腔、鼻腔、咽、食道和嗉囊黏膜的表层细胞。

【流行病学】　几乎所有的鸽都是带虫者。雏鸽通过吞咽成年鸽的鸽乳而感染，鸡和火鸡通过被毛滴虫污染的饮水或饲料感染和传播本病。

【临床症状】　病禽精神委靡，食欲大减，闭口困难，经常吞咽，从口中流出气味难闻的液体。眼睛内有水样分泌物。体重迅速下降。感染禽死亡率高达 50％。

【病理变化】　病禽的口腔、鼻腔、咽、嗉囊、前胃、食道上有隆凸的白色结节或溃疡灶，有时覆盖乳酪样气味难闻的假膜或隆起的黄色纽扣状物。干酪样物可部分或全部堵塞食道，严重者可扩大至鼻咽部、眼眶和颈部软组织。肝脏有白色至黄色、质硬的圆形或环形病灶。

【诊　断】　依据临床症状和病理变化可做出初步诊断。用显微镜观察采自口腔或嗉囊的直接涂片，如发现呈梨形，具有 4 根起源于虫体前端毛基体的游离鞭毛、1 根细长的轴延伸至虫体后缘的虫体，即可确诊。

注意本病应与念珠菌病、禽痘和维生素 A 缺乏症相鉴别。

【防　治】

1. 隔离病禽　将发病成年病禽隔离、治疗，清除被污染饲料、饮水，用具严格刷洗、消毒。

2. 药物预防和治疗　25％二硝托胺预混剂，以本品计，混饲，每 1 000 千克饲料，鸡用 500 克，连续饲喂 5～7 天。

0.05％结晶紫溶液或 0.06％硫酸铜溶液，连续饮用 7 天。

尼卡巴嗪预混剂，以本品计，混饲，每 1 000 千克饲料，鸡用 500 克，连续饲喂 5～7 天。

第二节　吸　虫　病

吸虫病是由吸虫寄生于禽类引起的一类寄生虫病。现代封闭式饲养模式下，家禽很少发生。开放式养禽场，特别是养鸭场感染较严重，甚至造成较严重的经济损失。

【病　原】　吸虫病的病原体为吸虫，属于扁形动物门、吸虫纲，是一类身体扁平、多细胞、无肛门、无体腔的动物。复殖亚纲几乎全部是家畜、家禽及人类的内寄生虫，可以侵袭宿主身体的所有体腔和组织。吸虫纲中有 25 个科、100 个属的 400 种以上的吸虫可感染禽类。

吸虫具有复杂的生活史，需要 1 个或 2 个以上的不同宿主。第一中间宿主为淡水螺或陆地螺，第二中间宿主多为鱼、蛙、螺、昆虫（蚂蚁、蜻蜓等）、甲壳类（蟹等）。发育过程经历卵、毛蚴、胞蚴、雷蚴、尾蚴和囊蚴各期。终末宿主在以第二中间宿主作为食物时受到感染。多数吸虫具有较强的宿主特异性，但少数吸虫能广泛寄生于雁形目（鸭类）、鸡形目（鸡类）、鸽形目（鸽类）和雀形目（栖木鸟类）。

【临床症状和病理变化】　依据吸虫寄生部位的不同，临床症状和病理变化亦有差异。

1. 嗜眼吸虫 寄生于禽眼结膜及瞬膜下。病禽双目紧闭，眼内充满脓性分泌物，严重的双目失明，无法觅食，引起瘫痪，逐渐消瘦死亡。结膜充血和糜烂，角膜混浊、充血，有的甚至化脓，眼睑肿大，结膜液内含有血液、虫卵和活动的毛蚴。

2. 环肠科吸虫 寄生于家禽的气管、支气管和眶下窦。感染禽咳嗽，气喘，伸颈张口呼吸。轻度感染时不造成损害或仅造成轻度损害，当虫体大量寄生于禽类的气管和支气管时，可因窒息而引起死亡。

3. 棘口科吸虫 寄生于禽盲肠、小肠、直肠和泄殖腔，对幼禽危害严重。当严重感染时出现下痢、贫血、消瘦、生长发育受阻，最终因极度衰弱死亡。剖检可见大量虫体附着在肠黏膜上，肠黏膜出血。

4. 东方次睾吸虫 寄生于禽胆管、胆囊，引起病禽贫血、消瘦，胆囊肿大，胆囊壁增厚，胆汁变质和消失。

5. 真杯科布氏（副顿水）顿水吸虫 寄生于鸡、火鸡、鸽的肾脏和输尿管，引起肾壁增厚和肾集合管扩张，感染笼养禽无明显症状。

6. 前殖科楔形前置吸虫 寄生于鸡、鸭、鹅、野鸭及野鸟的腔上囊、输卵管、泄殖腔、直肠，偶见于鲜蛋内。虫体刺激输卵管黏膜，破坏腺体功能，引起石灰质产生过多或停止，继而破坏蛋白腺功能，引起蛋白质分泌过多，导致输卵管管壁不规则地收缩，形成各种畸形蛋或无壳蛋、软壳蛋，甚至排出石灰质、蛋白质等半液体状物质。严重时可引起腹膜炎而死亡。

7. 分体科包氏毛毕吸虫 寄生于鸭、鹅等水禽的肝门静脉和肠系膜静脉，引起禽消瘦，发育受阻，肠黏膜发炎。严重感染时，肝、胰、肾、肠壁和肺均能发现虫体和虫卵，肠壁上有结节。

【诊　断】 在粪便中发现有盖的吸虫虫卵可作为诊断依据，流行病学资料和临床症状可作为参考，在体内发现虫体即可确诊。

【预　防】

1. 定期驱虫　每年春、秋季进行驱虫。硫双二氯酚,每千克体重,鸡用 100～200 毫克,鸭用 30～50 毫克,拌料,分 2～3 次喂服。驱出的虫体和粪便集中堆积发酵杀灭虫卵,杜绝传染源。

2. 开沟排水,改良土壤,消灭中间宿主　有效的灭螺剂有硫酸铜(或胆矾粉)粉剂或结晶,0.01%～0.02% 硫酸铜溶液对多种水生螺的幼螺或成螺有效,较高浓度对螺卵也有效。乳化的氯硝柳胺等都是很有效的灭螺剂。

3. 改变饲养方式　采用封闭式、集约化饲养模式,远离河流和沼泽。

【治　疗】

1. 眼吸虫病　用 75%～90% 酒精滴眼。

2. 呼吸系统吸虫病　特别是寄生于鼻道、气管和支气管的吸虫,可借助吸入具有杀蠕虫特性的粉剂药物进行驱虫。也可用 0.2% 碘溶液气管注入,每只成年鸭 1 毫升,同时连续用 0.2% 土霉素水溶液饮服 2 天。或用吡喹酮,每千克体重 20 毫克,拌料喂服,连用 2 次,效果满意。

3. 消化道吸虫病

(1)前殖吸虫　每千克体重用吡喹酮 60 毫克,或用硫双二氯酚,鸡 100～200 毫克,鸭 30～50 毫克,混饲,一次喂服。

(2)棘口吸虫　每千克体重用氯硝柳胺 50～60 毫克或吡喹酮 10～20 毫克,混饲,一次喂服。

(3)背孔吸虫、次睾吸虫　每千克体重用硫双二氯酚 300～500 毫克,混饲,一次喂服。

第三节　绦　虫　病

绦虫病是由绦虫寄生于禽类引起的一类寄生虫病。寄生于禽肠道的绦虫多达四十余种，最常见的是戴文科、赖利属和戴文属及膜壳科剑带属的多种绦虫，均寄生于禽类小肠，主要是十二指肠。

【病　原】　常见的绦虫有棘沟赖利绦虫、四角赖利绦虫、有轮赖利绦虫、节片戴文绦虫、矛形剑带绦虫等。虫体呈扁平带状，由头节、颈节和体节三部分组成。体节数目因绦虫种类而异。绦虫雌雄同体，没有体腔，也没有消化器官，靠体表吸收营养。蚂蚁、家蝇等昆虫和剑水蚤为中间宿主。

绦虫成虫寄生于家禽小肠内，成熟的孕卵节片自动脱落，随粪便排出体外，被适宜的中间宿主吞食后，发育为具有感染能力的似囊尾蚴。禽采食带似囊尾蚴的中间宿主，经 2～3 周在小肠内发育为成虫。

【流行病学】　家禽绦虫病分布广泛，散养禽多发，集约化养禽模式发病率低。感染多发于中间宿主活跃的 4～9 月份。各种日龄的家禽均可感染，雏禽易感性和死亡率均高，成年禽多为带虫者。

【临床症状】　感染禽精神沉郁，双翅下垂，羽毛逆立，消化不良，下痢，消瘦，生长缓慢，粪便稀薄或混有血样黏液。严重者贫血，冠髯苍白。蛋鸡产蛋减少，甚至死亡。

【病理变化】　小肠黏膜增厚，有出血点，小肠内黏液增多、恶臭。严重者可见大量虫体阻塞肠道。棘盘赖利绦虫感染时，肠壁可见中央凹陷的结节，结节内含有黄褐色干酪样物。

【诊　断】　粪便中可见白色孕卵节片，剖检病鸡肠道见有虫体即可确诊。

【预　防】　每年春、秋季进行驱虫，可用硫双二氯酚，每千克体重，鸡 100～200 毫克，鸭 30～50 毫克，拌料分 2～3 次喂服。驱出的虫体和粪便集中堆积发酵杀灭虫卵，杜绝传染源。

【治　疗】　每千克体重用吡喹酮 10～20 毫克或硫双二氯酚

100～200 毫克,混饲,一次喂服。间隔 14 天再驱虫 1 次。及时清理粪便,堆积发酵杀灭虫卵。

鸡每千克体重用槟榔片或槟榔粉 1～1.5 克,水禽用 0.75 克,煎汁,早晨空腹时灌服,之后供给充足饮水。

将南瓜子磨成细粉,加 8 倍量的水煮沸 1 小时,除去表层油脂后,与等量精饲料混合饲喂,每只鹅口服 20～50 克。

第四节　鸡线虫病

鸡线虫病是由线形动物门、线虫纲中的线虫所引起的。线虫主要寄生于鸡的小肠,放养鸡群常普遍感染。主要导致雏鸡发病,造成饲料报酬下降,生长迟缓。成年鸡是线虫病的携带者和传播者,一般不发病,但增重和产蛋能力下降。

【病　原】 寄生在鸡体内的线虫主要有鸡蛔虫、比翼线虫、胃线虫、异刺线虫、毛细线虫等。线虫外形一般呈线状、圆柱状或近似线状,两端较细,头端偏钝,尾部偏尖;雌雄异体,一般是雄虫小,雌虫大,雄虫的尾部常弯曲,雌虫的尾部比较直。大小差异很大,从 1 毫米至 1 米以上。

1. 鸡蛔虫　鸡蛔虫属禽蛔科禽蛔属,是鸡体内最大的线虫,呈淡黄白色,头端有 3 个唇片,主要寄生于鸡小肠内。

2. 比翼线虫　比翼线虫属比翼科比翼属,寄生于鸡气管内。虫体因吸血而呈红色。头端大,呈半球形;口囊宽阔呈杯状,底部有三角形小齿。对幼鸡危害严重,死亡率极高。

3. 鸡胃线虫　鸡胃线虫属华首科华首属和四棱科四棱属,寄生于鸡的食道、腺胃、肌胃和小肠内。常见的有斧钩华首线虫、旋形华首线虫和美洲四棱线虫。斧钩华首线虫寄生于鸡和火鸡的肌胃角质膜下,中间宿主为蚱蜢、象鼻虫和赤拟谷盗;旋形华首线虫寄生于鸡、火鸡、鸽和鸭的腺胃和食道,偶尔可寄生于小肠,中间宿主为鼠妇（俗称"潮虫"）；美洲四棱线虫寄生于鸡、火鸡、鸽和鸭的腺胃内，中间宿主为蚱蜢和德国小蠊螕。

4. 异刺线虫　异刺线虫又称盲肠虫，属异刺科、异刺属。虫体小，呈白色。头端略向背面弯曲，食道末端有一膨大的食道球。卵壳厚，内含1个胚细胞，卵的一端较明亮，可区别于鸡蛔虫卵。寄生于鸡盲肠内。

5. 毛细线虫　鸡毛细线虫属毛首科、毛细线虫属。虫体细小，呈毛发状。虫卵呈棕黄色，腰鼓形，卵壳厚，两端有卵塞，卵内含一椭圆形胚细胞。寄生于禽类消化道，在我国普遍发生，严重时可致鸡死亡。

【流行病学】

1. 鸡蛔虫　雌虫在鸡的小肠内产卵，虫卵随鸡粪排到体外。虫卵抗逆性很强，在适宜条件下，约经10天发育为含感染性幼虫的虫卵，在土壤内生存6个月仍具有感染能力。鸡因饮食被感染性虫卵污染的饲料或饮水而感染。幼虫在鸡胃内脱掉卵壳进入小肠，钻入肠黏膜内，随血液循环经过一段时间后返回肠腔发育为成虫，此过程需35～50天。除小肠外，在鸡的腺胃和肌胃内，有时也有大量虫体寄生。3～4月龄以内的雏鸡最易感染和发病。

2. 比翼线虫病　雌虫在气管内产卵，卵随气管黏液到口腔，或被咳出，或被咽入消化道，随粪便排到外界。在适宜条件下，虫卵约经3天发育为感染性虫卵，再被蚯蚓、蛞蝓、蜗牛、蝇类及其他节肢动物等吞食，在其肌肉内形成包囊而具有感染鸡的能力。鸡因吞食了这些动物被感染，幼虫钻入肠壁，经血流移行到肺泡、细支气管、支气管和气管，于感染后18～20天发育为成虫并产卵。

3. 胃线虫病　雌虫在寄生部位产卵，卵随粪便排到外界，被中间宿主吞入后，经20～40天发育成感染性幼虫，鸡因吃入这些动物而感染。在鸡胃内，中间宿主被消化而释放出幼虫，并移行到寄生部位，经27～35天发育为成虫。

4. **异刺线虫病** 成熟雌虫在盲肠内产卵，卵随粪便排出至外界，在适宜条件下，约经 2 周发育成含幼虫的感染性虫卵，鸡因吞食了被感染性虫卵污染的饲料和饮水而感染，在盲肠内发育为成虫，共需 24～30 天。此外，异刺线虫虫卵常因感染组织滴虫而使鸡并发组织滴虫病。

5. **毛细线虫病** 雌虫在寄生部位产卵，虫卵随禽粪便排到外界，或在中间寄主体内发育成感染性幼虫，被鸡吞入后，幼虫逸出，进入寄生部位黏膜内。约经 1 个月从卵发育为成虫。

【临床症状】

1. **鸡蛔虫** 感染的雏鸡表现为生长缓慢、羽毛松乱、行动迟缓、无精打采、食欲不振、消瘦、下痢、贫血、黏膜和鸡冠苍白、产蛋下降等，最终可因衰弱而死亡。大量感染者可造成肠堵塞而死亡。

2. **比翼线虫病** 病鸡不断伸颈、张嘴呼吸，并能听到呼气声，头部左右摇甩，以排出口腔内的黏性分泌物，有时可见虫体。病初食欲减退，精神不振，消瘦，口内充满泡沫性唾液。最后因呼吸困难，窒息死亡。本病主要危害幼鸡，死亡率几乎达 100%。

3. **胃线虫病** 虫体寄生量少时症状不明显，大量虫体寄生时，则翅膀下垂，羽毛蓬乱，消化不良，食欲不振，无精打采，消瘦，下痢，贫血。雏鸡生长发育缓慢，严重者可因胃溃疡或胃穿孔而死亡。

4. **异刺线虫病** 病鸡因消化功能减退而食欲不振，下痢，贫血，雏鸡发育受阻，消瘦，逐渐衰竭死亡。

5. **毛细线虫病** 病鸡精神委靡，头下垂，食欲不振，常做吞咽动作，消瘦，下痢，贫血，严重者可发生死亡。

【病理变化】

1. **鸡蛔虫** 小肠黏膜发炎、出血，肠壁上有颗粒状化脓灶或结节。严重时可见大量虫体聚集，相互缠结，引起肠阻塞，甚至肠破裂和腹膜炎。

2. 比翼线虫病 可见肺淤血、水肿和肺炎等病变；气管黏膜潮红，表面有带血黏液覆盖，气管黏膜上有虫体附着。

3. 胃线虫病 胃壁发炎、增厚，有溃疡灶，腺胃或肌胃角质层下有大量虫体。

4. 异刺线虫病 心脏内充满血凝块，呈暗红色；肺淤血；肝脏呈土黄色；小肠肠壁增厚，盲肠肿大，盲肠壁有数个大小不等的溃疡痕迹，盲肠末端黏膜密布出血点。

5. 毛细线虫病 虫体寄生部位黏膜发炎、增厚，黏膜表面覆盖絮状渗出物或脓性分泌物，黏膜溶解、脱落甚至坏死。病变程度的轻重因虫体寄生的数量多少而不同。

【诊　断】 依据临床特征、病理变化，剖检发现虫体和粪便检查发现大量虫卵进行综合诊断。

【预　防】 采用封闭式饲养肉鸡和笼养蛋鸡的饲养方式，实施幼禽和成年禽分开饲养，减少禽类与禽线虫、虫卵的接触和感染机会。

搞好环境卫生，严格执行清洁卫生制度，处理土壤和垫料以杀死中间宿主，及时清除粪便并堆积发酵杀灭虫卵。

在线虫病流行的养禽场，实施预防性驱虫。

【治　疗】

1. 蛔虫病 阿苯达唑预混剂，以阿苯达唑计，混饲，每1 000千克饲料，鸡用30克，连用4～7天。鸡休药期14日。

枸橼酸哌嗪片，口服，一次量，每千克体重0.25克，鸡休药期14日。

盐酸左旋咪唑片，口服，一次量，每千克体重25毫克，鸡休药期28日。

噻苯达唑片，口服，一次量，每千克体重35～40毫克。

在饲料中添加2％的烟草粉，每日上、下午各喂1次，连喂1周。

2. 异刺线虫 芬苯达唑颗粒，以芬苯达唑计，口服，一次量，每千克体重 10～15 毫克,禽休药期 28 日。

越霉素 A 预混剂,以越霉素 A 计,混饲,鸡用 5～10 克,鸡休药期 3 日。蛋鸡产蛋期禁用。

3. 毛细线虫　用药同异刺线虫病。

4. 气管比翼线虫和支气管杯口线虫　治疗用药同异刺线虫病。

第五节　外寄生虫病

禽外寄生虫病是由寄生于禽类皮肤和羽毛上的寄生虫引起的一类疾病。禽外寄生虫病在集约化养殖模式下发病率很低,但在开放型饲养场仍有吸血性传播昆虫和外寄生虫的发生和流行,直接危害禽类健康,夺取营养,损害羽毛、皮肤,影响增重,传播疾病,给养禽业带来巨大经济损失。

禽的外寄生虫属于节肢动物,包括昆虫纲和蜘蛛纲,如虱、蚤、蝇类、鸡螨、鸡波斯锐缘蜱等。

一、虱

鸡虱属于食毛目,即所谓的咀嚼虱。寄生于禽类的常见种类有鸡虱、鸭虱和鸽虱。常见的鸡虱有雏鸡头羽虱(又称鸡头虱)、鸡圆羽虱(又称绒羽虱)、鸡圆虱(又称鸡褐虱)、鸡翅虱(又称鸡翅长圆虱)、鸡羽虱。鸭虱和鹅虱有细鹅虱、细鸭虱、鹅巨毛虱(又称鹅体虱)、鸭巨毛虱(又称鸭虱)。鸽虱有小鸽虱和鸽长羽虱。

【**病　原**】　鸡虱呈淡黄色或灰色,体长 1～3 毫米。分头、胸、腹三部分,头部稍宽于胸部,都有咀嚼形口器。一生均在宿主身上度过,正常寿命只有几个月,一旦离开宿主只能存活数天。鸡虱所产的卵常集合成块,固着在羽毛的基部,依靠鸡的体温孵化,5～6 天变成与成虫形态相似的幼虱。

【**临床症状**】　鸡虱主要寄生在鸡肛门下部,严重时可发展到腹部、胸部和翅膀下面。鸡虱以羽毛的羽小枝为食,还吸食血液,损害表皮,引起发痒不安;羽干虱多寄生在羽干上,咬食羽毛和羽枝,导致羽毛脱落;头虱主要寄生在鸡头颈的皮肤上,造成秃头。当大量鸡虱寄生时,鸡发痒不安,羽毛脱落,皮肤损伤,身体瘦弱,生长缓慢,产蛋量下降。

【防　治】　彻底冲刷和消毒鸡舍,鸡舍空舍期应在 2 周以上,并喷洒 0.2%～0.3%精制马拉硫磷水溶液杀虫。平时防止野鸟进入鸡舍。

治疗可用 20%氰戊菊酯 1∶1 000～2 000 倍水溶液喷雾,或用 5%溴氰菊酯溶液加水稀释 2 000 倍,逐只鸡药浴,一次即可杀灭鸡虱。

二、鸡　螨

【病　原】　鸡螨共有 20 多种,危害较大的有鸡刺皮螨和鸡突变膝螨。

鸡刺皮螨又叫鸡螨或红螨,广泛分布于世界各地,特别流行于温带地区有栖架的老鸡舍中。它通常在夜间爬到鸡体上吸血,白天隐匿在栖架上松散的粪块、板条下面及产蛋箱、鸡舍柱子、屋顶支架等的缝隙里面,常成群聚集在一起。鸡刺皮螨繁殖速度很快,温暖季节 2～3 天即可由卵孵化成幼虫。

鸡突变膝螨又称鳞足螨,常发现于年龄较大的鸡。寄生于鸡的腿、爪等无毛处,有时也可寄生在鸡冠和鸡肉髯上。螨的全部生活史均在皮肤内完成。

【临床症状】

1. 鸡刺皮螨　早期不易发现,当大量寄生时,引起鸡群不安、食欲渐减、精神不振。重者出现贫血,产蛋量下降。可造成雏鸡死亡。

2. 鸡突变膝螨　病鸡经常啄羽,甚至将羽毛啄下来。螨虫寄生于无毛处,常形成大量皮屑和痂皮,严重时可造成跛行。外观鸡脚极度肿大,似附着一层石灰,因此又叫鸡石灰脚。严重时影响鸡的采食、运动,产蛋量下降。

【防　治】　开放式鸡舍用 0.2%～0.4%敌敌畏水溶液先后对鸡舍、运动场及周围环境喷雾杀虫,间隔 7 天再喷 1 次。鸡舍喷雾后加强通风,防止鸡中毒。发病鸡用 20%氰戊菊酯溶液 1∶1 000～2 000 倍水溶液喷雾或用 5%溴氰菊酯溶液加水稀释 2 000倍,逐只鸡药浴。

第六章 家禽营养代谢性疾病的防治

营养代谢是家禽摄取体外营养物质,经过复杂的消化、吸收、合成、排泄等生理活动,实现生命活动的物质交换和能量转化的过程。由于家禽摄入体内的营养物质缺乏或过多,以及机体内外环境因素的影响,导致营养物质代谢异常,出现生长发育迟滞,生产能力、繁殖能力和抗病能力降低,甚至危及生命的疾病统称营养代谢病。

第一节 营养代谢性疾病概述

一、病 因

(一)**营养物质供给和摄入不足** 由于饲料质量差、保存时间过长、高温处理、饲料中抗营养物质过多、营养物质不平衡等因素造成某种必需的营养物质缺乏,导致饲料中营养缺乏,家禽所需营养物质供给不足;或由于喂料不足或家禽食欲降低,甚至废绝,均会导致家禽营养物质摄入不足。

(二)**营养物质消化吸收率低** 当家禽患胃肠道疾病(如球虫病、肠炎、腺肌胃炎等)、肝脏及胰腺等功能障碍时,不仅影响营养物质的消化和吸收,同时营养物质在家禽体内的合成代谢率也降低。

(三)**机体对营养物质的需要增多** 当家禽处于高温、低温、拥挤、噪声、疾病等应激状态时,机体对营养物质的消耗量加大、需求量增加,正常的饲料供应无法满足需要,如不及时补充营养,也将导致营养物质的缺乏。

（四）动物体功能衰退 当家禽久病或年老时，组织器官功能衰退，对营养物质的吸收利用能力下降，亦会导致营养缺乏。

本病的鉴别诊断要点包括群体发病，生长发育快的家禽多发、症状较严重，抗病原微生物药物治疗无效，缺乏营养补充治疗效果好等。

二、特 点

第一，群发性。在集约饲养条件下，特别是饲养失误或管理不当造成的营养代谢病，常呈群发性，同舍或不同禽舍的家禽同时或相继发病，表现相同或相似的临床症状。

第二，发病慢，发病率高，病程较长，大多数病例长期呈隐性经过。

第三，一般体温偏低或在正常范围内。

第四，鸡群之间不发生接触传播，病鸡大多有生长发育停滞、贫血、消化紊乱等多样化的临床症状。

第五，早期诊断困难。本类疾病具有特征性血液或尿液生化指标的改变或器官组织病理变化。通过对饲料、土壤、水质检验和分析，可查明病因。

第六，常以营养不良和生产性能低下为主症。营养代谢病常影响动物的生长、发育、成熟等生理过程，从而表现为生长停滞、发育不良、消瘦、贫血、异嗜、体温低下等营养不良症候群。在慢性消化疾病等营养性衰竭症中，缺乏的不仅是蛋白质，其他营养物质，如铁、维生素等也明显不足。

第七，发病常表现地方性。由于地球化学方面的原因，土壤中有些矿物质元素的分布很不均衡。我国北方省份大都处在低锌地区，以华北面积为最大，在这些地区应注意家禽的硒缺乏症和锌缺乏症。

第二节 维生素缺乏性疾病

一、维生素 A 缺乏症

维生素 A 缺乏症是以黏膜、皮肤上皮角化变质,生长停滞,干眼病和夜盲症为主要特征的营养代谢性疾病。

【病　因】

1. 日粮中维生素 A 含量不足　由于饲料中维生素 A 添加量不足,或在饲料加工过程中因高温处理、长期贮存等因素导致饲料中维生素 A 氧化分解,均会造成饲料中维生素 A 含量不足。

2. 日粮中蛋白质和脂肪含量不足　由于日粮中蛋白质和脂肪含量不足,机体内溶解维生素 A 的脂肪和运送维生素 A 的视黄醛不足,即使在维生素 A 足够的情况下,也可能发生功能性维生素 A 吸收率降低而出现缺乏症。

3. 机体维生素 A 需要量增加　当家禽发生胃肠吸收障碍、腹泻或其他疾病时,维生素 A 的消耗或损失过多;肝胆疾病也会影响维生素 A 的吸收利用和储藏,这些因素均可导致维生素 A 缺乏。

【发病机制】　维生素 A 是维持消化道、呼吸道、泌尿道、眼结膜和皮脂腺等上皮细胞正常生理功能所必需的物质。维生素 A 缺乏时,鸡某些器官的 DNA 含量降低,黏多糖的生物合成受阻,导致生长迟缓。同时,造成黏膜干燥和角化,机体免疫功能降低,易通过黏膜途径感染传染病。还可造成种禽生殖功能障碍,种蛋受精率和孵化率降低。

维生素 A 是合成视紫红质的必要原料,不足时视紫红质的再生更替作用受到干扰,鸡在阴暗的光线中呈现视力减弱及目盲。

维生素 A 对于成骨细胞和破骨细胞正常位置的维持和活动

是必需的。当家禽生长期间维生素 A 缺乏时,骨生长失调,骨骼系统和中枢神经系统生长出现差距,脑组织过度拥挤导致脑疝,出现共济失调等神经症状。

【临床症状】

1. 雏禽　本病雏禽多发。主要表现精神委顿,衰弱,运动失调,羽毛松乱,消瘦。喙和小腿部皮肤黄色消退。流泪,眼睑内有干酪样物积聚,常将上下眼睑粘在一起,角膜混浊不透明,严重者角膜软化或穿孔,失明。有些病鸡在受到外界惊吓后出现阵发性的头颈扭转,做圆圈式扭头,同时有后退、惊叫等神经症状。

2. 成年禽　成年禽易在 2～5 月龄出现症状,尤其是初产母禽,一般呈慢性经过。表现为厌食,消瘦,沉郁,运动无力,两腿瘫痪,往往用尾支地。偶有神经症状,运动不灵活,鼻、眼常有水样液体流出,将眼睑黏合在一起。母禽产蛋量和种蛋孵化率降低,公禽精液品质下降,种蛋受精率降低。

【病理变化】　病鸡口腔、咽喉黏膜上散布有白色小结节或覆盖一层白色豆腐渣样的假膜,剥离后黏膜完整,无出血和溃疡;鼻窦肿胀,内有黏性或干酪样渗出物;角膜穿孔;肾呈灰白色,肾小管和输尿管充塞白色尿酸盐沉积物,心包、肝和脾表面也有尿酸盐沉积。

【诊　断】　根据饲料化验结果,家禽病史、临床症状和病理变化特征等,即可做出初步诊断。确诊须依据血浆维生素 A 含量测定(正常动物血浆中维生素 A 在 0.34 微摩/升以上),以及用维生素 A 实验性治疗表现疗效显著做出判定。

【防　治】　饲料中添加足够量的维生素 A。高温潮湿季节饲料中添加抗氧化剂,饲料贮存期不超过 1 周,以防止贮存期间的氧化损失。

二、维生素 D 缺乏症

维生素 D 是家禽正常骨骼、喙和蛋壳形成中所必需的物质。家禽日粮中维生素 D 含量不足、家禽光照（时间、强度）不够或消化吸收障碍等因素皆可使家禽钙、磷吸收和代谢出现障碍，发生以骨骼、喙和蛋壳形成受阻为特征的维生素 D 缺乏症。

【病　因】

1. 日粮中维生素 D 不足　配制饲料所用的维生素添加剂质量较差，或饲料保存时间过长，维生素 D 氧化破坏，导致维生素 D 含量不足，出现维生素 D 缺乏症。

2. 体内合成量不足　家禽舍内饲养，不能接受阳光照射或照射时间较少；或光照程序不合理，如光照时间太短、光照强度弱等均可导致体内合成维生素 D 不足。

3. 消化吸收功能障碍　当家禽发生球虫病、肠炎、肾病、肝病等影响消化吸收功能的疾病时，维生素 D 的吸收严重不足，从而造成维生素 D 缺乏症的发生。

【发病机制】　维生素 D 缺乏时家禽小肠对钙、磷的吸收和运输减少，血清中钙含量减少，血清中钙浓度的降低又间接减少了磷的吸收；血浆中钙、磷浓度的降低阻滞了成骨细胞的生成和骨骼的钙化，从而导致以生长迟缓、骨骼极度软弱为特征的佝偻病的发生。

【临床症状】　雏鸡多在 4～5 周龄时出现明显症状。除生长迟缓、羽毛生长不良外，主要呈现以骨骼极度软弱为特征的佝偻病。喙、爪变软，行走极其吃力，躯体向两边摇晃，移行几步后即以跗关节着地俯下。

产蛋母鸡最初表现蛋壳变薄、破蛋和软壳蛋增多，产蛋率下降或停产。后期呈现身体坐于腿上的"企鹅"样姿势。种鸡表现为种蛋孵化率降低，10～15 天的胚胎死亡增加。

【病理变化】

1. 雏鸡　肋骨与脊椎骨连接处出现珠球状肿大；龙骨侧弯，龙骨正中凹陷；胫骨和股骨骨骺钙化不全等特征性病理变化。

成年鸡和产蛋鸡龙骨变软、弯曲，骨骼变软易折断，肋骨向内凹陷，在肋软骨联结处呈串珠状结节。

【诊　断】　依据临床特征和病理变化特征即可确诊。

【防　治】　保证饲料内含有足够的维生素 D，防止饲料氧化与发霉破坏过多的维生素 D。一旦发病，在饲料中及时补充添加维生素 AD_3 粉和优质钙、磷饲料（骨粉、贝壳粉等），促进钙、磷吸收，恢复健康。

三、维生素 E 缺乏症

维生素 E 缺乏症是以小脑软化、渗出性素质、白肌病与种鸡繁殖障碍为特征的营养代谢病。

【病　因】

1. 饲料中维生素 E 含量不足　饲料配方设计不合理，原料中缺乏维生素 E 且添加量不足，或制粒过程中因高温、高湿破坏过多，造成饲料中维生素 E 实际含量不足。

2. 饲料中维生素 E 失效　由于饲料贮存时间较长，饲料中的矿物质、不饱和脂肪酸等对其氧化，导致饲料中有效维生素 E 含量不足。

3. 维生素 E 与硒有协同作用　饲料中硒的缺乏导致维生素 E 需要量增加，从而引发与维生素 E 缺乏相似的症状。

【发病机制】　维生素 E 不仅是严重影响家禽繁殖功能的必需物质，还是预防脑软化症最有效的抗氧化剂；它与硒及胱氨酸的作用相互联系，对预防渗出性素质和营养性肌萎缩均起着重要的作用。

【临床症状】

1. 小鸡脑软化症 本病最早发生在 7 日龄,通常在 15~30 日龄发病。呈现共济失调,头向后或向下挛缩,或伴有侧方扭转,向前冲撞,两腿急速收缩和放松等神经症状。

2. 渗出性素质 病鸡冠髯苍白,蹲伏,呈胸腹式呼吸。颈、胸、翅、腹部等处皮下水肿,外观呈蓝绿色,触之有波动感。如得不到及时治疗,常衰竭死亡。

此外,成年鸡一般无明显症状。母鸡表现产蛋率降低,种蛋受精率和孵化率降低。公鸡性欲不强,精液品质下降。

【病理变化】

1. 脑软化症 脑膜、小脑和大脑血管明显充血、水肿。小脑柔软而肿胀,坏死脑组织呈苍白色或黄绿色。

2. 渗出性素质 贫血、皮下水肿,腹部及腿内侧有浅绿色或淡黄色胶冻样渗出液。心包有胶冻样渗出液,心脏扩张变形等。

3. 白肌病 肌胃、骨骼肌和心肌苍白贫血,并有灰色条纹,正常肌纹消失。

另外,公鸡精液品质变差,睾丸缩小和退化。鸡胚胎胎膜出现淤血与出血。胚胎眼睛的晶状体混浊,角膜出现斑点。

【诊　断】 根据日粮分析、发病史、流行特点、临床特征和病理变化即可确诊。应注意与传染性滑膜炎和葡萄球菌病相鉴别。

【防　治】 饲料中添加足够的维生素 E,同时注意微量元素硒的添加;饲料贮存在凉爽、干燥、通风的地方,全价饲料使用时间不超过 1 周,防止饲料中不饱和脂肪酸氧化与拮抗物质的破坏。

脑软化症病禽用维生素 E 油或胶囊治疗,每日每只用 250~350 单位,但仅对轻症有效;渗出性素质与肌营养不良病禽,每千克饲料中添加亚硒酸钠-维生素 E 粉 0.2 毫克、蛋氨酸 2~3 克,或每只一次性口服维生素 E 300 单位。

四、维生素 K 缺乏症

维生素 K 缺乏症是以家禽血液凝固不良、血凝时间延长或组织器官出血等为特征的营养缺乏性疾病。

【病　因】

1. 饲料中维生素 K 含量不足　家禽肠道微生物仅能合成少量的维生素 K_2，远远不能满足它们的需要，如果饲料中维生素 K 含量不足，可导致缺乏症的发生。

2. 饲料中含有拮抗物质　现代饲料中维生素 K 常用人工合成的 K_3，维生素 K_3 在常温时稳定，受日光照射则易被破坏；饲料中含有双香豆素、真菌毒素，通过酶的竞争性抑制，妨碍和抑制维生素 K 的作用。当上述因素存在时易导致缺乏症的发生。

3. 抗生素等药物添加剂的影响　饲料中添加了抗生素、磺胺类药物或抗球虫药物，抑制肠道微生物合成维生素 K_2，导致缺乏症的发生。

4. 肠道和肝脏疾病影响维生素 K 的吸收　家禽患有球虫病、腹泻、肝脏疾病等，肠壁吸收障碍，或胆汁缺乏使脂类消化吸收发生障碍，均可降低家禽对维生素 K 的吸收而导致缺乏症。

【发病机制】　维生素 K 是机体内合成凝血酶原必需的物质，它促使肝脏合成凝血酶原，并调节凝血因子的合成。当维生素 K 缺乏时，血液中凝血因子减少，导致凝血时间延长，发生皮下、肌肉及胃肠出血。草木樨中的香豆素，严重阻碍肝脏中凝血酶原的生成，使凝血机制发生障碍，导致凝血时间延长，发生皮下或体腔出血，甚至体内外出血。

【临床症状和病理变化】　病鸡病情严重程度与出血的情况有关。出血时间长或大面积出血，病鸡冠髯和皮肤干燥、苍白，腹泻，常蜷缩在一起，发抖，不久后死亡。主要病变特征是出血，体躯不同部位如胸部、翅膀、腿部、腹膜及皮下和胃肠均见弥漫性紫色出血斑点。

种鸡维生素 K 缺乏，导致种蛋孵化过程中胚胎死亡增加，孵化率降低。

【诊　断】　依据病史调查、日粮分析、病鸡日龄、出血症状、凝血时间延长及剖检时的出血性病变等进行综合分析，即可确诊。

【防　治】　每千克饲料中添加维生素 K_3 3～8 毫克，病鸡群每千克饲料中添加 10 毫克或每只肌内注射 0.5～3 毫克，结合补钙效果更好。

五、维生素 B_1 缺乏症

维生素 B_1 又叫硫胺素，其缺乏症是以碳水化合物代谢障碍和神经系统病变为特征的营养缺乏性疾病。

【病　因】

1. 饲料中维生素 B_1 供应不足　通常饲料中维生素 B_1 含量较充足，无须高剂量补充。但由于饲料加工过程中的高温、高湿环境，长时间贮存或霉变等因素的影响，维生素 B_1 分解损失，导致维生素 B_1 缺乏症的发生。

2. 饲料中的拮抗物质　饲粮中含有蕨类植物、球虫抑制剂氨丙啉和某些植物、真菌、细菌产生的拮抗物质，均可导致维生素 B_1 缺乏症的发生。

3. 饲料中动物性原料添加过多或品质太差　动物内脏类原料如鱼粉、肉骨粉中，硫胺素酶活性太高，添加过多或品质太差，会使维生素 B_1 破坏太多，导致维生素 B_1 缺乏症的发生。

【发病机制】　维生素 B_1 为机体许多细胞酶的辅酶，参与糖代谢过程中 α-酮酸（丙酮酸、α-酮戊二酸）的氧化脱羧反应。家禽体内如缺乏维生素 B_1，丙酮酸氧化分解不易进行，不能进入三羧酸循环中氧化，积累于血液及组织中，使能量供给不足，以致影响神经组织、心脏和肌肉的功能。神经组织所需能量主要靠糖氧化供给,因此神经组织受害最为严重。病禽表现心脏功能不足、运动失调、抽搐、肌力减弱、强直性痉挛、角弓反张、外周神经麻痹等明显的神经症状,因而又把这种维生素 B_1 缺乏症称为多发性神经炎。

维生素 B_1 尚能抑制胆碱酯酶,减少乙酰胆碱的水解,加速和增强乙酰胆碱的合成过程。当维生素 B_1 缺乏时,胆碱酯酶的活性异常增高,乙酰胆碱被水解而不能发挥增强胃肠蠕动、腺体分泌及消化系统和骨骼肌的正常调节作用,所以常伴有消化不良、食欲不振、消瘦、骨骼肌收缩无力等症状。

【临床症状】 雏鸡对维生素 B_1 缺乏十分敏感,饲喂缺乏维生素 B_1 的饲粮后约 10 天即可出现多发性神经炎症状。病鸡突然发病,呈现"观星"姿势,头向背后极度弯曲,呈角弓反张状,由于腿麻痹不能站立和行走,病鸡以跗关节和尾部着地,坐在地面或倒地侧卧,严重的衰竭死亡。

成年鸡维生素 B_1 缺乏约 3 周后才出现临床症状。病初食欲减退,生长缓慢,羽毛松乱无光泽,腿软无力,步态不稳。鸡冠常呈蓝紫色。以后神经症状逐渐明显,开始是脚趾的屈肌麻痹,接着向上发展,腿、翅膀和颈部伸肌明显地出现麻痹。有些病鸡出现贫血和腹泻,最后衰竭死亡。

【病理变化】 维生素 B_1 缺乏致死的雏鸡皮肤广泛水肿,肾上腺肥大,雌禽比雄禽更为明显。病死雏的生殖器官萎缩,睾丸比卵巢的萎缩更明显。心脏轻度萎缩,右心可能扩大,心房比心室较易受害。胃和肠壁萎缩,而十二指肠的肠腺却变得扩张。

【诊 断】 主要根据家禽发病日龄、流行病学特点、饲料中维生素 B_1 缺乏、多发性外周神经炎和病理变化即可做出诊断。

在生产实际中,应用诊断性的治疗,即给予足够量的维生素 B_1 后,可见到明显的疗效。

【防 治】 根据品种和日龄的不同在饲料中添加足够的维

生素 B_1,减少内脏等动物性原料的使用。

饲料贮存时间不要超过 7 天,防止饲料发霉变质,控制嘧啶类和噻唑类药物的使用,疗程不宜过长。

应用维生素 B_1 给病禽口服、肌内或皮下注射,数小时后即可见到疗效,但神经损伤严重者将不可恢复。

六、维生素 B_2 缺乏症

维生素 B_2 又称核黄素,维生素 B_2 缺乏症是以幼禽的趾爪向内蜷曲、两腿瘫痪为主要特征的营养缺乏症。

【病因】

1. 饲料中维生素 B_2 含量不足　禾谷类饲料中维生素 B_2 缺乏,且维生素 B_2 又易被紫外线、碱及重金属破坏。以禾谷类为主的饲料,如不添加维生素 B_2,易导致饲料中含量不足而出现缺乏症。

2. 饲料中含有拮抗物质　如饲料中添加氯丙嗪等药物时,由于药物影响维生素 B_2 的利用,应在饮水中额外补充维生素 B_2,否则易出现维生素 B_2 缺乏症。

3. 应激和疾病　低温等环境应激和胃肠道疾病影响维生素 B_2 的转化和吸收,从而导致维生素 B_2 的需要量增加,应及时补充维生素 B_2,防止维生素 B_2 缺乏症的发生。

4. 饲喂高脂肪、低蛋白质饲料　此时家禽对维生素 B_2 的需要量增加,饲料中应及时增加维生素 B_2 的添加量。

【发病机制】　维生素 B_2 是组成体内 12 种以上酶体系统的活性部分。这些酶参与体内的生物氧化过程,在体内的生物氧化过程中起着传递氢的作用。若维生素 B_2 缺乏则体内的生物氧化过程中酶体系受影响,使机体的整个新陈代谢作用降低,出现各种症状和病理变化。

【临床症状】　雏鸡喂饲缺乏维生素 B_2 的日粮,多在 1～2 周龄发生腹泻,食欲尚良好,但生长缓慢,消瘦衰弱。其特征性的症状是足趾向内蜷曲,不能行走,以跗关节着地,两腿瘫痪,展开翅膀维持身体平衡。腿部肌肉萎缩和松弛,皮肤干而粗糙。病雏因吃不到食物而饿死。

育成鸡病至后期,趾爪向下弯曲,不愿走动甚至瘫痪。母鸡产蛋量下降,蛋白稀薄,蛋的孵化率降低,入孵 $12\sim14$ 天胚胎大量死亡,死胚绒毛呈结节状,颈部弯曲,躯体短小,关节变形、水肿,贫血和肾脏变性。雏鸡多数带有先天性麻痹症状,体小、水肿,绒毛呈结节状。

【病理变化】　病死雏鸡的胃肠道黏膜萎缩,肠壁薄,肠内充满泡沫状内容物。有些胸腺充血和成熟前期萎缩。病死的成年鸡坐骨神经和臂神经显著肿大和变软,尤其是坐骨神经的变化更为显著,其直径比正常者粗大 $4\sim5$ 倍。病死的产蛋鸡均有肝脏肿大和脂肪变性等病理变化。

【诊　断】　通过对发病经过和日粮成分的分析,足趾向内蜷缩、两腿瘫痪等特征症状,以及病理变化等情况进行综合分析,即可做出诊断。

【防　治】　本病应坚持早期防治的原则,在雏禽日粮中维生素 B_2 不完全缺乏,或暂时短期缺乏又补足,随雏禽迅速增长而对维生素 B_2 需要量相对减少,病禽未出现明显症状即可自然恢复正常。然而,对趾爪已蜷缩和坐骨神经已受损伤的病鸡,即使用维生素 B_2 治疗也无效,病理变化难以恢复。

故雏禽一开食时就应饲喂标准配合日粮,或在每吨饲料中添加 $2\sim3$ 克维生素 B_2,即可预防本病发生。对刚发病的家禽,可在每千克饲料中加入维生素 B_2 20 毫克治疗 $1\sim2$ 周,可见效果。

七、泛酸缺乏症

泛酸又称遍多酸,泛酸缺乏症是以生长阻滞、皮肤炎症为特征的营养缺乏性疾病。

【病　因】

1. 饲料中含量不足　禽类不能合成泛酸,玉米中泛酸含量很低,饲喂玉米-豆粕型日粮时,如泛酸钙添加不足,易发生泛酸缺乏症。种鸡日粮中维生素 B_{12} 不足时,也可造成泛酸缺乏。

2. 饲料加工不当　高温、偏酸或偏碱性环境,易造成泛酸损失,故饲料加工不当,也是造成泛酸缺乏的原因之一。

【发病机制】　泛酸是脂肪和糖类、蛋白质转化为能量时不可缺少的物质,它参与控制血糖,帮助细胞的形成,维持机体正常发育和中枢神经系统的发育。它对维持肾上腺的正常功能非常重要,它是抗体合成、利用对氨基苯甲酸和胆碱的必需物质。它有助于维持皮肤健康,促进伤口痊愈。当泛酸缺乏时则导致羽毛生长阻滞、松乱以及皮肤炎症等病变。

【临床症状】　小鸡发生泛酸缺乏时,特征性表现是羽毛生长迟滞和松乱。病鸡头部羽毛脱落,头部、趾间和脚底皮肤发炎,表层皮肤有脱落现象,并产生裂隙,以致行走困难,有时可见脚部皮肤增生角化,有的形成疣性赘生物。幼鸡生长受阻,消瘦,眼睑常被黏液渗出物黏着,口角、泄殖腔周围有痂皮。口腔内有脓样物质。

对种鸡产蛋量影响不大,18～21 日龄胚胎死亡较多,出壳 24 小时雏鸡死亡率高达 50%。

【病理变化】　腺胃内有灰白色渗出物;肝肿大,呈暗的淡黄色至污秽黄色;脾稍萎缩;肾稍肿;鸡胚短小,有皮下出血和严重水肿;肝脏脂肪变性。

【诊　断】　依据临床特征、病理变化和泛酸治疗效果好等进行综合分析,即可确诊。

【防　治】　啤酒酵母中含泛酸最多,可在饲料中添加一些酵母片;或每千克饲料补充 10～20 毫克泛酸钙,对本病均有效果。

饲喂新鲜青绿饲料、肝粉、苜蓿粉或脱脂乳等富含泛酸的饲料也可预防本病发生。

对泛酸缺乏的雏鸡,立即腹腔注射 200 微克泛酸,可以收到明显疗效,否则不易存活。

八、烟酸缺乏症

烟酸又称尼克酸、维生素 PP、抗癞皮病维生素。烟酸缺乏症是缺乏烟酸所引起的一种营养不良性疾病,患病家禽以口炎、下痢、跗关节肿大等为主要特征。

【病　因】

1. 家禽饲料中烟酸缺乏　以玉米为主的家禽饲料中缺乏色氨酸,使禽体内烟酸合成减少而导致缺乏;维生素 B_2 和维生素 B_6 缺乏也可影响烟酸的合成,引起烟酸缺乏症。

2. 家禽肠道合成烟酸能力低　长期使用抗生素,胃肠道正常微生物受到抑制,微生物合成烟酸的量更少,导致烟酸缺乏症的发生。

3. 家禽需要量增多　高产蛋鸡或速生肉鸡对烟酸需要量大大增加,或由于家禽患有热性病、寄生虫病、腹泻症或消化道、肝和胰脏等功能障碍时,营养物质吸收不良等造成烟酸需要量增多,如不能及时增加和补充烟酸,将导致缺乏症的发生。

【临床症状】　雏鸡、青年鸡、鸭均以生长停滞、发育不良及羽毛稀少等为特征。幼雏发病率高,皮肤发炎有化脓性结节,腿部关节肿大,骨短粗,腿骨弯曲,与滑腱症有些相似,不过其跟腱极少滑脱。雏鸡口黏膜发炎,消化不良和下痢。火鸡、鸭、鹅的腿关节韧带和腱松弛。成年鸭腿呈弓形弯曲,严重时致残。产蛋鸡发生脱毛,有时能看到足和皮肤有鳞状皮炎。

【病理变化】　许多器官发生明显的萎缩。皮肤因角化过度而增厚,胃和小肠黏膜萎缩,盲肠和结肠黏膜上有豆腐渣样覆盖物,肠壁增厚而易碎。肝脏萎缩并有脂肪变性。

【诊　断】　根据发病经过、日粮分析、临床特征和病理变化综合分析即可确诊。

【防　治】　调整日粮中玉米的添加比例或添加足量的色氨酸、烟酸以及饲喂啤酒酵母、米糠、麸皮、豆类、鱼粉等富含烟酸的饲料。

病鸡口服烟酸 30～40 毫克/只，或在饲料中给予治疗剂量，每 1 000 千克饲料中添加 15～20 毫克烟酸。若有肝病存在时，可配合应用胆碱或蛋氨酸进行防治。

九、维生素 B_6 缺乏症

维生素 B_6 又名吡哆素，维生素 B_6 缺乏症是以雏鸡食欲下降、生长不良、骨短粗和神经症状为特征的营养缺乏性疾病。

【病　因】　饲料在碱性或中性溶液中浸泡或受光线、紫外线照射均能使维生素 B_6 破坏，使饲料中维生素 B_6 含量不足，如不能及时补充或增加维生素 B_6，将导致维生素 B_6 缺乏症的发生。

家禽在疾病等应激条件下对维生素 B_6 的需要量增加，应及时补充或增加维生素 B_6，防止维生素 B_6 缺乏症的发生。

【发病机制】　维生素 B_6 参与氨基酸的转氨基反应，对体内的蛋白质代谢有着重要的影响，磷酸吡哆醛或磷酸吡哆胺是转氨酶的辅酶，也是某些氨基酸脱羧酶及半胱氨酸脱硫酶等的辅酶。动物肥育时特别需要维生素 B_6，否则影响肥育、增重效果。氨基酸脱羧后，产生有生物活性的胺类，对机体生理活动有着重要的调节作用。例如，谷氨酸脱去羧基生成的 γ-氨基丁酸，与中枢神经系统的抑制过程有密切关系。当维生素 B_6 缺乏时，由于 γ-氨基丁酸生成减少，中枢神经系统的兴奋性则异常增高，因而病鸡表现特征性的神经症状。

【临床症状】

1. 小鸡　病鸡食欲下降，生长不良，表现贫血及特征性的神经症状。病鸡双脚神经性的颤动，多以强烈痉挛、抽搐而死亡。

有些小鸡发生惊厥时,无目的地乱跑,翅膀扑击,倒向一侧或完全翻仰在地,头和腿急剧摆动,这种较强烈的活动和挣扎导致病鸡衰竭而死。有些病鸡无神经症状而发生严重的骨弯曲、短粗。

2. 成年鸡　病鸡食欲减退,产蛋量和孵化率明显下降,由于体内氨基酸代谢障碍,蛋白质的沉积率降低,病鸡生长缓慢、贫血,随后体重减轻,逐渐衰竭死亡。

【病理变化】　病死鸡皮下水肿,内脏器官肿大,脊髓和外周神经变性。有些呈现肝变性。

【诊　断】　依据临床症状、病理变化和维生素 B_6 治疗效果好等特征进行综合分析即可确诊。

【防　治】　选择麦麸、酵母等维生素 B_6 丰富的原料配制饲料,或每 1 000 千克饲料添加 5 克维生素 B_6。

病鸡肌肉注射维生素 B_6 5～10 毫克/只;饲料中添加复合维生素 B;用电解多维素饮水。

十、叶酸缺乏症

叶酸缺乏症是由于鸡缺乏叶酸而引起的以贫血、生长停滞、羽毛生长不良或色素缺乏及神经麻痹为特征的营养缺乏性疾病。

【病　因】　一般的饲料原料中,叶酸含量较少,如饲料中添加量太低或不添加,则很容易发生缺乏症。

长期使用抗菌药物,如磺胺类药物等,破坏肠道微生物菌群平衡,影响微生物合成叶酸,易导致叶酸缺乏症的发生。

家禽在冷热应激、患病状态以及特殊生理阶段(高产、育雏等),叶酸需要量增加,体内合成叶酸能力降低,则导致叶酸缺乏症的发生。

【发病机制】　正常情况下小肠上皮细胞分泌的谷氨酸-羧基肽酶水解成谷氨酸和自由的叶酸,叶酸在肠壁、肝、骨髓等组织中转变成具有生理活性的 5,6,7,8-四氢叶酸。四氢叶酸参与嘌呤、嘧啶及甲基的合成等代谢过程,对核酸的合成有直接影响,并对蛋白质的合成和新细胞的形成也有重要的促进作用。当叶酸缺乏时,机体正常的核酸代谢和细胞繁殖所需的核蛋白形成均受到影响,红细胞发育成熟受阻,造成贫血症和白细胞减少症,导致生长停滞、羽毛生长不良等明显症状。

【临床症状】 雏鸡生长缓慢,贫血,羽毛生长不良,骨短粗,神经麻痹,两翅下垂,如不及时给予叶酸,可在2天内死亡。种鸡产蛋量、孵化率降低。

【病理变化】 病死禽肝、脾、肾贫血,胃有小点状出血,肠黏膜有出血性炎症。死胚喙变形,胫骨、跗骨弯曲。

【诊　断】 依据临床症状、病理变化和叶酸治疗效果好等特征进行综合分析即可诊断。

【防　治】 每1000千克饲料中添加1克叶酸,或加大酵母粉、豆饼等富含叶酸的饲料原料的使用量。

在每1000千克饲料中添加5克叶酸,饲喂病鸡;或肌内注射,雏鸡0.05~0.1毫克/只,成年鸡0.1~0.2毫克/只,1周内即可恢复。同时,用维生素 B_{12}、维生素 C 配合治疗效果更好。

十一、生物素缺乏症

生物素又叫维生素 H,它是畜禽必不可少的营养物质。

【病　因】 谷物类饲料中生物素含量少,利用率低,如果谷物类在饲料中添加比例过高,或家禽日粮中陈旧玉米、麦类添加量过多,就容易发生生物素缺乏症。

抗生素和药物影响肠道微生物合成生物素,如长期使用会造成生物素缺乏。

【发病机制】 生物素是生脂酶、羧化酶等多种酶的辅酶,参与脂肪、蛋白质和糖的代谢。它能与蛋白质结合成促生物素酶,有脱羧和固定二氧化碳的作用,还可影响骨骼的发育、羽毛色素的形成及抗体的生成等。因此,一旦缺乏即表现相应的临床症状和病理变化。

【临床症状】　雏鸡和雏火鸡表现生长迟缓,食欲不振,羽毛干燥、变脆,趾爪、喙底和眼周围皮肤发炎,以及骨短粗等特征性症状。

成年鸡和火鸡缺乏生物素时,种蛋孵化率降低,胚胎发生先天性骨短粗症。鸡胚骨骼变形,包括胫骨短和后屈、跗跖骨很短、翅短、颅骨短、肩胛骨前端短和弯曲等。鸡胚出现并趾症,第三趾和第四趾之间的蹼延长。蜷缩在蛋内的鸡胚呈现软骨营养障碍,体型变小,鹦鹉嘴,胫骨严重弯曲,跗、跖骨短而扭转。

【病理变化】　肝苍白、肿大,小叶有微小出血点;肾肿大,颜色异常;心脏苍白;肌胃内有黑棕色液体。

【诊　断】　依据临床症状、病理变化和生物素治疗效果好等特征,即可确诊。

【防　治】　根据病因采取有针对性的措施,每 1 000 千克饲料添加 150 克生物素,可收到良好的效果。

日粮中陈旧玉米、麦类不要过多,减少较长时间饲喂磺胺类、抗生素类添加剂等。

生鸡蛋中有抗生物素因子,所以应注意矿物质营养平衡,防止鸡发生啄蛋癖。

一旦确诊为生物素缺乏,应在饲料中加倍添加生物素。

十二、胆碱缺乏症

胆碱缺乏症是由于胆碱缺乏或能量过剩,引起脂肪代谢障碍,大量脂肪沉积在家禽肝脏所致的脂肪肝病或称脂肪肝综合征。本病多发于蛋鸡养殖中后期。

【病　因】　日粮中胆碱添加量不足。

由于维生素 B_{12}、叶酸、维生素 C 和蛋氨酸都可参与胆碱的合成,它们的缺乏也易影响胆碱的合成。

日粮中维生素B_1和胱氨酸增多,脂肪采食量过高而没有相应提高胆碱的添加量,均能促进胆碱缺乏症的发生。

日粮中长期应用抗生素和磺胺类药物能抑制胆碱在体内的合成,可引起本病的发生。

胃肠和肝脏等的疾病亦会影响胆碱的吸收和合成,导致本病发生。

【发病机制】 胆碱是卵磷脂及乙酰胆碱等的组成成分,参与脂肪代谢,肝内的脂肪是以脂蛋白的形式转运到肝外。当体内胆碱缺乏时,肝内卵磷脂不足,肝脂蛋白的形成受阻,肝内脂肪不能转运出肝外,积聚于肝细胞内,从而导致肝细胞被破坏、脂肪肝、肝功能减退等一系列临床症状和病理变化。胆碱存在于体内磷脂中的乙酰胆碱内,与神经冲动的传导有关。乙酰胆碱是副交感神经末梢受刺激产生的化学物质,并引起心脏迷走神经的抑制等反应。胆碱缺乏时病禽出现精神沉郁、食欲减退、生长发育受阻等一系列临床症状。

【临床症状】 雏鸡生长停滞,腿关节肿大。母鸡腹部膨大,产蛋量下降,种蛋孵化率降低,有的因肝破裂导致内出血而突然死亡。

【病理变化】 肝、肾脂肪沉积;肝肿大,脂肪变性呈土黄色,易碎;跗关节肿大部位有出血点,胫骨变形,腓肠肌肌腱脱位。病死鸡鸡冠、肉髯、肌肉苍白,肝包膜破裂,肝表面和腹腔有较大的凝血块。

【诊　断】 依据临床症状、病理变化即可确诊。

【防　治】 预防可在饲料中添加足量的胆碱,每1 000千克饲料,产蛋鸡添加氯化胆碱400克,雏鸡、育成鸡添加300克。

治疗时,在1 000千克饲料中添加氯化胆碱1 000克,让病鸡连用1周;或每只病鸡肌内注射0.1～0.2克。同时,提高饲料中维生素 E、B 族维生素、叶酸和蛋氨酸的补给量,可提高疗效。

第三节　微量元素性疾病

动物体内需要量以毫克或微克为单位计算的无机元素称为微量元素(包括锌、锰、铜、硒、铁、钴、碘、铬、氟、钼、镍、钒、锡、硅、铅、砷、汞等),这些微量元素对动物机体正常的生命过程具有重要的作用,其作用方式是以机体细胞内酶系统的成分而影响动物机体的功能。其中有些为家禽机体所必需的营养物质,如金属酶、辅酶因子或作为内分泌激素的某一成分而发挥作用。必需矿物质元素在一定的剂量下,对动物体(包括家禽)的体液免疫、细胞免疫、巨噬细胞、NK 细胞等都有明显的抑制作用,但在适量情况下可以提高机体的免疫功能,起到抗感染、增强机体抵抗力等作用。

家禽养殖生产中,微量元素添加量极少,而基础饲料中含微量元素量变化较大,又不易分析,故习惯上均按饲养标准中的需要量添加,而基础日粮中的含量作为"安全含量"处理。因此,微量元素添加量不易掌握,有时会发生微量元素性疾病,发生特点如下。

第一,疾病类型多,且往往大群发生。据国内外大量资料报道,目前已对家禽造成严重危害的微量元素营养障碍症包括微量元素缺乏与中毒两类。微量元素缺乏症有缺铁症、缺铜症、缺锌症、缺锰症、缺钴症、缺碘症、缺硒症等;微量元素中毒症有铜中毒、锰中毒、砷中毒、铅中毒、镍中毒、硒中毒、钼中毒、汞中毒等。这类疾病往往在一个地区呈地方性流行(如硒缺乏、氟中毒等),或在一个牧场或畜牧专业户中呈大群发病,严重者造成大批畜禽死亡。

第二,病因复杂,纵横交错。如土壤、饲料内微量元素不足、过剩或比例失调。研究证明,在土壤和饲料内很少发现单一地缺乏某种元素,而是经常发现土壤和植物成分中 2～3 种或多种化学元素同时减少或增多。有些元素能发生相互协同作用,而有些则发生相互抑制作用。

抑制微量元素在体内吸收利用的因素很多,如磷酸盐、植酸盐、草酸盐、某些维生素及常量元素等。

环境污染致病。随着现代化工业的迅速发展,环境污染日趋严重,致使大气、水体、土壤及饲料中微量元素的含量发生很大变化。例如,遍布各地的排氟工业(炼铝、炼钢、磷肥、水泥等),其氟废气污染使许多地区的家禽受害。国内还屡屡发生因工业污染引起的铜、铅、钼、镉、汞及锰中毒等,使家禽饲养业遭受巨大的经济损失。

微量元素添加剂应用不当。微量元素添加剂对畜禽的生长、繁殖、泌乳、产蛋、产毛等都有重要作用,但如应用不当,也能引起中毒。目前在应用中存在三方面的问题:一是使用微量元素添加剂的剂量偏高;二是群体剂量计算值虽适宜但个体摄取量不均匀;三是不能按照饲料成分缺乏情况及畜禽实际需要量而滥用微量元素。国内报道发生较多的中毒有微量元素添加剂、硫酸亚铁、亚硒酸钠、铜中毒等,如广东省南海县某鸡场因应用硫酸亚铁而导致 1 000 只雏鸡中毒死亡。

第三,临床症状相似,诊断困难。微量元素病的病因虽然不同,但其临床症状却有许多相似之处,一般均表现为精神沉郁、食欲不振、消化障碍、生长发育停滞、贫血、衰弱及生殖功能紊乱等。由于特征性症状较少,且不明显,或表现隐性病程,症状出现较晚,易与一般的营养不良、寄生虫病或中毒病相混淆,造成误诊。如骨骼异常,可能是铜、锰和锌缺乏的表现,但也可能是氟或铝中毒的结果。再如,铁、铜、镍缺乏均可导致贫血,但贫血同样会在硒、锌或铜中毒时出现。以上表明,单纯地靠临床和病理诊断都有局限性,必须借助现代化手段定期对环境、饲料、畜禽体进行预防性监测,实行综合分析判断,才有可能做到早期确诊。

一、钙、磷缺乏及钙、磷比例失调症

家禽饲料中钙、磷缺乏及比例失调是以雏禽佝偻病、成禽骨软症为特征的营养代谢性疾病。它不仅影响生长家禽骨骼形成和成年母禽蛋壳形成,而且影响家禽血液凝固、酸碱平衡及神经和肌肉等的正常功能,将造成巨大的经济损失。

【病　因】

1. 饲料中钙、磷含量不足　由于饲料中添加不足,钙、磷原料质量较差,吸收利用率低,或饲料中添加的植酸酶混合不均匀等皆可引发钙、磷缺乏症。

2. 钙、磷比例失调　两者比例不当会影响钙、磷的吸收,继而发生钙、磷缺乏症。

3. 维生素 D_3 缺乏　维生素 D_3 促进钙、磷的吸收和代谢,一旦缺乏会引起钙、磷缺乏症的发生。

另外,饲料中蛋白质、脂肪、植酸盐过多,会影响家禽钙、磷的代谢与需要。环境温度过高、运动不足、日照时间短、生理应激等亦会影响钙、磷的吸收与代谢,引起发病。

【发病机制】　对钙、磷代谢的调节,主要是甲状旁腺激素、降钙素和胆骨化醇的作用。钙、磷代谢紊乱影响生长中家禽的骨骼代谢,引起骨营养不良和生长发育迟滞;产蛋母鸡产蛋量减少,产薄壳蛋;还影响家禽的血液凝固,由于血凝需要钙离子参与,凝血酶原激活物催化凝血酶原转变为凝血酶。红细胞膜的完整性和通透性需要足够的含磷ATP来维持。血磷过低则组织可发生缺氧,红细胞易破损,血小板也发生功能障碍,容易引起出血。

【临床症状】　病禽初期喜欢蹲伏,不愿走动,步态僵硬,食欲不振,异嗜,生长发育迟滞。幼禽的喙与爪较易弯曲,跗关节肿大,蹲卧或跛行,有的腹泻。成年鸡发病主要是在高产鸡的产蛋高峰期。初期产薄壳蛋,破损率高,产软壳蛋,产蛋量急剧下降,蛋的孵化率也显著降低。后期病鸡无力行走,蹲伏卧地。

【病理变化】 主要病变在骨骼、关节。全身各部骨骼都有不同程度的肿胀、疏松,骨体容易折断,骨密质变薄,骨髓腔变大。肋骨变形,胸骨呈 S 状弯曲,骨质软。雏鸡肋骨末端呈串珠状小结节。关节面软骨肿胀,有的有较大的软骨缺损或纤维样物附着。

【诊　断】 根据发病家禽的饲料分析、病史、病禽临床症状和病理变化做出诊断。

【防　治】 本病以预防为主,首先要保证家禽日粮中钙、磷的供给量,其次要调整好钙、磷的比例。产蛋鸡钙、磷比例为 6.5∶1,雏鸡为 2.2∶1;肉仔鸡为 1.1～1.5∶1。

病禽除补充适量钙、磷饲料外,加喂鱼肝油或补充维生素 D_3。

二、锰缺乏症

锰缺乏症是因为锰缺乏引起的以骨形成障碍、骨短粗、滑腱症为特征的营养缺乏病。

【病　因】 缺锰地区作物的籽实含锰量很低;饲料原料中玉米、大麦的含锰量较少,糠麸中含量较多,在以玉米为主原料的饲料中必须添加无机锰,以满足家禽对锰的需要。

饲料中钙、磷、铁、植酸盐添加过量,高磷酸钙日粮中锰被吸附使可溶性物质减少,致使锰的利用率降低。鸡患肠炎、球虫病等胃肠道疾病及药物使用不当时锰的吸收利用会受到影响,引起本病发生。

饲料中 B 族维生素不足会增加禽对锰的需要量,如不及时补充,就会导致缺乏。

【发病机制】 锰是许多酶的激活剂,锰缺乏时这些酶活性下降,影响家禽生长和骨骼发育。锰是骨质生成中与合成硫酸软骨素有关的黏多糖和半乳糖转移酶的激活剂,便于骨盐沉着,锰缺乏时雏鸡软骨发育不良,腿、翅等骨骼均变短粗。锰通过加速DNA 的合成,促进蛋白质的合成过程,锰缺乏时家禽生长缓慢。锰离子是合成胆固醇的关键因子二羟甲戊酸激酶的激活剂,而性激素的合成原料是胆固醇,则锰缺乏时影响性激素的合成,使雄禽性欲丧失,睾丸退化;雌禽产蛋率降低,种蛋孵化率下降,胚胎营养不良。

　　【临床症状】　本病多见于体重大、生长快的鸡。

　　1. 幼禽　特征性症状为生长停滞、骨短粗症和脱腱症。表现为胫-跗关节增大,胫骨下端和跖骨上端弯曲,向外扭转,使腓肠肌肌腱从跗关节滑出,腿外展、强直,无法弯曲,出现脱腱症状。无法站立,瘫痪,不能采食,直至饿死。

　　2. 成年母禽　产蛋量下降,蛋壳变薄、质脆;种蛋孵化率低,胚胎畸形,腿短粗,翅膀缺,头呈圆球形状或呈鹦鹉嘴,水肿,腹部突出;孵出雏鸡软骨营养不良,表现神经功能障碍、运动失调和头骨变粗等症状。

　　【病理变化】　病死禽骨骼短粗,骨管变形,骺肥厚,骨板变薄,剖面可见密质骨多孔,骺端更明显。

　　【诊　断】　根据病史、临床症状和病理变化可做出诊断,确诊可对饲料、器官组织进行锰含量测定。

　　【防　治】　家禽饲料配制时选用含锰丰富的糠麸等原料,有良好的预防作用。饲料中添加碳酸锰、氯化锰、硫酸锰、高锰酸钾等,使每 1 000 千克饲料中含锰 40～80 克,也有较好的预防作用。

　　发病家禽,每 1 000 千克饲料添加 120～240 克硫酸锰,或用0.03％高锰酸钾溶液饮水,每日 2～3 次,连用 4 天。

　　注意补锰时防止过量锰对钙、磷利用的不良影响。

三、硒缺乏症

硒缺乏与维生素 E 缺乏有许多相似症状,以白肌病、渗出性素质、胰腺变性和脑软化为特征。

【病　因】　饲料原料来自于缺硒地区或饲料中硒添加量不足,会导致饲料中硒含量不足而引起发病。

饲料中含铜、锌、砷、汞、镉等拮抗元素过多,会影响硒的吸收,促使发病。

【发病机制】　发病机制目前尚不十分清楚,不过多数学者认为硒和维生素 E 具有抗氧化作用,使组织免受体内过氧化物的损害而对细胞正常功能起保护作用;硒在体内还可促进蛋白质的合成;硒协同维生素 E 作用,保持动物正常生育。硒与维生素 E 缺乏时,机体的细胞膜受过氧化物的毒性损伤而破坏,细胞的完整性丧失,导致肌细胞(骨骼肌、心肌)、肝细胞、胰腺和毛细血管细胞以及神经细胞等发生变性、坏死,在临床上可见家禽肌营养不良、肌胃变性、胰腺萎缩、渗出性素质、脑软化等症状和病理变化。

【临床症状】　雏鸡、雏鸭、雏火鸡均可发生本病。临床特征为渗出性素质、肌营养不良、胰腺变性和脑软化。2～3 周龄雏鸡多发渗出性素质,3～6 周龄发病率高达 80%～90%。多呈急性经过,重症病雏可于 3～4 天内死亡,病程最长的可达 1～2 周。病雏躯体低垂,胸、腹部皮下有淡蓝绿色渗出液,有的腿根部和翼根部也有渗出液,严重的可扩展至全身。病鸡精神高度沉郁,生长发育停止,冠髯苍白,伏卧不动,起立困难,站立时两腿叉开,走路摇摆。排稀便或水样便,最终衰竭死亡。

肌营养不良以 4 周龄幼雏易发,其特征为全身软弱无力,贫血,胸肌和腿肌萎缩,站立不稳,甚至腿麻痹而卧地不起,翅松乱下垂,肛门周围污染,最后衰竭而死。

【病理变化】　主要病变在皮下、骨骼肌、心肌、肝脏和胰脏,其次为肾和脑。

皮下有淡黄色或淡绿色胶冻样渗出物或纤维蛋白凝结物，颈、腹及股内侧皮下有淤血斑。

病变部肌肉变性、色淡，似煮肉样，呈灰黄色、黄白色的点状、条状、片状；肌肉横断面有灰白色、淡黄色斑纹，质地变脆、变软、钙化。心肌扩张变薄，以左心室为明显，多在乳头肌内膜有出血点，在心内膜、心外膜下有黄白色或灰白色与肌纤维方向平行的条纹斑。

肝脏肿大，硬而脆，表面粗糙，断面有槟榔样花纹；有的肝脏由深红色变成灰黄色或土黄色。

肾脏充血、肿胀，肾实质有出血点和灰色的斑状灶。

胰脏变性，腺体萎缩、体积缩小，有坚实感，色淡，多呈淡红色或淡粉红色，甚至腺泡坏死、纤维化。

【诊　断】　根据地方缺硒病史、流行病学、饲料分析、特征性的临床症状和病理变化，以及用硒制剂防治可得到良好效果等做出诊断。

【防　治】　本病以预防为主，每 1 000 千克雏禽日粮中添加 0.1～0.2 克亚硒酸钠和 20 克维生素 E。注意要搅拌均匀，防止中毒。

治疗时，用 0.005% 亚硒酸钠溶液皮下或肌内注射，雏禽 0.1～0.3 毫升，成年家禽 1 毫升。或者配制每升水含 0.1～1 毫克的亚硒酸钠溶液，给雏禽饮用，5～7 天为 1 个疗程。

小鸡脑软化的病例必须以使用维生素 E 为主进行防治；渗出性素质、肌营养性不良等缺硒症则要以使用硒制剂为主进行防治，效果好又经济。

第四节　代谢性疾病

一、家禽痛风

痛风是一种蛋白质代谢引起的高尿酸血症,其病理特征为血液尿酸水平增高,尿酸盐在关节囊、关节软骨、内脏、肾小管及输尿管中沉积。肉仔鸡多发,水禽与火鸡亦可发生。

【病因与发病机制】

1. 营养性因素

(1)大量饲喂富含核蛋白与嘌呤碱的蛋白质饲料　动物内脏(肝、脑、肾、胸腺、胰腺)、肉屑、鱼粉、大豆、豌豆等,水解时产生大量蛋白质和核酸,最后以尿酸的形式排出体外。当饲料中含有大量上述原料时,产生的尿酸超过机体的排泄能力,尿酸盐就会沉积在内脏或关节中,形成痛风。

(2)饲料中含钙过高　若饲料中贝壳粉或石粉过多,超出机体的吸收及排泄能力,导致肾损害,也可能阻止尿酸排除,增高血液中的尿酸水平。同时,大量的钙会从血液中析出,沉积在内脏或关节中,形成痛风。

(3)维生素 A 缺乏　若维生素 A 缺乏,致使肾小管上皮细胞的完整性遭到破坏,造成肾小管吸收障碍,导致尿酸盐沉积而引起痛风。

(4)饮水不足　断水时间过长、舍温过高或长途运输造成饮水不足,机体脱水,机体代谢产物不能及时排出体外,从而造成尿酸盐沉积在输尿管内,阻塞输尿管而导致发病。

2. 中毒性因素

(1)药物对肾脏的损害作用　如磺胺类药物中毒,引起肾脏损害和结晶的沉淀;氨基糖苷类抗菌药物等在体内通过肾脏排泄,影响维生素 A 的吸收,尤其是长时间、大剂量应用,对肾脏有潜在性的毒害作用。

(2)**真菌毒素中毒**　饲料中的黄曲霉毒素、赭曲霉毒素、卵孢霉毒素等均具有肾毒性,并可引起肾功能的降低,导致痛风。

(3)**慢性微量元素中毒**　如饲料中微量元素长时间超标添加,可引起肠道炎症和肾脏功能障碍,影响维生素 A 吸收,从而导致痛风。

3. 传染性因素　肉鸡患肾型传染性支气管炎、传染性法氏囊病、淋巴细胞白血病、单核细胞增多症、沙门氏菌病、大肠杆菌病、鸡包涵体肝炎等,都可能继发或并发痛风。

4. 条件性因素　鸡舍环境潮湿、阴暗、拥挤、运动不足、日粮中维生素缺乏等均可成为本病发生的诱因。

【临床症状和病理变化】　根据尿酸盐在体内沉积部位的不同,临床上分为内脏型痛风与关节型痛风,有时两者同时发生。

1. 内脏型痛风　本病多呈慢性经过,可导致大批死亡。病鸡精神委顿,食欲不振,呼吸困难,羽毛无光泽,冠和肉髯萎缩发绀,呈黑紫色;趾爪干枯、脱水、发暗;排白色石灰渣样粪便。

剖检可见胸膜、腹膜、肺、心包、肝脏、脾脏、肾脏、肠及肠系膜表面散布大量石灰样的白色尖屑状或絮状物质。严重者肝脏与胸壁粘连。肾脏肿大,有大量尿酸盐沉积,红白相间,呈花斑状。两条输尿管肿胀,充满灰白色尿酸盐,严重者形成结石,呈两头尖的梭形。

2. 关节型痛风　病禽趾关节、跗关节、翅关节等肿胀,肿胀部位逐渐变硬,形成不能移动或稍能移动的豌豆大或蚕豆大小的结节。病程稍久,结节软化或破裂,排出灰黄色干酪样物,局部形成出血性溃疡。病鸡往往呈蹲坐或独肢站立姿势,行动迟缓,跛行。

剖检时切开肿胀关节,可见流出浓厚、灰白黏稠的液体或关节面沉积一层灰白色尿酸盐。

【诊　断】　根据病因、病史、特征性症状即可确诊。

【防　治】

1. 预防　选用优质原料，根据鸡不同阶段的营养需要，合理配制饲料，均衡营养，保证钙、磷比例平衡，提供新鲜充足的饮水，避免大剂量长时间用药，夏季饲料中碳酸氢钠的添加量不能超过1.5%。

2. 治疗　解除病因，充足饮水，溶解、排出尿酸盐，保护肾功能。

发病禽群，饲喂低蛋白质日粮以减少尿酸生成是治疗本病的关键措施之一。

每1 000千克饲料中添加氯化铵10千克或硫酸铵5千克或DL-赖氨酸6千克或2-羟-4甲基丁酸6千克，使尿液酸化，减少由钙诱发的肾损伤，减少死亡率。

使用肾肿解毒药等药物每天饮水8～12小时，连用3～5天，有助于尿酸盐的溶解和排出。

或用八正散加减方，泽泻、木通、车前子、萹蓄、大黄、瞿麦、栀子、甘草梢、滑石、海金沙、茯苓、灯心草各适量，方中重用泽泻。本方具清热利湿、利尿通淋之功效，主治热淋、血淋，用于鸡尿酸盐沉积或尿毒症。每只鸡每天1克，拌料或煎汁饮水，每日3次，连用5天。

或用二苓石通散，主要由猪苓、茯苓、泽泻、木通、滑石等组成，具有利水消肿之功效。混饲，每1 000千克饲料添加5千克，连用3～5天。

或用二苓车前子散，主要由猪苓、茯苓、泽泻、白术、桂枝等组成，具有温阳健脾、渗湿利水之功效。混饲，每1 000千克饲料添加20千克，连用3～5天。

也可用木通海金沙散，主要由木通、海金沙、诃子、车前子、猪苓等组成，具有清热利湿、排石通淋之功效，主治痛风。混饲或煎汁饮水，鸡，每日每只1克，连用5～7天。

二、鸡脂肪肝综合征

脂肪肝综合征是一种脂肪代谢障碍性疾病,以肝脏脂肪过度沉积或伴有肝脏出血为特征。本病多发于蛋鸡产蛋中后期和肉种鸡。

【病　因】

1. 能量摄入过多　蛋鸡或肉种鸡育成期或产蛋中后期未及时降低喂料量,导致能量过剩,过剩的能量在肝脏中转变成脂肪。

2. 营养不平衡　如饲料中蛋氨酸、胆碱、维生素 E、生物素、硒等缺乏,导致脂肪的转运过程发生障碍,使过量脂肪沉积于肝组织。

3. 机体缺乏运动,环境温度过高　笼养鸡缺乏运动,环境温度过高,导致能量摄入超出机体的能量消耗,能量物质就会以脂肪的形式贮存于体内,如腹腔、皮下、肝脏、血管等部位。

4. 真菌毒素、芥子酸中毒　饲料中的黄曲霉毒素、红曲霉毒素及油菜籽中的芥子酸,均可引起肝脏脂肪变性。

【发病机制】　鸡产蛋量与雌激素活性紧密相关,而雌激素可刺激肝脏合成脂肪,笼养鸡活动空间少,能量消耗低,脂肪沉积较多,从而易发生脂肪肝综合征,造成产蛋量下降。

当母鸡接近产蛋时为了维持生产力,肝脏合成脂肪的能力增加,肝脂也相应提高。合成后的脂肪以极低密度脂蛋白(VLDL)形式被运送到血液,经心、肺小循环进入大循环,再运往脂肪组织储存或运往卵巢合成磷脂。如果饲料中蛋白质不足影响脱脂肪蛋白的合成,进而影响极低密度脂蛋白的合成,从而使肝脏输出的脂肪减少,产蛋量减少,血浆中脂蛋白含量增高,在肝脏中积存形成脂肪肝;饲料中如果缺乏合成脂蛋白的维生素 E、生物素、胆碱、B 族维生素和蛋氨酸等亲脂因子,使极低密度脂蛋白合成和转运受阻,易造成脂肪浸润而形成脂肪肝。同时,由于摄入过多能量,肝脏脂肪来源大大增加,大量的脂肪酸在肝脏合成,但是肝脏无力将脂肪酸通过血液运送到其他组织或在肝脏氧化,而产生脂肪代谢平衡失调,从而导致脂肪肝综合征。

【临床症状】 鸡群体重超过标准体重 20％～25％,腹部膨大柔软、下垂,产蛋率低,无明显产蛋高峰期,产蛋量明显下降。严重者嗜睡、瘫痪,往往突然死亡。死亡鸡大多过度肥胖,冠与肉髯苍白贫血。

【病理变化】 皮下、腹腔及肠系膜均有大量脂肪沉积,尤以后腹部、肌胃四周包被脂肪层较厚,为 0.5～1 厘米,气囊膜上有淡黄色脂肪样滴附着。肝脏稍肿大,边缘钝圆,呈黄色油腻状,表面有红色或散在黑色淤血斑,出血点呈条纹状或斑状分布。肝脏质脆易碎如泥样,剪开后剪子表面有脂肪滴附着。卵巢上卵泡少而较小,个别卵泡已液化呈黄褐色,输卵管萎缩。

【诊　断】 依据临床发病状况、解剖特征、实验室检查结果,即可诊断为鸡脂肪肝综合征。

本病应与肾综合征相区别。鸡肾综合征的特征是肝脏苍白、肿胀,肾脏肿胀呈多样颜色,病死鸡的心脏呈苍白色,心肌脂肪往往呈淡红色,肌胃和十二指肠前段常含有一种不知原因和成分的黑棕色液体。

【防　治】 本病防治的关键措施是找出影响鸡群产蛋率和脂肪代谢平衡失调的具体原因,采取有针对性的防治措施。

科学喂养,适当限制采食量,维持适宜体重,防止鸡体重过大是预防脂肪肝综合征发生的关键措施。肉种鸡从 3～4 周龄开始限制饲喂,蛋鸡在产蛋率达到 30％～40％时饲喂最大料量至高峰期;产蛋率降至 80％以下时,按 100 只鸡减少 230 克饲料饲喂,以后产蛋率每降低 4％,则减一次料。这样,既可防止脂肪肝综合征的发生,又可降低生产成本,增加效益。

已发病鸡群,每 1 000 千克饲料添加氯化胆碱 1 000 克、维生素 E 10 000 单位、蛋氨酸 500～1 000 克、维生素 B_{12} 12 毫克,连续饲喂 1 周后,产蛋量将逐渐上升。

第七章　家禽中毒性疾病的防治

中毒性疾病是有毒物质进入家禽体内，侵害机体组织和器官，破坏正常生理功能，造成器官病理变化的疾病。毒物短时间内大量进入机体导致突然发病，为急性中毒；毒物长期小剂量地进入机体，则为慢性中毒。

第一节　中毒性疾病概述

一、引起中毒的原因

引起家禽中毒的原因很多，但常见的有以下几方面。

（一）**饲料中毒**　饲喂霉败变质饲料，如长期或一次多量地喂发霉玉米、小麦、豆类、糟渣、饼粕等；含毒饲料如棉籽饼、蓖麻饼、菜籽饼、酒糟、马铃薯等未做脱毒处理，大量或长期饲喂；青绿多汁饲料如甜菜、圆白菜等大量饲喂或慢火焖煮后闷于缸内，或在霜冻雨露后饲喂，均可引起亚硝酸盐中毒；采食荞麦、苜蓿、野豌豆等富含光敏性物质的植物而引起皮炎、红斑等光过敏中毒反应；食盐、微量元素超量添加等亦可引起中毒。

（二）**有毒植物中毒**　因植物内含有苷类有毒成分而引起，散养鸡、鸭、鹅常在放牧中误食而引发中毒。或有毒植物混杂于饲草中也易误食发生中毒。

（三）**药物中毒**

1. 农药、化学药品等保管和使用不当　由于饲料、饲草施用农药不当或农药贮放不当污染饲料或饮水引起，如误食拌过农药的种子或喷过毒药的饲草；运送过杀虫剂、除草剂等毒药的车船及盛放容器，未经清洗消毒又用来运送或贮放饲料和饮水而造成污染；误食拌入杀鼠药的药饵等均可引起中毒。

2. 治疗或预防用药不合理

（1）重复用药　目前由于兽药市场不规范，许多厂家产品实际有效成分与标示成分不相符，纯中药制剂中含有西药成分，饲料中添加某些药物添加剂，养殖户在联合用药或轮换用药时，出现同一成分药物重复使用，导致剂量过大而中毒。

（2）蓄积中毒　由于养鸡集约化程度高，饲养环境差，传染病发病率高，养鸡户为了防治传染病，长时间使用药物，特别是在肉仔鸡，有些鸡群从入栏到出栏，整个饲养期基本不停药，极易导致慢性蓄积中毒。

（3）随意增加剂量　有些养鸡户为了急于控制疾病，加倍使用药物的现象非常普遍，有些甚至增加几倍量，导致药物中毒。

（4）误用药物　养殖户由于错误计算、错误操作导致用药错误，引起中毒。有些饲养员文化程度不高，药物稀释时兑水量或拌料量计算不正确，导致药物浓度加大。有的饲养员由于责任心不强，错误用药，或拌药不均匀，导致药物中毒。

（四）有毒气体中毒　冬季禽舍因通风不良，室内氨氮浓度升高或门窗关闭暖气炉使用不当导致一氧化碳浓度过高而引起中毒。

（五）环境污染中毒　因饲料、饮水被工厂排出的"三废"污染而引起，多发生于化工厂附近的禽场，如铅中毒等。

二、家禽中毒的一般性特征

多数是突然发病，一般体温正常，常出现严重的出血性胃肠炎，全身衰弱及神经紊乱（兴奋、痉挛、抑制、麻痹等），常经数小时或数日后死亡。没有传染性，除去病因后不再发病。规模养禽场多为群发，散养户既可群体发生，也可能个体发病。

（一）急性中毒　急性中毒一般具有以下特点：发病突然，食前和采食时很好，在食后不久即发病。病因相同，除去病因后不再发病；禽群中多数同时或相继发病，来势凶猛，表现症状相似；病情发展快而重，甚至很快死亡；病禽体温不升高，多在正常范围内，有的偏低，但并发严重炎症，或肌肉强烈痉挛时体温升高；死亡家禽尸体剖检病理变化基本相似。

（二）慢性中毒　慢性中毒一般具有以下特点：动物发病较缓慢，病程较长，有的可达数周，病情一般呈渐进性发展；病初症状不典型，经过一段时间后，症状才明显或典型；疾病的发生多为相继性的，病后表现也相似，体温多正常，死亡的动物病理变化也基本相似。

第二节　一氧化碳中毒

一氧化碳中毒是由于家禽吸入大量一氧化碳所引起的以全身组织缺氧为主要特征的疾病。本病多发于冬季或早春育雏阶段和管理不善的家禽场。

【病　因】　由于禽舍取暖设备（煤炭炉、暖炕、烟囱）有裂隙、堵塞或倒烟，禽舍内积聚大量一氧化碳；禽舍门窗紧闭，无通风设备或未及时开启通风设备，排出禽舍内的一氧化碳，造成家禽一氧化碳中毒。

【临床症状】

1. 轻度中毒　病禽表现流泪、咳嗽、呼吸困难。如能及时通风，提供新鲜空气，不经治疗即可恢复健康。如环境未彻底改善，则转入亚急性或慢性中毒，病禽精神委顿，羽毛松乱，生长缓慢。

2. 重度中毒　病禽不安，接着出现呆立或瘫痪，嗜睡，昏迷，呼吸困难，头向后伸，痉挛，惊厥，最终死亡。

【病理变化】　病死禽血管和脏器内血液呈鲜红色，脏器表面有小出血点。病程稍长或慢性中毒时,则心脏、肝脏、脾脏等器官体积增大,有时可见心肌坏死。

【诊　断】　依据有一氧化碳接触病史,群发,以及特征性的临床症状和病理变化即可确诊。

病禽血液内碳氧血红蛋白的简易化验方法如下。

1. 氢氧化钠法　取 3 滴血液,加 3 毫升蒸馏水稀释,再加入 10% 氢氧化钠溶液 1 滴,如有碳氧血红蛋白,则呈淡红色不变,正常血液则变为棕绿色。

2. 片山氏试验　取 5 滴血液加 10 毫升蒸馏水,摇匀,再加 5 滴硫酸铵溶液,有碳氧血红蛋白的血液呈玫瑰红色,正常血液呈柠檬色。

3. 鞣酸法　1 份血液加 4 份蒸馏水,再加 3 倍量 1% 鞣酸溶液充分摇匀。病禽血液呈洋红色,正常血液经数小时后呈灰色。

4. 碳氧血红蛋白含量测定　取 4 毫升蒸馏水,加入病禽血液 1 滴,立即混合,呈淡粉红色,正常鸡血液作为对照。在试管中分别加 2 滴 10% 氢氧化钠溶液,拇指按住管口,迅速混合,立即记录时间。正常鸡血液立即变成草黄色。含 10% 以上碳氧血红蛋白的血样,须在一定时间才能变成草黄色,根据此时间的长短可大致判定被检血液中碳氧血红蛋白的浓度,15 秒 $\approx$ 10%,30 秒 $\approx$ 30%,50 秒 $\approx$ 50%,80 秒 $\approx$ 75%。碳氧血红蛋白含量在 30% 为轻度中毒或慢性中毒,50% 以上为重度中毒。

【防　治】　本病重在预防,育雏前做好取暖、通风设备的维修和保养工作,防止取暖设施漏烟,保持良好通风。

饮水中加入 5%～10% 的葡萄糖、口服补液盐或八正散水煎液等利尿剂,促进水液排出,防治脑水肿,有助于轻度中毒鸡群的康复。

第三节 黄曲霉毒素中毒

黄曲霉毒素中毒是人兽共患病之一，以肝脏受损，全身性出血，腹水，消化功能障碍和神经症状等为特征。

黄曲霉毒素不仅具有强烈的肝毒性和致癌性，而且对家禽机体消化功能和免疫系统也产生不良影响，导致生长受阻、饲料转化率降低、免疫力下降、繁殖能力降低、实质器官损伤等。具体危害包括以下几方面。

第一，抑制家禽生长发育。黄曲霉毒素能够降低家禽的采食量、日增重和饲料转化率。其影响程度与家禽品种、日龄，接触黄曲霉毒素的剂量、时间长短及环境因素有关。黄羽肉鸡的基础饲粮中每千克添加黄曲霉毒素 B_1 0.1 毫克，42 天后平均日增重显著降低 5.09%，料重比显著升高 4.42%，平均日采食量降低 0.85%。1 日龄三水白鸭商品代肉用雏鸭按每千克体重口服黄曲霉毒素 B_1 0.05 毫克、0.1 毫克、0.2 毫克，均明显延缓雏鸭的生长。口服黄曲霉毒素 B_1 剂量越高，投药时间越长，其延缓作用越显著，甚至会导致雏鸭死亡。

第二，损害母禽繁殖性能。禽类繁殖性能受黄曲霉毒素的影响非常显著。给肉用种禽饲喂黄曲霉毒素 B_1 或被黄曲霉毒素污染的饲粮，会引起公禽睾丸生殖上皮发生病变、睾丸萎缩、重量降低，精子生成量减少，繁殖力和受精率下降等；母禽产蛋量和种蛋孵化率降低、卵巢囊肿、雌激素分泌量下降等。饲喂高剂量黄曲霉毒素时，母鸡血清和蛋中黄曲霉毒素及其代谢产物的含量都增加，饲喂污染饲粮 4 天内就可观察到受精率和孵化率下降。

第三，降低家禽免疫力。黄曲霉毒素 B_1 能够抑制体液免疫和细胞免疫功能，降低吞噬细胞的吞噬能力，使机体对细菌、病毒和寄生虫等疾病的易感性增加，导致疫苗接种失败。肉鸡饲养过程中新城疫病毒的暴发与饲粮中黄曲霉毒素的污染情况之间存在较高的相关性。

第四，损害家禽内脏器官。肝脏是黄曲霉毒素 B_1 的主要靶器官，黄曲霉毒素 B_1 引起肝细胞胆管炎症和空泡性病变，胆管内细胞沉积及其周围炎症细胞异嗜性渗出，肝细胞不规则沉积回缩，肝脏出现坏疽点等。剖检发现肝脏和肾脏肿大、色淡，肾脏和心脏有出血点。病理学检验发现肝脏和肾脏严重颗粒变性、胆管组织增生、脾红髓淤血、脑膜水肿、十二指肠黏膜上皮脱落、胰腺外分泌腺上皮细胞颗粒变性等。

【病　因】　黄曲霉毒素分布范围很广，凡是被黄曲霉菌污染的粮食、饲草、饲料，甚至在没有发现真菌、真菌菌丝体和孢子的食品和农副产品等，都有可能存在黄曲霉毒素。根据国内外普查，花生、玉米、黄豆、棉籽等作物及它们的副产品，最易感染黄曲霉，含黄曲霉毒素量较多。畜禽中毒就是大量采食含有多量黄曲霉毒素的饲草、饲料和农副产品而导致。由于畜禽性别、年龄及营养状态不同，对黄曲霉毒素的敏感性也有差异。敏感顺序是：雏鸭＞火鸡雏＞雏鸡＞日本鹌鹑；仔猪＞犊牛＞肥育猪＞成年牛＞绵羊。其中，家禽是最为敏感的，尤其是幼禽。

【临床症状】

1. 急性中毒　家禽中以雏鸭和火鸡对黄曲霉毒素最为敏感，中毒多取急性经过。多数病雏鸭食欲丧失，步态不稳，共济失调，颈肌痉挛，以呈现角弓反张症状而死亡。火鸡多为 2~4 周龄的发病死亡，8 周龄以上的火鸡对黄曲霉毒素有一定的抗性。小火鸡发病后，表现嗜睡、食欲减退、体重减轻、羽翼下垂、脱毛、腹泻、颈肌痉挛和角弓反张。病雏鸡的症状基本上与雏鸭和小火鸡相似，但鸡冠淡染或苍白，稀便中多混有血液。

2. 慢性中毒　成年鸡多呈慢性中毒症状。对沙门氏菌等致病性微生物的抵抗力降低，母鸡引起脂肪肝综合征、产蛋率和种蛋孵化率降低。

【病理变化】 急性型病死家禽肝脏肿大,弥漫性出血和坏死。亚急性和慢性型肝细胞增生、纤维化和硬变,肝体积缩小。病程在1年以上者,可发现肝细胞瘤、肝细胞癌或胆管癌。

【诊　断】 首先要调查病史,检查饲料品质与霉变情况,采食可疑饲料与家禽发病率成正相关,不饲喂此批可疑饲料的家禽不发病,发病的家禽无传染性表现。然后,结合临床症状、血液化验和病理变化等材料,进行综合性分析,排除传染病与营养代谢病的可能性,并且符合真菌毒素中毒的基本特点,即可做出初步诊断。若要达到确切诊断,必须进行以下程序检验。

1. 可疑饲料的病原真菌分离、培养与鉴定 用高渗察氏培养基于24℃～30℃条件下培养,观察菌落生长速度、菌落颜色、表面及渗出物、菌落的质地和气味,记录下来后,用显微镜进行培养物的活培养检查,以及制止检查,以鉴定出此优势菌为黄曲霉或寄生曲霉。

2. 可疑饲料的黄曲霉毒素测定 主要有直观法和化学测定法。

(1)直观法 可作为黄曲霉毒素预测法。取有代表性的可疑饲料样品(如玉米、花生等)2～3千克,分批盛于盘内,分摊成薄层,直接放在365纳米波长的紫外线灯下观察荧光。如果样品存在黄曲霉毒素 G_1、黄曲霉毒素 G_2,可见到含G族毒素的饲料颗粒发出亮黄绿色荧光;如若是含黄曲霉B族毒素,则可见到蓝紫色荧光。若看不到荧光,可将颗粒捣碎后再观察。

(2)化学分析法 先把可疑饲料中黄曲霉毒素提取和净化,然后用薄层层析法与已知标准黄曲霉毒素相对照,以确证所测的黄曲霉毒素的性质和数量。

3. 生物学鉴定法

(1)雏鸭法 这是世界法定通用的方法。选用1日龄雏鸭,将待测样品溶解于丙二醇或水中,通过胃管喂给雏鸭,喂4～5

天。黄曲霉毒素 B_1 的总量从 0 微克至 16 微克。最后一次喂给毒素后,雏鸭再饲养 2 天。然后,处死全部雏鸭,根据其胆管上皮细胞异常增生的程度(一般分为 0～4 或 5＋几个等级),来判断黄曲霉毒素含量的多少。雏鸭黄曲霉毒素 B_1 的 LD50 为 12～28.2 微克/只。另外,还可取雏鸭肝组织固定,做组织学检查。

(2)可疑病料做动物发病试验　用提取的毒素做发病试验,皆可复制出与自然病例相符合的阳性结果。

4. 血液检验　病禽血清蛋白质组分都较正常值为低,表现出重度的低蛋白血症;红细胞数量明显减少,白细胞总数增多,凝血时间延长。急性病例的谷草转氨酶、瓜氨酸转移酶和凝血酶原活性升高;亚急性和慢性型病例,异柠檬酸脱氢酶和碱性磷酸酶活性也明显升高。

【防　治】　目前尚无治疗本病的特效药物,主要在于预防。

1. 不饲喂发霉饲料　对饲料定期进行黄曲霉毒素测定,淘汰超标饲料。不饲喂发霉饲料是预防中毒的根本措施。生产实践中搞好预防的关键是做好防霉与脱毒工作,其中应以防霉为主。

2. 防霉　防霉技术主要包括粮食收获后迅速干燥(晾晒或烘干),使谷粒含水分 13％,玉米含水分 12.5％,花生含水分在 8％以下,并保存在通风防潮的仓库内。贮存过程中选用氯化苦、溴甲烷、二氯乙烷、环氧乙烷等为熏蒸剂,也可选用制霉菌素、马匹菌素等防霉抗菌药物防霉。

3. 脱毒　去除黄曲霉毒素的方法除了传统的物理法和化学法外,目前研究较多的是吸附剂法和生物法脱毒。

(1)物理脱毒法　物理脱毒法主要包括加热法、辐照法、溶剂萃取法、吸附剂法。

①加热法　黄曲霉毒素虽然对热比较稳定,但在高温(如267℃)条件下也会发生分解反应。热处理对黄曲霉毒素的破坏作用不仅与黄曲霉毒素的种类、饲料原料的种类及水分含量等有

关,还与饲料原料中毒素初始含量、加热温度和加热时间有密切关系。玉米经微波处理 15 分钟后,98％的黄曲霉毒素被去除,此时内部温度达到 200℃。但加热法耗能高,而且对饲粮中营养成分破坏较大,实际应用很少。

②辐照法　辐照法主要包括 X 射线、γ 射线和紫外线等电离辐照以及微波、红外线和可见光等非电离辐照 2 种。黄曲霉毒素经过辐照后,发生分解,转变为无毒或低毒的中间产物,从而达到脱毒的目的。试验表明,同等剂量辐照情况下,电子束设备操作性强,系统安全可靠,脱毒效果优于 γ 射线,较传统的 γ 射线和 X 射线辐照效率更高,具有无放射性、毒性和化学残留等优势。

③溶剂萃取法　溶剂萃取法多用于花生和棉籽等油料作物种子中的黄曲霉毒素脱毒,萃取溶剂主要包括 95％酒精、90％水溶性丙酮、甲醇-水、乙腈-水、乙烷-甲醇、乙烷-甲醇-水、丙酮-乙烷-水等溶液。此方法可以有效去除油料作物中的痕量毒素,去除率达 98％以上,且无毒副产物产生,不会破坏蛋白质含量与质量,但成本高,溶剂回收困难,而且存在安全性问题。

④吸附剂法　目前常见的黄曲霉毒素吸附剂主要有铝硅酸盐类、酵母细胞壁提取物、活性炭等。

铝硅酸盐类吸附剂,主要是通过不饱和负电荷和阳离子交换能力捕获、吸附和固定毒素。天然铝硅酸盐吸附力小、效率低,且对营养物质有一定吸附,直接用于饲粮效果不好。对其进行改性或重提后可改善其对黄曲霉毒素的选择吸附能力,如提取自沸石的水合硅铝酸盐钠钙(HSCAS)对黄曲霉毒素具有良好的吸附效果,能有效提高肉鸡的体增重,降低组织中的毒素残留;而黏土类吸附剂能缓解黄曲霉毒素 B_1 对肉鸭的毒害作用。但水合硅铝酸盐钠钙能够非选择性地吸附维生素 C 和维生素 E,被维生素所饱和而丧失对毒素的吸附能力。

甘露聚糖(GM)是酵母及酵母提取物吸附剂的主要活性成

分,对黄曲霉毒素具有很强的吸附作用。甘露聚糖经过酯化后形成的酯化葡甘露聚糖(EGM)能够减轻或消除黄曲霉毒素对肝脏的损伤,与水合硅铝酸盐钠钙相比,在黄曲霉毒素含量较高时,酵母细胞壁对黄曲霉毒素 B_1 的吸附作用明显减弱。

活性炭具有高比表面积,且多孔。在体外试验中活性炭对黄曲霉毒素的吸附脱毒效果较好,但在体内试验中,活性炭的吸附效果差异比较大,可能是由于活性炭的选择吸附能力较差,被饲粮中的某些营养成分所饱和而失去对毒素的吸附力。

(2)化学脱毒法 黄曲霉毒素的化学处理方法主要包括碱处理法和氧化法。其中,碱处理法主要包括氢氧化钠处理法和氨处理法。脱毒效率较低和饲粮中氨的残留是碱处理法的两个主要缺陷。氧化法处理黄曲霉毒素是基于黄曲霉毒素遇次氯酸钠、臭氧、过氧化氢、氯气等氧化剂时可以迅速分解的特性而设计。

(3)生物脱毒法 根据生物脱毒的原理,处理毒素的方法一般有微生物吸附脱毒、微生物降解脱毒以及植物提取物脱毒等。这些脱毒方法主要是通过破坏、修饰或吸附黄曲霉毒素,从而达到减少或消除毒素的目的。

①微生物吸附脱毒 微生物吸附脱毒的主要原理是菌体吸附黄曲霉毒素后形成菌体-黄曲霉毒素复合体后,菌体自身吸附能力下降,与黄曲霉毒素一起排出体外,从而降低毒素危害。有效的微生物吸附剂需要在整个动物肠道内保持菌体-黄曲霉毒素复合体的稳定性而不被动物机体吸收,因此在不同的 pH 条件下的吸附效率是评价微生物吸附剂的一个重要指标。常用的微生物吸附剂主要有细菌、放线菌、酵母菌、霉菌菌丝体等。对比多种乳酸菌对黄曲霉毒素的吸附效果发现,当多种黄曲霉毒素同时存在时,由多种乳酸菌组成的复合菌剂要比单一菌株的吸附效果好。微生物吸附脱毒受到菌体浓度和温度、pH 等的影响,而且在实际应用过程中还会受到菌株安全性及在动物肠道内能否存活等的

限制。也有研究表明,微生物吸附黄曲霉毒素的过程是可逆的,菌体-黄曲霉毒素复合体随着时间的延长,部分黄曲霉毒素分子会被重新释放。所以,微生物吸附脱毒并不是很理想的黄曲霉毒素去毒方法。

②生物降解脱毒 很多微生物,如细菌、霉菌和酵母菌均能够产生降解黄曲霉毒素的酶,生物法降解黄曲霉毒素用到的黄曲霉毒素降解酶绝大部分来源于细胞内提取物,由于操作过程需要破碎细胞,程序烦琐,限制了实际应用。

③植物提取物脱毒 天然的植物提取物也可以作为黄曲霉毒素的脱毒物质。有些抗微生物感染的药用植物已经被证实有黄曲霉毒素解毒或缓解黄曲霉毒素毒性的潜力。喷雾干燥的鸭嘴花叶提取物可以缓解由黄曲霉毒素 B_1 引发的大鼠肝功能缺陷;鸭嘴花碱在 37℃ 条件下,作用 24 小时,黄曲霉毒素 B_1 的降解率可达到 98%。沙棘油具有保肝的活性,能降低肝脏中黄曲霉毒素含量并且能缓解黄曲霉毒素对肉仔鸡的毒害作用。

4. 中药治疗 活血化淤、健脾消食类中药可有效预防和治疗真菌毒素造成的各种症状。如白术、茯苓、枳壳、焦三仙、茵陈、郁金、山药等中药配伍,可有效保护胃肠黏膜,促进食物消化吸收,活血化淤,保护肝脏,降低肝损伤;茵栀解毒颗粒,具有清热解毒、疏肝解痉的作用,可有效缓解鸡、鸭中毒引起的神经症状。

第四节 药物中毒

家禽药物中毒主要是由于药物混合不匀、药物浓度过大以及未按规定要求大剂量、长时间用药造成的。

一、磺胺类药物中毒

磺胺类药物性质稳定,抗菌谱广,使用方便,被广泛应用于预防和治疗家禽疾病。若超剂量或长时间连续使用,即会发生中毒现象。

【病　因】　用药剂量过大或使用时间过长;饲料添加时片剂粉碎不细、搅拌不均匀,可能使部分家禽用药过量;喂药期间未给予充足的饮水;服用溶解度较低的磺胺噻唑、磺胺嘧啶、磺胺甲基嘧啶、磺胺甲基异噁唑等药时,未同时服用等量的碳酸氢钠,造成大量结晶析出,损伤肾脏,引起中毒。

【临床症状】　急性中毒病禽表现兴奋、拒食、腹泻、痉挛、麻痹等。慢性中毒病禽表现精神沉郁、羽毛松乱、食欲减退、饮水增加、体温升高、冠和肉髯苍白;头部肿大,呈蓝紫色;便秘或腹泻,粪便呈酱油色;雏禽生长缓慢,产蛋禽产蛋减少或停产,蛋壳颜色变淡、砂壳蛋、薄壳蛋、软壳蛋增多等。

【病理变化】　皮肤、肌肉和内脏器官广泛性出血。皮下有大小不等的出血斑,胸部肌肉弥漫性出血或刷状出血,大腿内侧肌肉有斑状出血。肠道有弥漫性出血斑点,盲肠内可能有血液。腺胃和肌胃角质层下有出血点。肝肿大,呈紫红色或黄褐色,表面有出血点或出血斑;胆囊肿大、充满胆汁。脾脏肿大,有出血性梗死和灰色坏死灶。肾肿大,呈土黄色,表面有紫红色出血斑,肾盂和肾小管中常见磺胺药物结晶。输尿管增粗,充满尿酸盐。心外膜出血,心肌有刷状出血和灰色结节区。脑膜充血和水肿。骨髓呈淡红色或黄色。

【诊　断】　主要根据磺胺类药物用药病史调查(包括药物种类、剂量、投药方式、供水情况、用药时间等)即可做出初步诊断。结合临床群发症状和病理变化特征,进行综合分析即可确诊。

【防　治】

1. 预防　严格控制磺胺类药物的剂量和投药时间。一般雏禽 3 天,成年禽 5 天,停药 1～2 天,再使用第二个疗程。药物拌料一定要搅拌均匀,给予充足饮水。投喂溶解性较低的磺胺类药物时，配合等量碳酸氢钠同时使用，可有效预防磺胺类药物中毒。投喂磺胺类药物疗程结束，用口服补液盐或八正散等药物饮水3天，可有效缓解药物的毒副作用，预防中毒现象的发生。

2. 治疗 发生磺胺类药物中毒时，立即停药，提供充足、新鲜饮水；饮水中添加 1%～1.5% 的碳酸氢钠和电解多维素或八正散水煎液，以防肾脏尿酸盐沉积；严重出血病例，应用止血敏或补充 0.5% 的维生素 K_3，配合凉血止血的中药，如十黑散水煎液等。

二、氯化钠中毒

氯化钠（食盐）是家禽日粮中的必需营养物质，适量摄入，可增进食欲，维持体液渗透压和调节体液容量的平衡。但过量摄入则可引起食盐中毒。食盐中毒以神经症状和消化紊乱为特征。

中毒剂量因种别、个体、气候、饮水量及时间等不同有着极大的差异。家禽对食盐的毒性作用较易感，成年家禽易感性比幼龄鸡低得多，雏鸭对食盐的毒性作用更易感。

【病　因】 饲料中食盐含量过高（超过饲料量 1.5%）或饲料中食盐搅拌不均匀或是颗粒过大，均易造成家禽摄入过多食盐。

采用含盐过高的鱼粉、肉骨粉、血粉等原料配制饲料、饮用氯化钠含量过高的地下水、食盐添加量计算错误、粗制海盐未经粉碎、搅拌机故障等都是造成饲料含盐过高的因素。

家禽饮水严重不足也是导致食盐中毒的重要因素。

【临床症状】 病禽精神委顿，食欲不振甚至废绝，饮水量猛增，频频饮水，嗉囊因过度饮水而胀大，呼吸困难，低头或倒提时从口、鼻流出大量分泌物。趾爪脱水、干枯，羽毛脱落严重。雏鸡腹部膨大，触之有波动感。排黄褐色或灰褐色水样稀便。两脚无力，行走困难或不能站立走动，甚至瘫痪，最后衰竭而死。病雏鸭常见头颈旋转、胸腹朝天卧地不起。

【病理变化】 病死禽嗉囊充满黏液，黏膜脱落。腺胃黏膜充血,有时形成假膜。脑膜血管显著充血扩张,并常见有针尖大的出血点。心脏扩张,心包积液,心外膜有出血点。肝脏淤血,有出血点和出血斑。皮下组织和肺脏皆有水肿。肾脏、输尿管和排泄物中有尿酸盐沉积。

【诊　断】　依据饲料原料含盐量、氯化钠添加比例、调制方法、饮水情况、病禽发病病史、流行病学、症状及病理变化、饲料口感明显太咸等即可确诊。

【防　治】　严格检测饲料原料中食盐的含量和添加量;选用饲料级精细盐;保证搅拌设备正常运转,饲料搅拌均匀;保证家禽充足、合格的饮水。

出现可疑食盐中毒时,立即停用可疑饲料和饮水,取样送检,改换新鲜的饮用水和饲料。

中毒病禽,间断地逐渐增加供给饮用水或 5% 葡萄糖溶液和适量维生素 C。否则,一次大量饮水,可促使症状加剧,预后不良。

四、氟中毒

氟是机体必需的微量元素之一。在机体内直接参与骨骼代谢,维持正常的钙、磷平衡。在一定的 pH 条件下,适量的氟有助于钙、磷形成羟基磷灰石,促进成骨过程,并能使骨骼的强度增加,密度提高。但过量易导致氟中毒。氟中毒多见于家畜,家禽一般比较少见。随着饲料工业的迅速发展,磷酸氢钙作为磷源用量日趋增大,导致磷酸氢钙紧缺,使一些含氟高的劣质磷酸氢钙大量流入市场,致使家禽氟中毒的现象时有发生,给养禽业带来很大的经济损失。

不同品种和日龄的鸡对氟的耐受性差异很大。一般来说,鸭比鸡敏感,雏鸡居中,大鸡敏感,产蛋鸡比肉鸡耐受性强(可能是因为产蛋鸡日粮中的钙含量较高)。

【病　因】

1. 自然条件致病　最严重的是山西和内蒙古等地区的部分盆地、盐碱地、盐池及沙漠周围。饮水型氟中毒是我国氟中毒的最主要类型。高氟饮水主要分布在华北、西北、东北和黄淮海平原地区,包括山东、河北、河南、天津、内蒙古、新疆、山西、陕西、宁夏、江苏、安徽、吉林等 12 个省、自治区。高氟水主要存在于干旱和半干旱地区的浅层或深层地下水中,其次是萤石矿区,火山、温泉附近等地的溪水、泉水和土壤中含氟量也较高。

2. 工业污染致病　炼铝厂、磷肥厂、氟化盐厂、多种金属冶炼厂以及大型砖瓦窑厂排出的大量含氟废气、粉尘污染周围土地和植被、农作物,家禽食用高氟农产品而中毒。

3. 高氟饲料添加剂致病　饲料中长期添加未脱氟的劣质磷酸氢钙作为添加剂,致使鸡日粮中氟含量过高而中毒。国家饲料卫生标准规定,作为饲料添加剂的磷酸氢钙,氟含量不能超过 0.18%,据检测有的产品氟含量最高达 2.68%。

另外,误食有机氟化物处理或污染的植物、种子、饲料和饮水也会导致中毒。

【临床症状】　氟中毒分为急性中毒和慢性中毒。

1. 急性中毒　较少见。病禽呼吸困难,肌肉震颤、抽搐、虚脱,血液凝固不良,一般在数小时内死亡。

2. 慢性中毒　较常见。病禽精神不振,食欲减退或废绝,生长迟缓,羽毛无光泽;喜静卧,站立不稳,两腿无力,关节肿大,以跗关节着地俯卧,或两腿呈“八”字形外翻,严重者跛行或瘫痪。个别鸡头部颤抖。有的因腹泻、痉挛、衰竭而死。产蛋禽跛行、腹泻,冠和髯苍白,羽毛松乱易折断。产蛋率急剧下降 10%～50%,蛋质量差,蛋壳薄、破蛋增多。种蛋受精率、孵化率降低 10% 左右。刚出壳雏鸡腿部骨骼畸形、关节红肿。

【病理变化】

1. 急性氟中毒　出血性胃肠炎，腺胃黏膜出血，肌胃角质层易剥离。心肌松软，血液稀薄。腹腔积有红色液体。

2. 慢性氟中毒　骨骼发育不良，长骨和肋骨变形、变软、易骨折。肾微肿，输尿管中有尿酸盐沉积。血液凝固不良。

【诊　断】　可根据发病情况和饲料调查、临床症状及剖检变化做出初步诊断。必要时，可进行饲料中氟含量的测定，当每千克饲料中氟含量超过 300 毫克，病禽每升血浆氟含量超过 2 毫克，每千克骨骼氟含量超过 1 000 毫克，即可确诊。

【防　治】

1. 把好原料关　及时检测饲料、饮水中的氟含量，一旦超标，要迅速更换。一旦购入含氟量偏高的磷酸氢钙，搭配无氟或低氟优质磷原料使用，以降低饲料中的总氟含量，使每千克肉鸡饲料氟含量控制在 200~250 毫克，产蛋鸡饲料氟含量控制在 300~400 毫克的安全范围内，避免发生中毒。

2. 适当提高日粮含钙量　因为钙与氟有一定的拮抗作用。据大量的研究证明，饲料中钙的含量可影响氟的吸收，一般情况下，家禽日粮中 80% 的氟可被吸收，加入钙后可使氟吸收率降至 50%。

3. 饲料中添加植酸酶　植酸酶可提高植酸磷的利用率，从而减少磷酸氢钙的使用量，降低饲料中的氟含量。

4. 中毒病禽　立即停喂含氟高的饲料，更换合格饲料，每千克饲料添加 800 毫克硫酸铝，以减轻中毒症状。给病禽饮用 5% 葡萄糖水，连用 5 天，并在饮水中添加维生素 C、维生素 D 和 B 族维生素，以促进康复，增强抗病能力。补充钙、磷也有助于氟中毒病鸡的康复。配合五味健脾口服液，保护消化道黏膜，促进采食量的恢复。

第八章 家禽其他疾病的防治

第一节 啄 癖

啄癖，是家禽由于多种营养物质缺乏及机体代谢功能紊乱所致的一种非常复杂的综合征，主要表现啄羽、啄趾、啄背、啄肛、啄头等。各日龄、各品种家禽均能发病，一旦发生，即使应激因素消失，往往也持续这种恶癖，导致家禽伤残或死亡，给养殖户造成不小的经济损失。

【病　因】

1. 饲养管理因素　家禽舍光照时间过长，光照强度太大；饲养密度过大，通风不良，粪便清理不及时，舍内潮湿、闷热、气味难闻，造成家禽烦躁不安，相互打斗，引起啄癖；由于喂料不足或不均匀，家禽个体大小悬殊，易出现以大欺小的现象，甚至出现啄癖；不同品种和毛色的鸡突然混群饲养、断喙太晚或不足等均易导致啄癖的发生。

2. 营养因素　日粮蛋白质含量不足，氨基酸比例不平衡，易导致啄羽、啄肛；钙、磷缺乏或比例不当，易导致啄蛋、啄趾。另外，粗纤维或食盐含量过低，也易导致啄癖。

3. 生理因素　初产禽血液中所含的雌激素和孕酮以及公禽雄激素的增长，促使啄癖倾向增强；家禽过于肥胖，产蛋后肛门括约肌要比正常鸡收缩速度慢 10 倍，长时间露在外面，容易引起啄肛。

4. 遗传因素　某些品种的家禽由于遗传因素需要注意光照时间，如管理不善，极易出现啄癖。如海赛克斯蛋鸡产蛋期光照时间不得超过 14 小时，而实际多在 16～17 小时，则发生啄癖的死亡淘汰率在 15％以上。

5. 疾病因素 家禽感染传染性法氏囊病、寄生虫病、羽虱、螨虫等，或外伤出血、药物过敏等都会引起啄癖。

【临床症状】

1. 啄肛 多发生于产蛋家禽和雏禽。产蛋禽多发生于初产或产蛋高峰期，由于初产禽卵巢、输卵管发育不完善，双黄蛋比例较大，易导致生殖道出血或脱出不能及时回缩，造成互相啄肛；雏禽多由于腹泻、外伤等诱因导致互相啄肛。如不及时将病禽隔离，受多数家禽围攻会导致肛门外翻、肠道脱出而死亡。

2. 啄羽 个别家禽出现自食或相互啄食羽毛，啄得皮肉暴露出血后，发展为啄肉癖，常见于产蛋高峰期和换羽期，多与含硫氨基酸、硫和 B 族维生素缺乏有关。

3. 啄蛋 某只家禽刚产下蛋，其他同群禽就一拥而上啄食，有时产蛋家禽也啄食自己下的蛋。主要发生在产蛋家禽，尤其是高产家禽中，发生的原因多由于饲料缺钙或蛋白质含量不足，常伴有产薄壳蛋、软壳蛋等现象。

4. 啄趾 多见于雏禽，啄冠、啄髯多见于公禽间争斗，啄鳞癖多见于脚部被寄生虫侵袭而发生病变的家禽。

5. 异食 家禽大量采食非食物性物质，如炉渣、石块等。

【防 治】 查找发病原因及时排除，采取相应的防治措施。

慎重饲养啄癖严重的家禽品种，严格按照家禽饲养管理要求饲养。

改善饲养管理条件，保持合理的家禽饲养密度，避免过分拥挤；保证足够的饮水槽和料槽长度；加强通风换气，保持舍内空气清新；调整光照，防止强光长时间照射，雏禽连续光照时间不能超过 2 周；产蛋箱避开强光处；防止笼具等设备安置不当引起外伤；及时称重、分群，保持禽群较高的均匀度。

依据家禽品种要求供应营养平衡的日粮，并及时更换不同生长阶段的饲料，防止营养不足。

家禽开产前，添加多种维生素，提高机体的抗应激能力，从而降低生理因素对机体的影响。

对已经发生啄癖的家禽，可采取以下方法进行治疗：①雏禽或育成禽。雏禽如未断喙，应及时断喙；如断喙过轻，应及时修剪；降低光照强度，减少光照时间；及时分群，降低饲养密度；蛋禽产蛋前严格修剪喙部，防止过尖或带钩；移走互啄倾向较强的家禽，单独饲养；隔离被啄家禽，在被啄的部位涂擦甲紫、黄连素等苦味强烈的消炎药物。②补充营养物质。找出缺乏的营养成分及时补给。如蛋白质和氨基酸不足，应添加豆饼、鱼粉、血粉等；由缺乏铁和维生素 B_2 引起的啄羽癖，每只成年鸡每天给予硫酸亚铁 $1\sim2$ 克和维生素 B_2 $5\sim10$ 毫克，连用 $3\sim5$ 天；若暂时找不到啄羽的病因，可在日粮中添加 0.2% 的蛋氨酸，或每只鸡每天补充 $0.5\sim3$ 克生石膏粉，每只鸭每天喂给 $1\sim4$ 克，啄羽癖会很快消失；缺盐引起的啄癖，可在日粮中添加 $1\%\sim2\%$ 食盐，连用 $3\sim4$ 天，但不能长期饲喂，以免引起食盐中毒；若缺硫引起啄肛，可在饲料中加入 1% 的硫酸钠，3 天之后即可见效，啄肛停止以后，改为将 0.1% 的硫酸钠加入饲料内，进行暂时性预防。③及时更换产蛋高峰期饲料，调整钙、磷比例，添加 0.1% 的维生素 AD_3。④中药治疗。中兽医认为脱肛是由于体内营养耗损过度、中气下陷而引起的，故可以用补中益气汤加减治疗。白术、黄芪、柴胡、陈皮、升麻、当归、党参、甘草各适量，每只鸡每天 1 克，拌料或煎汁饮水，连用 $5\sim7$ 天。

第二节　鸡腺胃、肌胃炎

鸡腺胃、肌胃炎是多种致病因素引起的以消化不良、生长缓慢、腺胃肿大、肌胃角质层糜烂为特征的一种综合征,近几年给肉鸡养殖业造成很大的经济损失。主要发生于雏鸡,发病无明显的季节性,但秋、冬季多发,饲养管理不善发病率较高。

【病　因】

1. 饲料中生物胺含量过高　饲料添加过多的鱼粉、血粉、羽毛粉、肉骨粉或劣质动植物油脂,日粮中生物胺(组胺、尸胺、组氨酸等)过高,对机体均有毒害作用。

2. 真菌、毒素类中毒　采用发霉原料配制日粮,且未添加有效脱霉剂或真菌毒素吸附剂,导致真菌毒素超标,造成腺胃、肌胃黏膜坏死。

3. 饲养管理等应激　由于管理、通风、温度、免疫等应激,造成鸡消化功能紊乱,采食的大量饲料在腺胃、肌胃内发酵,产生大量腐蚀性物质,造成腺胃肿胀、黏膜脱落等。

4. 疾病诱因　鸡感染鸡痘、传染性支气管炎、传染性喉气管炎、鸡网状内皮组织增生症、鸡贫血因子等疾病,造成鸡抵抗力降低也是诱发本病的主要因素。

【临床症状】　病鸡精神沉郁,低头缩颈,羽毛蓬乱,采食及饮水减少。冠髯苍白,趾爪色素减退,生长迟缓或停滞。鸡群整齐度很差,体重差别极大。排饲料样稀便(或称为料粪)或水样便,严重者排褐色或番茄样稀便,但粪便臭味不大。严重者出现死亡。

【病理变化】　病死鸡腺胃肿大如球状,可见半透明、灰白色格状外观,严重者浆膜可见出血斑。腺胃壁增厚、水肿、出血。腺胃黏膜肿胀变厚,乳头基部呈粉红色,周边出血或溃疡,有的乳头融合,界限不清。后期乳头穿孔或溃疡、凹陷、消失。肌胃萎缩,肌胃角质层表面有溃疡或裂痕,严重者溃疡深及肌肉层,易剥离,角质层下溃疡出血。胸腺、脾脏、法氏囊萎缩。

【诊　断】　根据流行病学调查,结合临床症状,剖检出现的肉眼病变可做出初步诊断。目前还没有特异性血清学诊断方法，要注意与腺胃型马立克氏病的鉴别诊断。腺胃、肌胃炎多发于雏鸡，腺胃型马立克氏病主要发生于性成熟前后，最早亦在 6 周左右；腺胃、肌胃炎病鸡临床上以排土黄色饲料便为特征，马立克氏病病鸡以排绿色稀便为特征，并可能有神经麻痹引起翅膀、腿瘫痪等症状；腺胃、肌胃炎病鸡腺胃肿胀，腺胃形状较规则，马立克氏病病鸡腺胃肿大是由肿瘤形成的，形状不规则，同时其他内脏如肝、肺、肾等也可见肿瘤凸起。

【防　治】　本病是由多种原因引起的一种综合征，目前还没有特效治疗药物，采取综合性措施具有很好的防治效果。

1. 预防　搞好饲养管理，减少应激，提高机体抵抗力；选用优质无霉变饲料原料配制饲料；饲料中添加真菌毒素吸附剂。

雏鸡 1 日龄或发病日龄前 1 周，每只鸡用五味健脾口服液 0.25 毫升，配合 10%阿莫西林可溶性粉，每 100 克兑水 150 升，连续饮水 3～5 天。

2. 治疗　降低饲料蛋白质和能量水平；每只鸡用五味健脾口服液 0.5 毫升，连续饮水 5～7 天；或用 10%阿莫西林可溶性粉，每 100 克兑水 100 升，连续饮水 5 天。

第三节　肉鸡腹水综合征

肉鸡腹水综合征又称雏鸡水肿病、肉鸡腹水症、心衰综合征和高海拔病，是一种由多种致病因子共同作用引起的以右心肥大、扩张和腹腔内积聚大量浆液性淡黄色液体为特征，并伴有明显的心、肺、肝等内脏器官病理性损伤的非传染性疾病。

肉鸡腹水综合征主要发生于生长速度较快的幼龄鸡群，多见于 3～6 周龄，特别是速生型肉鸡，公鸡发病率高于母鸡。多见于寒冷的冬季和气温较低的春、秋季节。它使肉鸡的屠宰率及屠宰品质下降,死亡率可达 60%。近年来本病的发病率呈现上升态势,给养禽业带来了巨大的经济损失。

【病　因】　本病的诱发因素主要有遗传因素、环境因素、饲料因素、疾病及中毒性因素等。

1. 遗传因素　主要与鸡的品种和日龄有关。由于肉鸡遗传选育侧重生长速度,肉鸡心肺发育和体重的增长具有先天性的不平衡性,即心脏正常的功能不能完全满足机体代谢的需要,导致相对缺氧,这可能是本病发生的生理学基础。

2. 环境因素　环境缺氧和因需氧量增加而导致的相对缺氧是诱发病的主要原因。高海拔地区空气稀薄,氧分压低,易致慢性缺氧;肉鸡的饲养需要较高的温度,通常寒冷季节为了保温而紧闭门窗或通风换气次数减少,空气流通不畅,换气不足,一氧化碳、二氧化碳、氨气等有害气体和尘埃在鸡舍内积聚,空气污浊,含氧量下降,造成相对缺氧;天气寒冷和快速生长期,肉鸡代谢率升高,需氧量也随之增加,加重缺氧程度从而形成腹腔积液。

3. 饲料因素　饲喂高能量、高蛋白质颗粒饲料,家禽采食量大,生长快,饲料消化率高,需氧增多;饲料中菜籽饼的芥子酸含量高;钙、磷水平低于 0.05% 或维生素 D 在每千克饲料中的含量低于 200 单位;食盐含量超过 0.37%;其他微量元素和维生素不足等也可引发腹水症。

4. 疾病及中毒性因素　当肉鸡患慢性呼吸道疾病和大肠杆菌病时,可继发腹水。机体有毒代谢产物蓄积,空气中的有毒气体,某些药物用量过大或饲料霉变、真菌毒素中毒等损害肝、肾,降低解毒及排泄功能,导致机体中毒,静脉淤血,血压升高,血管渗透性增大,血浆外渗而形成腹水。

【临床症状】　病鸡精神沉郁,羽毛蓬乱,饮水和采食量减少,生长迟缓,呼吸困难,冠和肉髯发绀。病鸡腹围明显增大,腹部膨胀下垂,腹部皮肤变得发亮或发紫,触之有波动感。站立不稳,行动迟缓,有的以腹着地如企鹅状。本病发展往往很快,病鸡常在腹水出现后 1～3 天内死亡。病程一般为 7～14 天,死亡率 10％～30％,最高达 50％。

【病理变化】 腹腔内有大量淡褐色或淡红黄色半透明腹水,内有半透明胶冻样凝块;肝淤血肿大,呈暗紫色,质地较硬,表面凹凸不平,被覆一层灰白色或黄色的纤维素膜;心包膜混浊增厚,心包液显著增多,心脏增大,右心室明显肥大扩张,心肌松弛;肾肿大、淤血,呈紫红色;肠道黏膜弥漫性淤血。

【防 治】 本病无特效治疗方法,应采取综合性防治措施。

1. 选育优良品种 选育对缺氧和腹腔积液都有耐受力的家禽品系是解决问题的根本途径。多年来,许多专家和学者开始了这方面的探索。

2. 改善饲养环境 缺氧是造成肉鸡腹水综合征的重要原因,鸡舍建设时要设置天窗、换气扇,保证空气新鲜;改善供暖条件,采用恒温控制的风扇和由定时控制的负压通风系统来解决通风与温度的矛盾;采取高床平养,每天清理粪便减少有害气体含量,保证充足的氧气供应,有效降低腹水综合征的发生率。

3. 改进饲养管理 早期适度限饲,从 13 日龄起对肉仔鸡每天减少 10％的饲料量,维持 2 周,然后恢复正常饲养,对减轻腹水症效果显著,且对生长无不良影响。

4. 合理控制光照 采用间歇光照法是促进肉仔鸡生长发育、减少腹水症的有效方法。肉仔鸡 2 周龄开始采用间歇光照法,即 2～3 周龄光照 1 小时,黑暗 3 小时;4～5 周龄光照 1 小时,黑暗 2 小时;6 周龄至出栏光照 2 小时,黑暗 1 小时。

5. 调整日粮营养水平和饲喂方式 3 周前用低营养水平日粮饲喂的肉仔鸡,腹水症远远低于采食高营养水平日粮的仔鸡。

6. 适当添加或控制维生素、微量元素和氨基酸用量 每 1 000 千克日粮中添加维生素 C 450～500 毫克、维生素 E 24 毫克、硒

0.15毫克。饲料中钙含量保持在0.9%～1.1%,磷含量保持在0.7%～0.8%,食盐含量控制在0.5%以内,钠含量不超过0.25%,可用碳酸氢钠代替氯化钠作为钠源;日粮中适当减少β-丙氨酸,补充L-精氨酸。

7. 及时淘汰发病鸡 实践证明,发病鸡治疗价值和意义不大,应及时淘汰和处理。饲料中添加氯化钙、利尿剂、健脾利水的中草药等可减轻鸡群病情。

第四节 笼养蛋鸡疲劳综合征

笼养蛋鸡疲劳综合征是笼养蛋鸡常见的、由多种因素导致蛋鸡骨钙流失、骨质疏松的营养代谢性疾病。随着养殖环境的改善、饲料中钙水平的提高,本病的发生率降低许多,但由此造成的死淘率在总死淘率中所占的比例还是很高。

本病在炎热夏季多发,高产蛋鸡在产蛋上升期至高峰期(140～210日龄)发病,产蛋高峰过后不再出现,产蛋上升快的鸡群多发。

【病 因】 各种原因造成的机体缺钙及体质发育不良是导致本病的直接原因。

1. 钙摄入不足 由于饲料配方设计不合理,钙含量低于3.2%;饲料钙源原料(如石粉、贝壳粉、骨粉、磷酸氢钙等)质量差,钙含量不足;高钙日粮更换太晚等均可导致产蛋鸡钙摄入量不足,不能满足产蛋的需要,导致机体缺钙而发病。

2. 钙吸收利用率低 由于蛋鸡料用得太早,过多的钙影响甲状旁腺调节钙、磷代谢;钙、磷比例不当;维生素D添加不足等均可导致肠道对钙、磷吸收减少,血液中钙、磷浓度下降,钙、磷不能在骨骼中沉积,使成骨作用发生障碍,造成钙盐再溶解而发生鸡瘫痪。

3. 鸡群性成熟过早 由于鸡群育成期光照时间逐渐延长,性成熟过早,身体发育不成熟,骨钙储备不足,产蛋后造成骨钙大量流失而导致发病。

4. 缺乏运动　由于蛋鸡育雏、育成、产蛋期笼养,笼内密度过大、运动不足,导致鸡骨骼发育不健全,抗逆能力下降;笼内面积小,长时间站立,腿脚易疲劳。

5. 其他原因　某些寄生虫病、中毒病(氟中毒等)、管理因素以及遗传因素也能导致发病。

【临床症状】　病初产软壳蛋、薄壳蛋,鸡蛋破损率增加。病鸡食欲、精神、羽毛均无明显异常。站立困难,腿软弱无力,以跗关节和尾部支撑身体,甚至发生跛行、骨折、瘫痪,常侧卧笼内,因不能采食和饮水,逐渐消瘦、死亡。

【病理变化】　内脏实质器官无明显病变。骨骼变脆、易骨折,骨折常见于翼骨和腿骨。胸骨凹陷、弯曲,肋骨特征性向内弯曲,甚至骨折。

【防　治】

1. 控制合理的饲养密度　笼养蛋鸡育雏期密度为 40 只/米² 以下,育成期密度为 15～16 只/米²,产蛋期密度为 20 只/米²。育雏、育成期保证鸡足够的采食、饮水位置和活动空间,及时分群,保障鸡的体质健康,为产蛋期打下基础。上笼不可过早,一般在100 天左右上笼较适宜。

2. 控制好鸡舍温度　炎热天气,给鸡饮用凉水,水中添加电解质和多种维生素。及时开启湿帘、喷雾降温系统,将鸡舍温度控制在 28℃左右,保证产蛋鸡正常的采食量和营养的摄入。

3. 控制好光照程序　采用科学的光照程序,让鸡性成熟与体成熟同步,促进骨骼发育,减少发病概率。

4. 科学配制饲料　饲料配方合理,钙含量及钙、磷比例合适,维生素 D 含量充足(每千克饲料添加维生素 D 32 000 单位以上)。笼养高产蛋鸡饲料中钙含量不低于 3.5%,并保证适宜的钙、磷比例。根据鸡产蛋情况，及时更换饲料，保证钙、磷供应。

5. 治疗　及时从笼中取出病鸡，放在地面单独饲养，补充骨粒或粗颗粒碳酸钙，让鸡自由采食，1 周内即可康复。饲料中再添加 2%～3% 的粗颗粒碳酸钙，每千克饲料添加 2 000 单位维生素 D_3，经过 2～3 周，鸡群的血钙就可以上升到正常水平。而粗颗粒碳酸钙和维生素 D_3 的补充需要持续 1 个月左右。如果病情发现较晚，一般 20 天左右才能康复，个别病情严重的瘫痪病鸡可能会死亡。

第五节　禽 中 暑

禽中暑是家禽热射病与日射病的总称，是由于烈日暴晒或环境温度过高导致家禽中枢神经紊乱、心衰猝死的一种急性病。本病常发于闷热、潮湿的夏季。

【病　因】

1. 烈日下暴晒过久　夏季放牧或散养家禽没有必要的遮阴设施，家禽群中午或下午时段处于烈日暴晒时间过久，又无足够的清凉饮水，导致家禽突然发生零星或大批猝死。体型肥胖的禽只易发病，深夜至早上时段或气候转凉时死亡明显减少或停止。

2. 禽舍内闷热潮湿　夏季禽舍内由于饲养密度过大、外界湿度过高，又无必要的机械通风设备，导致禽舍闷热、潮湿、缺氧，禽群产生的热量无法排出，环境温度在 43℃ 持续 2 个小时、41℃ 持续 3 个小时就会导致家禽死亡，39℃ 持续 6 小时有 40% 的鸡危险。饮水不足时会增加热应激反应，加速死亡。

【临床症状】　禽群突然发病，精神高度沉郁，饮水量大增，张口架翅，急促呼吸，步态不稳，脚软，瘫痪，猝死，死前频频发生抽搐、痉挛。

【病理变化】　刚死亡的禽，胸、腹内温度升高，灼手；病禽头盖骨骨膜出血,脑膜充血、淤血、出血、水肿;心包积液,心肌出血;肺水肿、淤血;其他组织亦可见出血点。

【防　治】

1. 养禽场做好绿化和遮阴　养禽场种植树冠高大、遮阴效果好的树种,运动场修建遮阴设施,利于家禽避暑。

2. 禽舍做好保温、降温设计　禽舍修建隔热顶棚,配置通风降温设备,如风机、湿帘、喷雾等设备。根据舍内外温度变化,及时开启设备,并做好相应的维护工作,保障设备的正常运转。

3. 保证电力供应　养禽场要有备用电源,保证 24 小时不间断供电,防止夏季断电,无法通风,造成家禽中暑、窒息等重大损失。

4. 供应充足的清凉饮水　夏季为家禽提供充足的清凉饮水,如深井水等,防止家禽高温缺水发生中暑。

5. 补充高温应激添加剂　高温季节在饲料中添加 0.05％的维生素 C 或 0.2％的碳酸钠。同时,给家禽适量投饮清热解暑的中草药药汁,如芦根、夏枯草等,或用中药六一散、消暑安神散混饲,鸡每千克体重 12 克,每日 2 次,可以有效地防止本病发生。

参考文献

［1］ 黄淑坚,李明,辛朝安.家禽的解剖生理特点[J].养禽与禽病防治,2003(6):2-5.

［2］ 程会昌,程根生,徐淑花.鸡、鸭和鹅胰腺的比较解剖[J].郑州牧专学报,1995,15(4):7-10.

［3］ 赵聘,赵云焕.养禽场生物安全体系建设及措施[J].山东家禽,2004(5):21-23.

［4］ 张心如,罗宜熟,杜干英,等.禽呼吸系统解剖生理学特点与呼吸道疾病[J].中国畜牧兽医,2005,32(1):52-55.

［5］ 邓治铭.家禽的消化系统[J].养禽与禽病防治,1982(2):43-45.

［6］ 梁瀚昭.家禽的泌尿系统和生殖系统的解剖学与生理学[J].养禽与禽病防治,1986(6):39-40.

［7］ 于新和,李缀峰,赵风琴.禽类解剖生理特点与疾病和用药的关系[J].河南畜牧兽医,2004,25(6):27-28.

［8］ 唐珊珊.家禽主要淋巴器官的结构与功能[J].养禽与禽病防治,1982(4):20-21.

［9］ 杨国丽,王军,杨庆民,等.生物安全——养禽业健康发展的关键[J].现代畜牧兽医,2012(7)25-27.

［10］ 蔡蕊,郭继英,伊善梅.建立健全禽病防疫体系确保养禽业健康发展[J].山东家禽,1997(4):30-32.

［11］ 金波.优质肉鸡生产 HACCP 管理体系的建立与应用研究[D].南京:南京农业大学,2009.

［12］ 朱迎春,赵光英,白建,黄素珍.病鸡剖检技术基本方法

浅析[J].上海畜牧兽医通讯,2005(2):44-45.

[13] 何玉珍.禽病病理剖检诊断技术研究[J].广西农学报,2006,21(6):36-39.

[14] 刘永强.鸡尸体剖检技术[J].山东畜牧兽医,2007(28):42.

[15] 张庆合.鸡尸体的剖检技术[J].养禽与禽病防治,2001(7):42.

[16] 魏启书.鸡尸体的剖检技术[J].河南畜牧兽医,2002(9):30-31.

[17] 何海健.病鸡尸体剖检技术和检查要点[J].中国家禽,2001(17):44-45.

[18] 吴宏新,吴家富,饶汉明.鸡的尸体剖检技术及其在疾病诊疗中的作用[J].上海畜牧兽医通讯,2012(1):62-63.

[19] 张海丰,王旭然,张丹丹.家禽常用免疫接种方法及其注意事项[J].畜牧兽医科技信息,2008(5):88-89.

[20] 郭丙全,云长晔,李莹.鸡疫苗常用免疫接种方法及注意事项[J].山东畜牧兽医,2010(1):42-43.

[21] 雷江红,封建立.家禽的免疫与免疫接种技术[J].畜牧与饲料科学,2009,30(11-12):82-85.

[22] 郑季,王世有.家禽免疫接种方法及注意事项[J].中国畜禽种业,2014(1):125-126.

[23] 郭昭林.动物疫苗免疫接种方法的科学应用[J].畜牧兽医科技信息,2011(10):5-11.

[24] 史伟伟,白朝勇.主要禽用活疫苗的种类及其应用[J].中国兽药杂志,2012,46(S):100-103.

[25] 颜世君,白朝勇.主要禽用灭活苗种类及其应用[J].中国兽药杂志,2012,46(S):104-108.

[26] 王永卫,张利峰,张鹤晓.常用禽流感检测技术及其在

检验检疫领域中的应用[J].检验检疫科学,2003,13(5):51-53.

[27] 黄河龙.鸭瘟检测方法的研究进展[J].安徽农业科学,2010,38(4):1851-1852,1863.

[28] 罗平恒,朱凤云.琼脂扩散试验操作方法及注意事项[J].上海畜牧兽医通讯,2013(6):73.

[29] 彭梦云.猪流感(H1N1亚型)神经氨酸酶点突变拯救毒株的研究[D].武汉:华中农业大学,2012.

[30] 王作友,赵立新,孙跃,等.鸭病毒性肝炎实验室诊断方法——鸡胚中和试验的观察[J].吉林畜牧兽医,2012(3):18-19.

[31] 章道彬.中和试验第七讲[J].新疆畜牧业,1986(1):41-47.

[32] 张文超.聚合酶链式反应(PCR)技术与基因扩增分析仪器(PCR仪)[J].生命科学仪器,2005,3(3):13-19.

[33] 黄金贵,李运娜,张西臣.鸡球虫病疫苗的研究进展[J].中国生物制品学杂志,2011,24(8):983-987.

[34] 李秋明,刘贤勇.浅析鸡球虫病疫苗[J].养禽与禽病防治,2012(12):2-4.

[35] 黄立.鸡群免疫失败的原因分析及应对措施[D].武汉:华中农业大学,2005.

[36] 魏艳华,毕克伍.禽免疫程序[J].吉林畜牧兽医,2004(2):61.

[37] 王佳.免疫鸡群发生新城疫后的临床表现及抗体消长变化[D].杨凌:西北农林科技大学,2012.

[38] 王月华.育成鸡新城疫的综合诊断及发病原因分析[D].泰安:山东农业大学,2013.

[39] 于森.山东鸡新城疫病毒分离鉴定与Ⅱ＋Ⅶ基因型灭活苗研究[D].南京:南京农业大学,2009.

[40] 丁献红.禽流感病毒抗原纯化方法的建立及纯化抗原

对鸡免疫效果研究[D].郑州:河南农业大学,2009.

[41] 李勇生.凉州区鸡马立克氏病流行病学调查与病理学研究[D].兰州:甘肃农业大学,2006.

[42] 杨健琼.马立克氏病患鸡错配修复基因 MLH1 基因突变和蛋白表达的研究[D].南京:南京农业大学,2012.

[43] 何艳冰.禽白血病的诊断与防治[J].养殖技术顾问,2014(11):116.

[44] 毛翠.山东地方品种寿光鸡禽白血病流行特点及病理学研究[D].泰安:山东农业大学,2013.

[45] 倪伟.山东部分地区祖代、父母代、商品代蛋鸡群禽白血病流行病学调查及病毒分离鉴定[D].泰安:山东农业大学,2011.

[46] 朱佩青,柏伟,潘国智,等.禽白血病及其防控[J].中国畜牧兽医文摘,2014,30(2):108-123.

[47] 王锡乐.禽网状内皮组织增殖症病毒流行病学研究及疫苗研制[D].泰安:山东农业大学,2005.

[48] 牛秀杰.禽网状内皮组织增殖症病毒三种检测方法的建立[D].哈尔滨.东北农业大学,2013.

[49] 李井春.禽网状内皮组织增殖症研究进展[J].现代畜牧兽医,2011(6):34-36.

[50] 阮武营.鸡传染性支气管炎病毒 M41 株、Conn 株联合免疫研究[D].郑州:河南农业大学,2010.

[51] 王家秀.四川部分地区鸡传染性支气管炎防控[D].雅安:四川农业大学,2012.

[52] 陈汉阳.鸡传染性支气管炎病毒感染 HeLa 细胞的研究及其天然受体的鉴定[D].武汉:华中农业大学,2007.

[53] 王萌.中药复方制剂对人工感染雏鸡传染性支气管炎防治效果研究[D].兰州:甘肃农业大学,2012.

［54］ 亓丽红，艾武，刘涛，等.中草药防治鸡传染性支气管炎[J].动物医学进展，2013(12)：195-198.

［55］ 乌娜尔汗·金思汗，居马别克·夏拉巴依.鸡传染性支气管炎的研究进展[J].山东畜牧兽医，2012(33)：79-82.

［56］ 郭建友.鸡传染性喉气管炎病毒抗体间接酶联免疫吸附试验检测方法的建立和亚单位疫苗研制[D].扬州：扬州大学，2014.

［57］ 周慈玲，吕兆英.鸡传染性喉气管炎的防治措施[J].畜牧兽医科技信息，2012(6)：98.

［58］ 周爱军.家禽传染性喉气管炎的防治研究[J].中国动物保健，2012，17(5)：29-31.

［59］ 李博.山西晋中地区传染性法氏囊病的临床流行病学调查及快速检测方法的建立[D].晋中：山西农业大学，2013.

［60］ 卢佳.河南濮阳地区鸡传染性法氏囊病病毒的分离鉴定及 PY-03 株全基因组序列测定[D].郑州：河南农业大学，2012.

［61］ 刘海.山东潍坊地区鸡传染性法氏囊病流行病学调查及防治研究[D].南京：南京农业大学，2005.

［62］ 常继涛.鸡病毒性关节炎病毒分离株 S1 基因的克隆与序列分析及 T-PCR 检测方法的研究[D].呼和浩特：内蒙古农业大学，2006.

［63］ 毛雅元，张力，王寿山，等.鸡病毒性关节炎疫苗的研究进展[J].家禽科学，2013(8)：50-52.

［64］ 杨海容，梁臣.鸡病毒性关节炎的诊断与防治[J].饲料博览，2015(6)：37-40.

［65］ 刘青天.禽脑脊髓炎病毒荧光定量 RT-PCR 检测方法的建立及初步应用[D].杨凌：西北农林科技大学，2014.

［66］ 李凯善.禽脑脊髓炎病毒 YBF02 毒株的毒力测定与种子批建立[D].杨凌：西北农林科技大学，2012.

［67］　吴志强,谢青梅,左珂菁,等.雏鸡脑脊髓炎的病理学诊断和治疗[J].中国兽医杂志,2010,46(1):49-50.

［68］　王爱华.EDS-76病毒检测方法的研究——双夹心酶联免疫吸附试验、胶体金试纸条和PCR方法[D].保定:河北农业大学,2005.

［69］　马震原.荧光定量PCR检测EDSV方法的建立与应用及NE4毒株感染特性的研究[D].雅安:四川农业大学,2012.

［70］　朱贵明.鸡产蛋下降综合征的防治[J].现代农业科技,2015(8):283-284.

［71］　郭海军,闫兴禄,钟小平,等.鸡产蛋下降综合征的临床症状及综合防治措施[J].畜牧与饲料科学,2012,33(5-6):154-157.

［72］　崔连民.滨州地区鸡痘流行特点及其防治技术研究[D].泰安:山东农业大学,2005.

［73］　白高洁,罗佩先,刘玲伶,等.鸡痘的防控措施[J].中国畜牧兽医文摘,2015,31(6):146.

［74］　刘诗柱.鸡痘流行新变化及应对措施[J].中国家禽,2012,34(19):53-57.

［75］　成钢,夏维福,王京仁.湘西北地区鸡痘流行病学调查与防治对策[J].当代畜牧,2006(7):9-10.

［76］　张坤.鸭瘟病毒SDWF株的分离鉴定及致病性研究[D].泰安:山东农业大学,2012.

［77］　李翠萍.鸭瘟的诊断与防治[J].现代农业科技,2014(6):283-284.

［78］　张臣伟.山东部分地区鸭病毒性肝炎流行病学调查[D].泰安:山东农业大学,2012.

［79］　吴舒渊.“鸭肝康”防治鸭病毒性肝炎的试验研究[D].福州:福建农林大学,2012.

[80] 王绍昱,敖礼林.鸭病毒性肝炎综合防控技术[J].农村养殖技术,2011(15):35.

[81] 王欣.番鸭细小病毒的分离鉴定、VP基因的克隆及其原核表达[D].重庆:西南大学,2008.

[82] 张彦鹏.鸭细小病毒04-Nb株分离鉴定、基因组测序及VP2蛋白的表达[D].北京:中国科学院,2006.

[83] 粟硕,张桂红.番鸭细小病毒诊断与防治研究进展[J].广东饲料,2013,22(12):38-39.

[84] 董嘉文,李林林,孙敏华.雏番鸭细小病毒病研究进展[J].养禽与禽病防治,2012(10):2-6.

[85] 黄瑜,万春和,傅秋玲,等.新型番鸭细小病毒的发现及其感染的临床表现[J].福建农业学报,2015,30(5):442-445.

[86] 查湖生.番鸭细小病毒病的防控措施[J].畜牧与饲料科学,2013,34(7-8):119-120.

[87] 吕亚楠.小鹅瘟病毒PCR检测方法的建立及江淮地区小鹅瘟病毒分子流行病学调查[D].扬州:扬州大学,2014.

[88] 郑义华.小鹅瘟单克隆抗体的研制及应用研究[D].合肥:安徽农业大学,2007.

[89] 金文杰,吕亚楠,王芳,等.我国小鹅瘟研究进展及成就[J].微生物学通报,2014,41(3):504-510.

[90] 姚俊峰.禽沙门氏菌病、疫苗和免疫保护机制:国外畜牧学(猪与禽)[J].现状和前景,2013,33(1):34-38.

[91] 王真,成杰,沈思,等.禽沙门氏菌病防控策略及其疫苗研究概述[J].北京农学院学报,2015,30(2):133-136.

[92] 方翟.湖北省鸡源沙门氏菌的分离鉴定和耐药性分析[D].武汉:华中农业大学,2014.

[93] 查华.华东地区鸡白痢沙门氏菌的分离鉴定、分子流行病学及致病性研究[D].扬州:扬州大学,2013.

［94］　李显军.鸡白痢及其防治［J］.养殖技术顾问,2011(12):78-79.

［95］　宋惠杰.鸡伤寒病的诊断及防治［J］.养殖技术顾问,2011(10):126.

［96］　周述辉.禽伤寒防治［J］.四川畜牧兽医,2010(11):55.

［97］　王勇.一例鸡伤寒病的诊断及防治［J］.国外畜牧学(猪与禽),2010,30(1):88-90.

［98］　田秋丰.鸡白痢沙门氏菌菌影(Ghost)疫苗的制备及其免疫效力评价［D］.大庆:黑龙江八一农垦大学,2014.

［99］　张毅夫.禽副伤寒及其防治［J］.养殖技术顾问,2012(3):153.

［100］　周述辉.禽副伤寒防治［J］.四川畜牧兽医,2013(11):50.

［101］　张爱国.禽巴氏杆菌基因组的原核表达及感染血清的吸附［D］.洛阳:河南科技大学,2014.

［102］　魏景利.禽霍乱 ptfa 基因 PCR 检测方法的研究［D］.洛阳:河南科技大学,2014.

［103］　王涛,李维国,李淑梅.禽巴氏杆菌病的防治技术［J］.中国畜禽种业,2013(10):152.

［104］　张磊.鸡毒支原体 JN 株的分离鉴定及 PCR 检测方法的建立［D］.泰安:山东农业大学,2010.

［105］　丁美娟.鸡滑液支原体的分离鉴定及部分生物学特性研究［D］.南京:南京农业大学,2013.

［106］　李宁.禽支原体病是一项持久的经济挑战［J］.国外畜牧学(猪与禽),2013,33(8):33-35.

［107］　乔卫平.禽支原体感染的流行病学［J］.国外畜牧学(猪与禽),2004,24(2):45-47.

［108］　曹中赞,栾新红,刘胜旺,等.禽滑液囊支原体研究进

展[J].动物医学进展,2012,33(11):113-117.

[109] 徐磊,林伯全,林平,等.鸡毒支原体病的预防技术[J].福建畜牧兽医,2013,35(3):36-38.

[110] 李超.Calibrin-Z 对鸡坏死性肠炎防治效果的研究[D].泰安:山东农业大学,2014.

[111] 杨利平,郑红梅,付首艳,等.肉鸡坏死性肠炎发病原因及综合防治措施[J].畜牧与饲料科学,2011,32(8):113.

[112] 李向辉,张伟.鸡坏死性肠炎的发生与防治[J].畜牧与饲料科学,2012,33(5-6):135-136.

[113] 王广伟.枣庄地区鸡大肠杆菌病的防治研究[D].泰安:山东农业大学,2010.

[114] 刘明然.临沂地区鸡大肠杆菌病流行病学调查及防治研究[D].泰安:山东农业大学,2012.

[115] 贺常亮.治疗鸡大肠杆菌病的中药方剂筛选及其作用机理研究[D].长春:吉林大学,2011.

[116] 蔡兰芬.潍坊地区肉鸡大肠杆菌病的流行病学调查及药物防治研究[D].南京:南京农业大学,2006.

[117] 王海春,郭海宏,葛建强,等.鸡葡萄球菌病的流行特点及防治措施[J].畜牧与饲料科学,2013,34(12):124-125.

[118] 张霞.浅谈鸡葡萄球菌病的综合防治措施[J].中国畜牧兽医文摘,2012,28(12):190.

[119] 沈旭.副鸡嗜血杆菌 HB 株的分离、鉴定及其高密度发酵的研究[D].长春:吉林大学,2013.

[120] 岂晓鑫.A 型副鸡嗜血杆菌单克隆抗体的制备及夹心酶联免疫吸附试验诊断方法的初步建立[D].扬州:扬州大学,2009.

[121] 严泽华.鸡传染性鼻炎三价灭活苗的研制[D].长春:吉林大学,2007.

［122］ 杨建华.鸡传染性鼻炎的诊断与中西医治疗［J］.畜牧与饲料科学,2013,34(9):97-98.

［123］ 邱昌庆.禽衣原体病研究进展［J］.畜牧兽医科技信息,2002(8):12-14.

［124］ 林颖,曹庆焱,孟祥勇.禽衣原体病综述［J］.辽宁畜牧兽医,2004(5):40-42.

［125］ 杨茂生,杨莉,刘林洋,等.禽衣原体病综合防治［J］.四川畜牧兽医,2015(4):58.

［126］ 俞吉杰.硫酸头孢喹肟对鸭传染性浆膜炎的药效药动学研究［D］.南京:南京农业大学,2008.

［127］ 王振.兖州地区鸭传染性浆膜炎流行病学调查及防治［D］.泰安:山东农业大学,2011.

［128］ 周贵.禽曲霉菌病的诊治［J］.贵州畜牧兽医,2015,39(3):47-48.

［129］ 图雅,萨仁格日乐.鸡曲霉菌病的流行特点及综合防治措施［J］.畜牧与饲料科学,2013,34(4):118-119.

［130］ 史瑞军.中西医结合治疗禽曲霉菌病［J］.中国动物保健,2014,16(12):61-62.

［131］ 赵翠燕,许钦坤,罗绿花.禽类链球菌病研究进展［J］.韶关学院学报,2008,29(9):84-87.

［132］ 宋占学.鸭源链球菌感染雏鸭的免疫病理学研究［D］.武汉:华中农业大学,2008.

［133］ 王友令,董伟峰,吴春滨.肉鸡链球菌病的诊治［J］.中国禽业导刊,2007(7):22.

［134］ 李敏娜,张润,杨辉.鸡绿脓杆菌病的流行特点及综合防治措施［J］.畜牧与饲料科学,2012,33(5-6):156-157.

［135］ 陈丹,杨雪.雏鸡绿脓杆菌病的诊断与治疗［J］.畜禽业,2013(4):66.

[136] 陈峰.鸡念珠菌病诊治体会[J].养禽与禽病防治，2012(1):41.

[137] 罗青平,张蓉蓉,廖永洪,等.鸡白色念珠菌的分离鉴定及其防治措施[J].安徽农业科学,2008,36(3):1064-1065.

[138] 赵明秋,沈海燕,潘文,等.念珠菌病的流行病学新动态及防控措施[J].畜牧兽医科技信息,2011(5):1-4.

[139] 郭强,于文会.中草药防治禽流感研究进展[J].中兽医医药杂志,2009(4):78-79.

[140] 于金玲,刘孝刚.规模化养鸡场寄生虫病的流行特点及防控要点[J].中国家禽,2010,32(13):54-55.

[141] 冉宏伟,白丽丽.鸡营养代谢病的病因分析、特点及诊治[J].养殖技术顾问,2012(9):101.

[142] 李光辉,王钰.畜禽微量元素缺乏症的发生与防治[J].饲料工业,1994,15(7):22-25.

[143] 王从童.畜禽中毒病发生的原因及防治[J].现代农业科技,2011(16):309-312.

[144] 赵增成,杨英阁,何元龙,等.家禽中毒性疾病的特征及防治[J].家禽科学,2006(06):29-30.

[145] 尹逊慧,陈善林,曹红,等.日粮添加黄曲霉毒素解毒酶制剂对黄羽肉鸡生产性能、血清生化指标和毒素残留的影响[J].中国家禽,2010,32(2):29-33.

[146] 黄佳佳,徐振林,罗翠红,等.电子束辐照在食品中兽药残留降解的应用[J].食品工业科技,2011,32(1):313-317.

[147] 陈修香.使用喹乙醇时存在的问题和建议[J].山东畜牧兽医,2007(5):91.

[148] 李兴霞.鸡实验性慢性氟中毒致畸致变的研究[D].重庆:西南农业大学,2004.

[149] 黄中利.八正散加减治疗家禽痛风症[J].中兽医学杂

志,1993,73(4):38-39.

　　[150]　中国兽药典委员会.中华人民共和国兽药典(一部,二部)[M].北京:中国农业出版社,2010.

　　[151]　中国兽药典委员会.中华人民共和国兽药典·兽药使用指南(化学品卷)[M].北京:中国农业出版社,2010.

　　[152]　农业部兽药评审中心.兽药国家标准汇编·兽药地方标准上升国家标准(第三册)[M].北京:中国农业出版社,2012.